设计师职业培训教程

Protel DXP 2004 电气设计培训教程

张云杰 郝利剑 编 著

清华大学出版社
北京

内 容 简 介

Protel DXP 软件是电路和电气设计的专业软件之一，主要用于绘制电路图。本书将电气设计专业知识和 Protel DXP 软件电气专业设计方法相结合，通过分课时的培训方法，以详尽的视频教学讲解 Protel DXP 2004 的电子电气设计方法。全书分 6 个教学日，共 52 个教学课时，主要包括基本设置、原理图设计、原理图编辑、层次式电路设计、生成网络表、元器件库操作、PCB 设计布线，以及创建 PCB 信息报表和元器件报表等内容。本书还配备了交互式多媒体教学光盘，便于读者学习使用。

本书结构严谨，内容翔实，写法创新实用、可读性强，设计实例专业性强、步骤明确，主要针对使用 Protel DXP 进行电路设计的广大初、中级用户，可以作为大专院校计算机辅助设计课程的指导教材和公司 Protel 设计培训的内部教材。

图书在版编目(CIP)数据

Protel DXP 2004 电气设计培训教程/张云杰，郝利剑编著. --北京：清华大学出版社，2016
设计师职业培训教程
ISBN 978-7-302-43526-6

Ⅰ. ①P⋯　Ⅱ. ①张⋯ ②郝⋯　Ⅲ. ①印刷电路—计算机辅助设计—应用软件—岗位培训—教材　Ⅳ. ①TN410.2

中国版本图书馆 CIP 数据核字(2016)第 081644 号

责任编辑：张彦青
装帧设计：杨玉兰
责任校对：吴春华
责任印制：杨　艳

出版发行：清华大学出版社
　　　　网　　　址：http://www.tup.com.cn, http://www.wqbook.com
　　　　地　　　址：北京清华大学学研大厦 A 座　　　邮　　　编：100084
　　　　社 总 机：010-62770175　　　　　　　　邮　　　购：010-62786544
　　　　投稿与读者服务：010-62776969, c-service@tup.tsinghua.edu.cn
　　　　质量反馈：010-62772015, zhiliang@tup.tsinghua.edu.cn
印 装 者：清华大学印刷厂
经　　销：全国新华书店
开　　本：203mm×260mm　　　印　张：20.5　　　字　数：498 千字
　　　　（附DVD1张）
版　　次：2016 年 5 月第 1 版　　　　　　　印　次：2016 年 5 月第 1 次印刷
印　　数：1～3000
定　　价：45.00 元

产品编号：066079-01

前　言

本书是"设计师职业培训教程"丛书中的一本，这套丛书拥有完善的知识体系和教学套路，按照教学天数和课时进行安排，采用阶梯式学习方法，对设计专业知识、软件的构架、应用方向及命令操作都进行了详尽的讲解，可以循序渐进地提高读者的使用能力。丛书本着服务读者的理念，通过大量的经典实用案例对功能模块进行讲解，帮助读者全面地掌握所学知识、提高应用能力。

Protel DXP 作为一种电气和电路图纸设计工具，是 Protel 公司推出的电路 CAD 系列设计软件之一，因其具有方便快捷的特点而被广泛使用。Protel DXP 2004 是当前最新版本，相对于以前版本具有更强大的功能和更友好的设计界面。为了使读者能更好地学习软件，同时尽快熟悉 Protel DXP 的设计功能，笔者根据多年在该领域的设计经验，精心编写了本书。本书将电气设计专业知识和 Protel DXP 软件电气专业设计方法相结合，通过分课时的培训方法，以详尽的视频教学讲解 Protel DXP 2004 的电子电气设计方法。全书分 6 个教学日，共 52 个教学课时，主要包括基本设置、原理图设计、原理图编辑、层次式电路设计、生成网络表、元器件库操作、PCB 设计布线，以及创建 PCB 信息报表和元器件报表等内容，从实用的角度介绍了 Protel DXP 电路和电气设计专业知识和设计方法。

笔者的 CAX 教研室长期从事 Protel 的专业设计和教学，数年来承接了大量项目，并参与 Protel 设计的教学和培训工作，积累了丰富的实践经验。本书就像一位专业设计师，将设计项目时的思路、流程、方法和技巧、操作步骤逐一展现给读者，是广大读者快速掌握 Protel 的自学实用指导书，也可作为大专院校计算机辅助设计课程的指导教材和公司 Protel 设计培训的内部教材。

本书配备了交互式多媒体教学演示光盘，将案例制作过程制作为多媒体视频进行讲解，由从教多年的专业讲师全程多媒体语音视频跟踪教学，便于读者学习使用。同时光盘中还提供了所有实例的源文件，以便读者练习使用。关于多媒体教学光盘的使用方法，读者可以参看光盘根目录下的光盘说明。另外，本书还提供了网络的免费技术支持，欢迎大家登录云杰漫步多媒体科技的网上技术论坛进行交流：http://www.yunjiework.com/bbs。论坛分为多个专业的设计板块，可以为读者提供实时的软件技术支持，解答读者问题。

本书由云杰漫步科技 CAX 教研室编著，参加编写工作的有张云杰、尚蕾、靳翔、张云静、郝利剑、贺安、祁兵、杨晓晋、汤明乐、刘玉德、刘斌、朱慧等。书中的设计范例、多媒体和光盘效果均由北京云杰漫步多媒体科技公司设计制作，同时感谢出版社的编辑和老师们的大力协助。

由于本书编写时间紧张，编写人员的水平有限，因此在编写过程中难免有不足和疏漏之处，望广大读者不吝赐教。

编　者

目　录

第 1 教学日

　　电路是由金属导线和电气、电子部件组成的导电回路。在电路输入端加上电源使输入端产生电势差，电路即可工作。电路按照流过的电流性质，可分为两种：直流电路和交流电路。电路图就是用电路元件符号表示电路连接的图纸。

　　本教学日首先介绍电路板及电路原理图的知识，接着介绍 Protel DXP 2004 软件的基础知识，包括软件的图纸设置和环境参数，电路图的一般设计步骤和编辑器的应用，以及文件的操作和管理等内容。

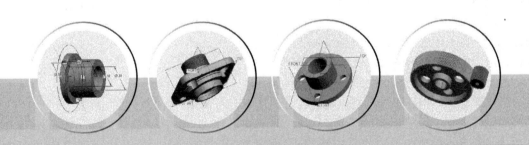

第1课 [1课时] 设计师职业知识——电路板及电路原理图

1.1.1 认识电路板

电路(电子线路)是指将电气设备和元器件按一定方式连接起来，为电流流通提供路径的总体，也叫电子网路。电路的大小相差很大，可以小到硅片上的集成电路，大到输电网。本课主要介绍电路和电路板的基础知识。

电路板的类型有：线路板、铝基板、高频板、PCB、超薄线路板、超薄电路板和印刷(铜刻蚀技术)电路板等。电路板可以使电路迷你化、直观化，对于固定电路的批量生产和优化用电器布局起到了重要作用。如图1-1所示是常见的电路板。

图1-1 电路板

电路板主要由焊盘、过孔、安装孔、导线、元器件、接插件、填充、电气边界等组成，各组成部分的主要功能如下。

(1) 焊盘：用于焊接元器件引脚的金属孔。

(2) 过孔：有金属过孔和非金属过孔两种，其中金属过孔用于连接各层之间的元器件引脚。

(3) 安装孔：用于固定电路板。

(4) 导线：用于连接元器件引脚的电气网络铜膜。

(5) 接插件：用于电路板之间连接的元器件。

(6) 填充：用于地线网络的敷铜，可以有效地减小阻抗。

(7) 电气边界：用于确定电路板的尺寸，电路板上的所有元器件都不能超过该边界。

电路板系统可以分为以下三种。

(1) 单面板(Single-Sided Boards)：在这种电路板上，零件集中在一面，而导线则集中在另一面上。因为导线只出现在其中一面，所以我们就把这种 PCB 叫作单面板(Single-sided)。因为单面板在设计线路上有许多严格的限制(因为只有一面，布线间不能交叉而必须走独自的路径)，所以只有早期的电路才使用这类板子，如图1-2所示。

(2) 双面板(Double-Sided Boards)：这种电路板的两面都有布线。不过要用上两面的导线，在两面之间必须要有适当的电路连接才行，这种电路间的"桥梁"叫作导孔。导孔是充满或涂上金属的小洞，它可以与两面的导线相连接。因为双面板的面积比单面板大了一倍，而且因为布线可以互相交错(可以绕到另一面)，因此更适合用在比单面板更复杂的电路上。

(3) 多层电路板(Multi-Layer Boards)：为了增加可以布线的面积，可以使用更多单面或双面的布线板。多层板使用数片双面板，并在每层板之间放置一层绝缘层后粘牢(压合)。板子的层数就代表了有几层独立的布线层，通常层数都是偶数，并且包含最外侧的两层。大部分的主机板都是 4~8 层的结构，不过技术上可以实现近 100 层的 PCB 板。大型的超级计算机大多使用相当多层的主机板，不过因为这类计算机已经可以用许多普通计算机的集群代替，因此超多层板已经渐渐被淘汰了。因为PCB 中的各层结合紧密，一般不太容易看出实际数目。如图 1-3 所示为 4 层板。

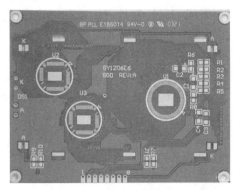

图 1-2　单面板

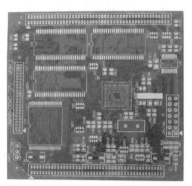

图 1-3　4 层板

电路板制作完成后一般要进行检测。电路板的自动检测技术随着表面贴装技术的引入而得到应用，并使得电路板的封装密度飞速增加。因此，即使对于密度不高、一般数量的电路板，电路板的自动检测不但是基本的，而且也是经济的。在复杂的电路板检测中，两种常见的方法是针床测试法和双探针或飞针测试法。

1.1.2　认识电路原理图

电路图是人们为了研究和工程的需要，用国家标准化的符号绘制的一种表示各元器件组成的图形，如图 1-4 所示。通过电路图可以详细地知道电器的工作原理，是分析性能，安装电子、电器产品的主要设计文件。在设计电路时，也可以从容地在纸上或电脑上进行，确认完善后再进行实际安装，通过调试、改进，直至成功；而现在，我们更可以应用先进的计算机软件来进行电路的辅助设计，甚至进行虚拟的电路实验，大大提高了工作效率。

常见的电子电路图有原理图、方框图、装配图和印板图等。

(1) 原理图：又叫作"电路原理图"。由于原理图直接体现了电子电路的结构和工作原理，所以一般用在设计、分析电路中。分析电路时，通过识别图纸上所画的各种电路元件符号，以及它们之间的连接方式，就可以了解电路实际工作时的原理。

(2) 方框图：一种用方框和连线来表示电路工作原理和构成概

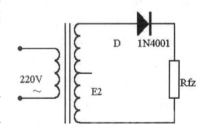

图 1-4　电路原理图

况的电路图。从根本上说，它也是一种原理图，不过在这种图纸中，除了方框和连线外，几乎就没有别的符号了。它和上面的原理图的主要区别就在于，原理图上详细地绘制了电路的全部元器件和它们的连接方式，而方框图只是简单地将电路按照功能划分为几个部分，将每一个部分描绘成一个方框，在方框中加上简单的文字说明，用连线(有时用带箭头的连线)说明各个方框之间的关系。所以方框图只能用来体现电路的大致工作原理，而原理图除了可以详细地表明电路的工作原理之外，还可以用来作为采集元件、制作电路的依据。

(3) 装配图：为了进行电路装配而制作的一种图纸，图上的符号往往是电路元件实物的外形图。我们只要照着图上画的样子，把一些电路元器件连接起来就能够完成电路的装配。

(4) 印板图：全名是"印刷电路板图"或"印刷线路板图"，它和装配图属于同一类电路图，都是供装配实际电路使用的。

电路图主要由元件符号、连线、节点、注释四大部分组成。元件符号表示实际电路中的元件，它的形状与实际的元件不一定相似，甚至完全不一样，如图 1-5 所示，但是一般都表示出了元件的特点，而且引脚的数目都和实际元件保持一致。连线表示的是实际电路中的导线，在原理图中虽然是一根线，但在常用的印刷电路板中往往不是线而是各种形状的铜箔块。节点表示几个元件引脚或几条导线之间相互的连接关系。所有和节点相连的元件引脚、导线，不论数目多少，都是导通的。注释在电路图中是十分重要的，电路图中所有的文字都可以归入注释。

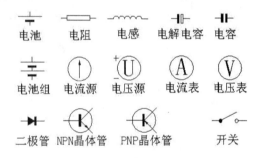

图 1-5　几种电路符号

1.1.3　电路板的工作层面

电路板包括多种类型的工作层面，如信号层、防护层、丝印层、内部层等，各种层面的作用简要介绍如下。

(1) 信号层：主要用来放置元器件或布线。Protel DXP 通常包含 30 个中间层，即 Mid Layer1～Mid Layer30，中间层用来布置信号线，顶层和底层用来放置元器件或敷铜。

(2) 防护层：主要用来确保电路板上不需要镀锡的地方不会被镀锡，从而保证电路板运行的可靠性。其中 Top Paste 和 Bottom Paste 分别为顶层阻焊层和底层阻焊层；Top Solder 和 Bottom Solder 分别为顶层锡膏防护层和底层锡膏防护层。

(3) 丝印层：主要用于在电路板上印制元器件的流水号、生产编号、公司名称等。

(4) 内部层：主要用作信号布线层，Protel DXP 中共包含 16 个内部层。

(5) 其他层：主要包括 4 种类型的层。

● Drill Guide(钻孔方位层)：主要用于印刷电路板上钻孔的位置。

● Keep-Out Layer(禁止布线层)：主要用于绘制电路板的电气边框。

- Drill Drawing(钻孔绘图层): 主要用于设定钻孔形状。
- Multi-Layer(多层): 主要用于设置多面层。

第 2 课 | 2课时 | Protel DXP 2004 软件的基础知识

1.2.1 软件简介

行业知识链接: Protel DXP 是 Protel 99 SE 的升级版本,如图 1-6 所示是 Protel 99 SE 的启动界面。

图 1-6 Protel 99 SE 的
启动界面

1. Protel 的产生及发展

1985 年发布 DOS 版 Protel。

1991 年发布 Windows 版 Protel。

1998 年发布 32 位的 Protel 98,该版本软件是第一个包含 5 个核心模块的 EDA 工具。

1999 年发布 Protel 99,该版本软件既有原理图的逻辑功能验证的混合信号仿真,又有 PCB 信号完整性;并且具有电路仿真功能。

2000 年发布 Protel 99 SE,该版本软件可以对设计过程有更大控制力。

2002 年发布 Protel DXP,该版本软件集成了更多工具,使用方便,功能更强大。

2. Protel DXP 的主要特点

(1) 通过设计档包的方式,将原理图编辑、电路仿真、PCB 设计及打印等功能有机地结合在一起,提供了一个集成的开发环境。

(2) 提供了混合电路仿真功能,为正确设计实验原理图电路中的某些功能模块提供了方便。

(3) 提供了丰富的原理图组件库和 PCB 封装库,并且为设计新的器件提供了封装向导程序,简化了封装设计过程。

(4) 提供了层次原理图设计方法,支持"自上向下"的设计思想,使大型电路设计的工作组开发方式成为可能。

(5) 提供了强大的查错功能。原理图中的 ERC (电气法则检查)工具和 PCB 的 DRC(设计规则检查)工具能帮助设计者更快地查出和改正错误。

(6) 全面兼容 Protel 系列以前版本的设计文件,并提供了 CAD 格式文件的转换功能。

(7) 提供了全新的 FPGA 设计的功能,这是以前的版本所没有提供的功能。

1.2.2 软件界面

行业知识链接：Protel 软件每个版本的启动界面都不尽相同，Protel DXP 2004 版本的启动界面如图 1-7 所示。

图 1-7　Protel DXP 2004 启动界面

1. 界面

Protel DXP 的所有电路设计工作都必须在 Design Explorer(设计管理器)中进行，同时设计管理器也是 Protel DXP 启动后的主工作界面。设计管理器具有友好的人机接口，而且设计功能强大，使用方便，易于上手。Protel DXP 的设计管理器窗口类似于 Windows 的资源管理器窗口，上面有菜单栏、工具栏，右边为工作主页面，左边为工作区面板，最下面是状态栏，如图 1-8 所示。

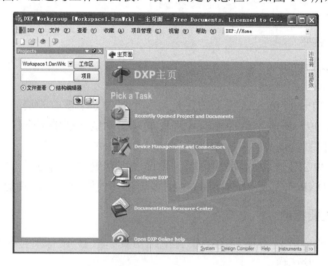

图 1-8　Protel DXP 的设计管理器窗口

工作主页面如图 1-9 所示，其中的几个选项介绍如下。

(1) Printed Circuit Board Design：新建设计项目。

在 Protel DXP 中，一个设计项目中可以包含各种设计文件，如原理图 SCH 文件、电路图 PCB 文件及各种报表，多个设计项目可以构成一个 Project Group(设计项目组)。因此，项目是 Protel DXP 工作的核心，所有设计工作均是以项目来展开的。

(2) FPGA Design and Development：新建 FPGA 项目设计。单击此选项，将弹出如图 1-10 所示的新建 FPGA 项目设计的工作面板。

(3) DXP Library Management：新建集成库。

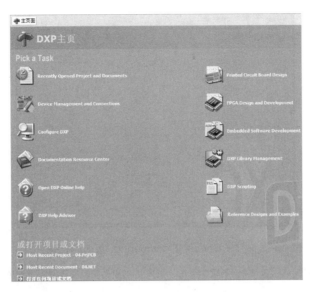

图 1-9　工作主页面

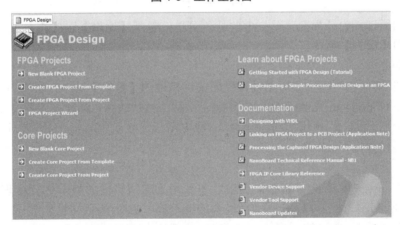

图 1-10　新建 FPGA 项目设计的工作面板

(4)　【打开任何项目或文档】：打开一项设计项目或者设计文档。单击该选项，将弹出如图 1-11 所示的 Choose Document to Open 对话框。

(5)　Most Recent Project：列出最近使用过的项目名称。

(6)　Most Recent Document：列出最近使用过的设计文件名称。

(7)　Open DXP Online help：在线帮助。

(8)　DXP Help Advisor：DXP 帮助指南。

2. 菜单栏

菜单栏位于标题栏的下方，如图 1-12 所示。

【文件】菜单主要用于实现对设计数据库及设计文件的创建、打开、保存、导入、导出、关闭及原理图的打印设置和打印等操作；【视窗】菜单主要用于实现对窗口的排列、窗口的关闭等操作；【帮助】菜单主要用于使用该软件时提供帮助信息。这些命令与一般 Windows 窗口中的命令相同或相似。

图 1-11　Choose Document to Open 对话框

▶ DXP (X)　文件 (F)　编辑 (E)　查看 (V)　项目管理 (C)　放置 (P)　设计 (D)　工具 (T)　报告 (R)　视窗 (W)　帮助 (H)

图 1-12　菜单栏

下面重点介绍原理图设计界面菜单栏中的特色菜单，包括【编辑】、【查看】、【放置】、【设计】、【工具】和【报告】菜单。

1)　【编辑】菜单

在编辑区按 E 键，也可出现原理图设计界面菜单栏中的【编辑】菜单，如图 1-13 所示。它包含的命令有：Undo、Nothing to Redo、裁剪、复制、粘贴、粘贴队列、清除、查找文本、置换文本、查找下一个、选择、取消选择、删除、剪断配线、橡皮图章、变更、移动、排列、跳转到、选择存储器、增加元件号码和查找相似对象。

2)　【查看】菜单

原理图设计界面菜单栏中的【查看】菜单，主要用于对编辑区的显示进行管理。在编辑区按 V 键，也可出现该菜单，如图 1-14 所示。它包含的命令有：显示整个文档、显示全部对象、整个区域、指定点周围区域、选定的对象、50%(50%显示)、100%(100%显示)、200%(200%显示)、400%(400%显示)、放大(编辑区放大显示)、缩小(编辑区缩小显示)、中心定位显示、更新、全屏显示、工具栏、工作区面板、桌面布局、器件视图、主页、状态栏、显示命令行、网格和切换单位。

3)　【放置】菜单

原理图设计界面菜单栏中的【放置】菜单，主要用于放置原理图的对象，如图 1-15 所示。在编辑区按 P 键，也可出现该菜单，它包含的命令有：总线、总线入口、元件、手工放置节点、电源端口、导线、网络标签、端口、图纸连接符、图纸符号、加图纸入口、指示符、文本字符串、文本框、描画工具和注解。

4)　【设计】菜单

在编辑区按 D 键，也可出现原理图设计界面菜单栏中的【设计】菜单，如图 1-16 所示。它包含的命令有：浏览元件库、追加/删除元件库、建立设计项目库、生成集成库、模板、设计项目的网络表、文档的网络表、仿真等。

5)　【工具】菜单

原理图设计界面菜单栏中的【工具】菜单如图 1-17 所示，在编辑区按 T 键，也可出现该菜单。

它包含的命令有：查找元件、改变设计层次、参数管理、图纸编号、从元件库获取元件的更新信息、注释、重置标识符、快捷注释元件、强制注释全部元件、恢复注释、转换、交叉探测、切换快速交叉选择模式、选择 PCB 元件和原理图优先设定。

图 1-13　【编辑】菜单

图 1-14　【查看】菜单

图 1-15　【放置】菜单

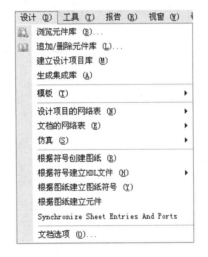

图 1-16　【设计】菜单

6) 【报告】菜单

原理图设计界面菜单栏中的【报告】菜单，主要用于生成有关该电路原理图的报表文件，在第 6 教学日将对原理图的各种报表做详尽的阐述。在编辑区按 R 键，也可出现该菜单，如图 1-18 所示。

图 1-17 【工具】菜单

图 1-18 【报告】菜单

课后练习

案例文件：ywj\01\01.schdoc

视频文件：光盘\视频课堂\第 1 教学日\1.2

1. 案例分析

本节课后练习绘制放大电路。放大电路用于电路中的信号放大，在绘制时要使用二极管、电容等常用元件。如图 1-19 所示是绘制完成的放大电路图纸。

本案例主要练习放大电路原理图的绘制方法。首先添加元件，绘制左边线路，之后绘制右边线路，最后添加文本。绘制放大电路图纸的思路和步骤如图 1-20 所示。

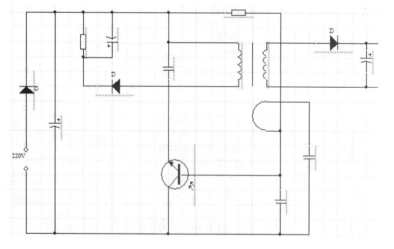

图 1-19 放大电路图纸

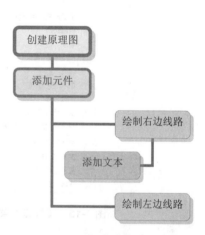

图 1-20 放大电路图纸的绘制步骤

2. 案例操作

step 01 双击桌面上的 Protel DXP 2004 快捷图标，打开 Protel 软件，创建原理图。选择【文件】|

【创建】|【原理图】菜单命令, 如图 1-21 所示。

step 02 进入 Protel DXP 2004 原理图绘图环境, 如图 1-22 所示。

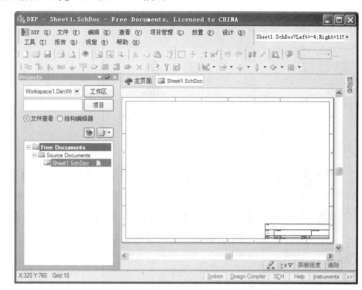

图 1-21 选择"原理图"命令　　　　　　　　　图 1-22 Protel 原理图绘图环境

step 03 开始添加元件。单击【配线】工具栏中的【放置元件】按钮, 弹出【放置元件】对话框, 如图 1-23 所示。

step 04 单击【放置元件】对话框中的 按钮, 弹出【浏览元件库】对话框, 选择 Diode 元件, 如图 1-24 所示, 单击两次【确认】按钮。

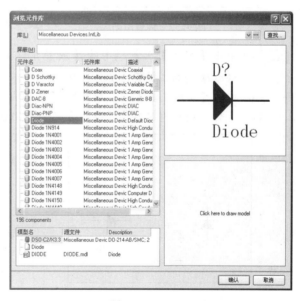

图 1-23 【放置元件】对话框　　　　　　　　　图 1-24 【浏览元件库】对话框

step 05 在绘图区的适当位置单击放置二极管, 期间按空格键可以旋转元件, 如图 1-25 所示。

step 06 单击【实用工具】工具栏中的【数字式设备】按钮, 在下拉列表中选择"1.0μF 电容"元件，按空格键旋转元件，单击放置电容元件，如图 1-26 所示。

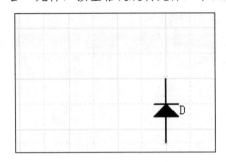

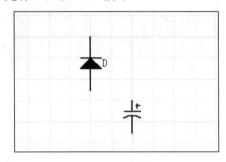

图 1-25　放置二极管　　　　　　　　　图 1-26　放置 1.0μF 电容

step 07 ▶ 单击【实用工具】工具栏中的【数字式设备】按钮 ⬇ •，在下拉列表中选择"1K 电阻"元件，按空格键旋转元件，单击放置电阻元件，如图 1-27 所示。

step 08 ▶ 单击【实用工具】工具栏中的【数字式设备】按钮 ⬇ •，在下拉列表中选择"1.0μF 电容"元件，按空格键旋转元件，单击放置正极向下的电容元件，如图 1-28 所示。

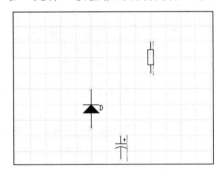

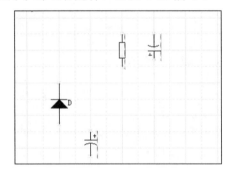

图 1-27　放置电阻　　　　　　　　　图 1-28　放置正极向下的电容

step 09 ▶ 单击【配线】工具栏中的【放置元件】按钮 ⊡，选择 Diode 元件，按空格键旋转元件，添加横放的二极管，如图 1-29 所示。

step 10 ▶ 单击【实用工具】工具栏中的【数字式设备】按钮 ⬇ •，在下拉列表中选择"0.01μF 电容"元件，按空格键旋转元件，单击放置 0.01μF 电容元件，如图 1-30 所示。

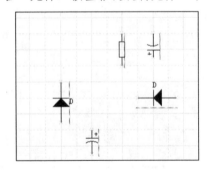

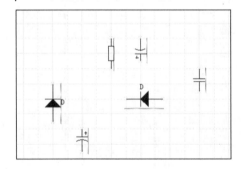

图 1-29　添加横放的二极管　　　　　　图 1-30　放置 0.01μF 电容

step 11 ▶ 单击【配线】工具栏中的【放置元件】按钮 ⊡，选择 Photo NPN 元件，按空格键旋转元件，单击放置感光三极管，如图 1-31 所示。

step 12 单击【配线】工具栏中的【放置元件】按钮 ⬜，选择 Inductor 元件，按空格键旋转元件，单击放置电感，如图 1-32 所示。

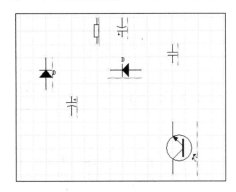

图 1-31　放置感光三极管

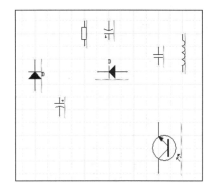

图 1-32　放置电感

step 13 单击【实用工具】工具栏中的【数字式设备】按钮 ⬛·，在下拉列表中选择"1K 电阻"元件，按空格键旋转元件，单击放置右侧的电阻，如图 1-33 所示。

step 14 单击【实用工具】工具栏中的【数字式设备】按钮 ⬛·，在下拉列表中选择"0.01μF 电容"元件，按空格键旋转元件，单击放置 0.01μF 电容元件，如图 1-34 所示。

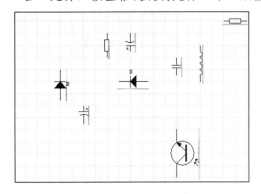

图 1-33　放置右侧电阻

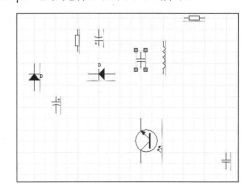

图 1-34　放置 0.01μF 电容

step 15 单击【配线】工具栏中的【放置导线】按钮 ⬚，绘制如图 1-35 所示的导线，左边线路绘制完成。

step 16 单击【配线】工具栏中的【放置元件】按钮 ⬜，选择 Inductor 元件，按空格键旋转元件，单击放置右侧电感，如图 1-36 所示。

step 17 单击【配线】工具栏中的【放置元件】按钮 ⬜，选择 Diode 元件，按空格键旋转元件，单击放置二极管，如图 1-37 所示。

step 18 单击【实用工具】工具栏中的【数字式设备】按钮 ⬛·，在下拉列表中选择"1.0μF 电容"元件，按空格键旋转元件，单击放置电容，如图 1-38 所示。

step 19 单击【配线】工具栏中的【放置导线】按钮 ⬚，绘制如图 1-39 所示的导线。

step 20 单击【实用工具】工具栏中的【数字式设备】按钮 ⬛·，在下拉列表中选择"0.01μF 电容"元件，按空格键旋转元件，单击放置电容，如图 1-40 所示。

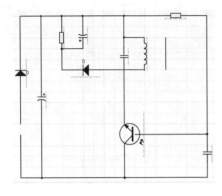

图 1-35　绘制导线

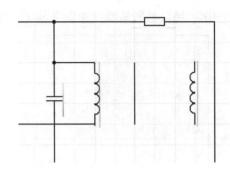

图 1-36　放置右侧电感

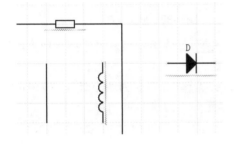

图 1-37　放置二极管

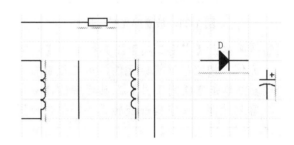

图 1-38　放置电容

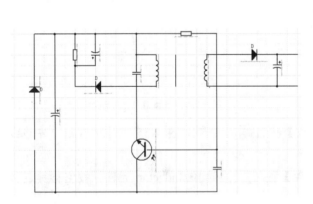

图 1-39　绘制导线

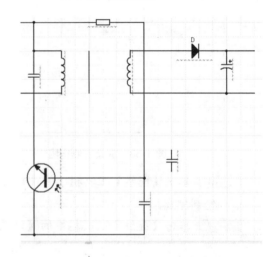

图 1-40　放置 0.01μF 电容

step 21　单击【实用工具】工具栏中的【实用工具】按钮，在下拉列表中选择【放置椭圆弧】按钮，绘制如图 1-41 所示的线圈。

step 22　单击【配线】工具栏中的【放置导线】按钮，绘制如图 1-42 所示的导线，右边线路绘制完成。

step 23　单击【实用工具】工具栏中的【实用工具】按钮，在下拉列表中选择【放置文本字符串】按钮，添加如图 1-43 所示的文字。

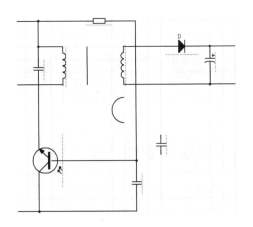

图 1-41　绘制线圈

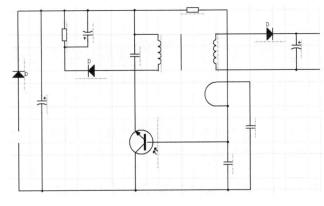

图 1-42　绘制导线

step 24　放大电路电路图绘制完成，如图 1-44 所示。

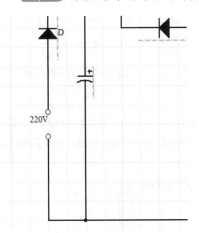

图 1-43　添加文字

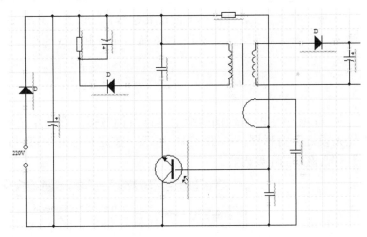

图 1-44　放大电路电路图绘制完成

电气设计实践： 电子设备采用印制板后，由于同类印制板的一致性，从而避免了人工接线的差错，并可实现电子元器件自动插装或贴装、自动焊锡、自动检测，从而可以保证电子设备的质量，提高劳动生产率，降低成本，并便于维修。如图 1-45 所示是印制板的电路图。

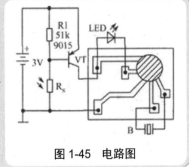

图 1-45　电路图

第3课 2课时 设置图纸和环境参数

原理图环境的设置主要是指图纸和光标的设置。绘制原理图首先要设置图纸，如设置纸张大小、标题框、文件信息等。

1.3.1 原理图环境的设置

行业知识链接： 在进行原理图设计之前，首先必须要对原理图设计环境进行设置。原理图环境的设置包括窗口设置，图纸设置，网格、电气节点和光标设置等。如图 1-46 所示是绘制完成的原理图。

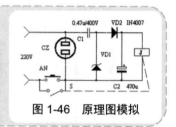

图 1-46 原理图模拟

在 Protel DXP 原理图图纸上单击鼠标右键，选择【选项】|【原理图优先设定】命令，会弹出【优先设定】对话框，如图 1-47 所示，在此对话框中可以设置原理图的环境。下面介绍【优先设定】对话框中的主要内容。

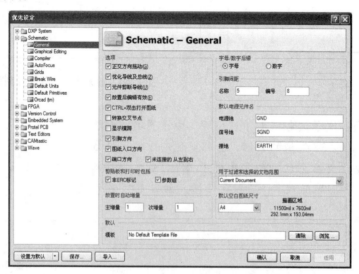

图 1-47 【优先设定】对话框

1. General 选项卡的设置

1) 【引脚间距】选项组

其功能是设置元器件上的引脚名称、引脚号码。其中，【名称】设置引脚名称与组件边缘间的间距;【编号】设置引脚符号与组件边缘间的间距。

2) 【字母/数字后缀】选项组

有些组件内部是由多个组件组成的,则可通过此区域设置组件的后缀。选中【字母】单选按钮,则后缀以字母表示,如 A、B 等。选中【数字】单选按钮,则后缀以数字表示,如 1、2 等。

3) 【剪贴板和打印时包括】选项组

此选项组主要用来设置使用剪贴板或打印时的参数。

选中【非 ERC 标记】复选框,则使用剪贴板进行复制操作或打印时,对象的 No-ERC 标记将随对象一起复制或打印。否则,复制和打印对象时,将不包括 No-ERC 标记。

选中【参数组】复选框,则使用剪贴板进行复制操作或打印时,对象的参数设置将随对象被复制或打印。否则,复制和打印对象时,将不包括对象参数。

4) 【选项】选项组

【选项】选项组主要用来设置连接导线时的一些功能,分别介绍如下。

● 【转换交叉节点】:选中该复选框,在绘制导线时,只要导线的起点或终点在另一根导线上(T 型连接),系统会在交叉点上自动放置一个节点。如果是跨过一根导线(十字型连接),系统在交叉点处不会放置节点,必须手动放置节点。

● 【正交方向拖动】:选中该复选框,当拖动组件时,被拖动的导线将与组件保持直角关系。不选定,则被拖动的导线与组件不再保持直角关系。

● 【放置后编辑有效】:选中该复选框,当光标指向已放置的组件标识、文本、网络名称等文本文件时,单击鼠标可以直接在原理图上修改文本内容。若未选中该复选框,则必须在参数设置对话框中修改文本内容。

● 【优化导线及总线】:选中该复选框,可以防止不必要的导线、总线覆盖在其他导线或总线上,若有覆盖,系统会自动移除。

● 【元件剪断导线】:选中该复选框,在将一个组件放置在一条导线上时,如果该组件有两个引脚在导线上,则导线被组件的两个引脚分成两段,并分别连接在两个引脚上。

5) 【默认电源元件名】选项组

此选项组用于设置电源端子的默认网络名称,如果该区域中的输入框为空,电源端子的网络名称将由设计者在其属性对话框中设置,具体设置如下。

● 【电源地】:系统默认值为 GND。在原理图上放置电源和接地符号后,将会打开【电源端口】对话框,如图 1-48 所示,设置【网络】名称,单击【确认】按钮即可放置电源地符号。

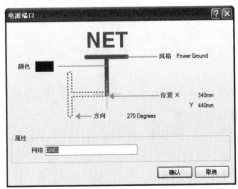

图 1-48 【电源端口】对话框

- 【信号地】：系统默认设置为 SGND。
- 【接地】：系统默认设置为 EARTH。

6) 【用于过滤和选择的文档范围】选项组

此选项组用于设定给定选项的适用范围，可以只应用于当前文档和用于所有打开的文档。

2. Graphical Editing 选项卡的设置

在【优先设定】对话框中，单击 Graphical Editing 节点，界面如图 1-49 所示。

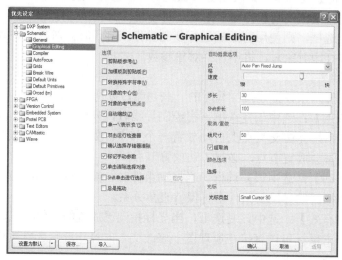

图 1-49　Graphical Editing 选项卡

1) 【选项】选项组

此选项组主要包括如下设置。

- 【剪贴板参考】：用于设置将选取的组件复制或剪切到剪贴板时，是否要指定参考点。如果选中此复选框，进行复制或剪切操作时，系统会要求指定参考点，这对于复制一个将要粘贴回原来位置的原理图非常重要。该参考点是粘贴时被保留部分的点，建议选中此复选框。
- 【加模板到剪贴板】：当执行复制或剪切操作时，系统会把模板文件添加到剪贴板上。当取消选中该复选框时，可以直接将原理图复制到 Word 文档。系统默认为选中状态，建议用户取消选中该复选框。
- 【转换特殊字符串】：用于设置将特殊字符串转换成相应的内容，选中此复选框时，在电路图中将显示特殊字符串的内容。
- 【对象的中心】：该复选框的功能是设置移动组件时，光标捕捉的是组件的参考点还是组件的中心。
- 【对象的电气热点】：选中该复选框后，将可以通过距对象最近的电气点移动或拖动对象。建议用户选中该复选框。
- 【自动缩放】：用于设置插入组件时，原理图是否可以自动调整视图的显示比例，以适合显示该组件。
- 【确认选择存储器清除】：该复选框可用于单击原理图编辑窗口内的任意位置来取消对象的选取状态。不选中此复选框时，需要执行【编辑】|【清除】菜单命令来取消组件的选中状

态。选中该复选框时，取消组件的选取状态有两种方法：其一，在原理图编辑窗口的任意位置单击鼠标，就可以取消组件的选取状态。其二，执行【编辑】|【清除】菜单命令来取消组件的选定状态。

2) 【颜色选项】选项组

此选项组用于设置所选中的对象组件的高亮颜色，即在原理图上选取某个对象组件，该对象组件显示的颜色。

3) 【自动摇景选项】选项组

此选项组主要用于设置系统的自动摇景功能。自动摇景是指当鼠标处于放置图纸组件的状态时，如果将光标移动到编辑区边界上，图纸边界自动向窗口中心移动。

- 【风格】下拉列表框：单击下拉按钮，弹出如图 1-50 所示的下拉列表，其各项功能如下：Auto Pan Off 表示取消自动摇景功能； Auto Pan Fixed Jump 表示以【步长】和【Shift 步长】所设置的值进行自动移动；Auto Pan ReCenter 表示重新定位编辑区的中心位置，即以光标所指的边为新的编辑区中心。
- 【速度】选项：用于调节滑块设定自动移动速度。
- 【步长】文本框：用于设置滑块每一步移动的距离值。
- 【Shift 步长】文本框：用于设置加速状态下的滑块第五步移动的距离值。

4) 【光标】选项组

此选项组用于设置光标和格点的类型，如图 1-51 所示。单击【光标类型】下拉按钮，将弹出如图 1-51 所示的下拉列表，其具体设置如下。

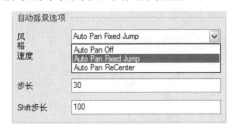

图 1-50 【风格】下拉菜单   图 1-51 【光标】选项组

Large Cursor 90：将光标设置为由水平线和垂直线组成的 90°大光标。

Small Cursor 90：将光标设置为由水平线和垂直线组成的 90°小光标。

Small Cursor 45：将光标设置为 45°相交线组成的小光标。

Tiny Cursor 45：将光标设置为 45°倾斜的光标。

3. Default Primitives 选项卡的设置

在【优先设定】对话框中，单击 Default Primitives 节点，将打开 Default Primitives 选项卡，如图 1-52 所示。

1) 【图元表】选项组

在【图元表】选项组中，单击其下拉按钮，将弹出如图 1-53 所示的下拉列表。选定下拉列表中的某一类别，该类型所包括的对象将在【图元】列表框中显示。其中，All 指全部对象，Wiring Objects 指绘制电路原理图工具栏所放置的全部对象，Drawing Objects 指绘制非电气原理图工具栏所放置的全部对象，Sheet Symbol Objects 指绘制层次图时与子图有关的对象，Library Objects 指与组件库有关的对象，Other 指上述类别没有包括的对象。

2) 【图元】选项组

可以选择列表框中显示的对象，并对所选的对象进行属性设置或复位到初始状态。在列表框中选定某个对象，例如选中 Bus，单击【编辑值】按钮，将弹出【总线】对话框，如图 1-54 所示，可以修改相应的参数设置，然后单击【确认】按钮返回。

图 1-52　Default Primitives 选项卡

图 1-53　【图元表】下拉列表

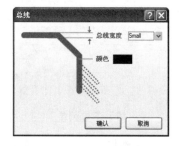

图 1-54　【总线】对话框

1.3.2　图纸设置

　　行业知识链接：电路图纸需要设置大小和图纸属性，常用的图纸大小一般有 A1、A2、A3 等几种，图纸属性包括电路信息、作者信息、用途信息等，可以在表格中表示。如图 1-55 所示为输出电路原理图。

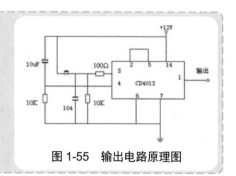

图 1-55　输出电路原理图

1. 图纸大小的设置

在电路原理图编辑窗口中，选择【设计】|【文档选项】菜单命令，将弹出【文档选项】对话框，如图 1-56 所示。在当前的原理图上单击鼠标右键，在弹出的快捷菜单中选择【选项】|【文档选项】命令，同样可以弹出【文档选项】对话框。

图 1-56 【文档选项】对话框

Protel DXP 所提供的图纸样式有以下几种。

美制：A0、A1、A2、A3、A4，其中 A4 最小。

英制：A、B、C、D、E，其中 A 型最小。

其他：Protel 还支持其他类型的图纸，如 Orcad A、Letter、Legal 等。

如果【文档选项】对话框中的图纸设置不能满足用户要求，可以自定义图纸大小。自定义图纸大小可以在【自定义风格】选项组中设置。设置时，要选中【使用自定义风格】复选框，才能激活相关选项。

2. 参数的设置

在【文档选项】对话框中的【参数】选项卡中可以进行各种参数的设置。在【文档选项】对话框中单击【参数】标签，即可打开【参数】选项卡，如图 1-57 所示，其中提供的主要信息参数如下。

Address1：第一栏图纸设计者或公司地址。

Address2：第二栏图纸设计者或公司地址。

Address3：第三栏图纸设计者或公司地址。

Address4：第四栏图纸设计者或公司地址。

ApprovedBy：审核单位名称。

Author：绘图者姓名。

DocumentNumber：文件号等内容。

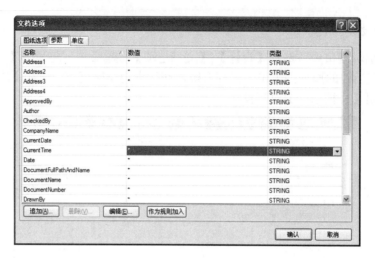

图 1-57　【参数】选项卡

3. 图纸单位系统的设置

在【文档选项】对话框中单击【单位】标签，即可打开【单位】选项卡，如图 1-58 所示。在【单位】选项卡中，选中相应的复选框，即可决定选择英制或者公制单位系统。

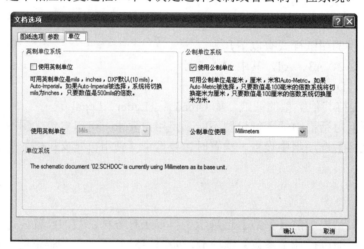

图 1-58　【单位】选项卡

课后练习

案例文件：ywj\01\02.schdoc

视频文件：光盘\视频课堂\第 1 教学日\1.3

1. 案例分析

本节课后练习创建车速限制器电路。车速限制器电路可对电动车的最高车速进行限制，使其运行于安全车速下。如图 1-59 所示是完成的车速限制器电路图纸。

本案例主要练习车速限制器电路的创建。首先设置图纸格式，之后按照左、下、右的顺序，绘制电路的各个部分。绘制车速限制器电路图纸的思路和步骤如图 1-60 所示。

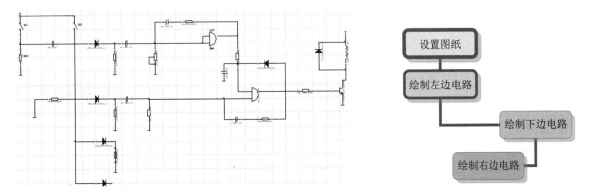

图 1-59 车速限制器电路图纸   图 1-60 车速限制器电路图纸的绘制步骤

2. 案例操作

step 01 双击桌面上的 Protel DXP 2004 快捷图标，选择【文件】|【创建】|【原理图】菜单命令，进入 Protel DXP 2004 原理图绘图环境，如图 1-61 所示。

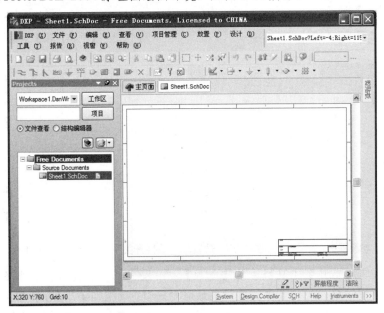

图 1-61 Protel 原理图绘图环境

step 02 首先设置图纸。在绘图区单击鼠标右键，在弹出的快捷菜单中选择【选项】|【图纸】命令，如图 1-62 所示。

step 03 在弹出的【文档选项】对话框中，切换到【图纸选项】选项卡，设置参数，如图 1-63 所示，然后单击【确认】按钮。

step 04 开始绘制左边电路。单击【实用工具】工具栏中的【电源】按钮，在下拉列表中选择【放置圆形电源端口】选项，按空格键旋转元件，放置圆形电源端口，如图 1-64 所示。

step 05 单击【配线】工具栏中的【放置元件】按钮，在弹出的【放置元件】对话框中，选择 SW-SPST 选项，按空格键旋转元件，放置单刀单掷开关 K1，如图 1-65 所示。

step 06 单击【实用工具】工具栏中的【数字式设备】按钮，在下拉列表中选择"1K 电阻"元件，按空格键旋转元件，放置 1K 电阻，如图 1-66 所示。

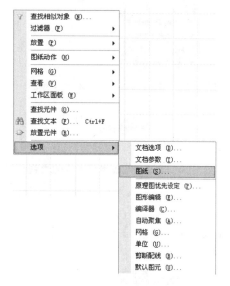

图 1-62 选择【图纸】命令

图 1-63 【文档选项】对话框

图 1-64 放置圆形电源端口

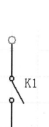

图 1-65 放置单刀单掷开关

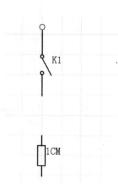

图 1-66 放置 1K 电阻

step 07 单击【实用工具】工具栏中的【电源】按钮，在下拉列表中选择"放置条形电源端口"选项，按空格键旋转元件，放置条形电源端口，如图 1-67 所示。

step 08 单击【实用工具】工具栏中的【数字式设备】按钮，在下拉列表中选择"0.01μF 电容"元件，按空格键旋转元件，放置电容，如图 1-68 所示。

step 09 单击【配线】工具栏中的【放置元件】按钮，选择 SW-SPST 元件，按空格键旋转元件，放置单刀单掷开关 K2，如图 1-69 所示。

step 10 单击【配线】工具栏中的【放置导线】按钮，绘制如图 1-70 所示的导线。

step 11 单击【配线】工具栏中的【放置元件】按钮，选择 Diode 选项，按空格键旋转元件，放置二极管，如图 1-71 所示。

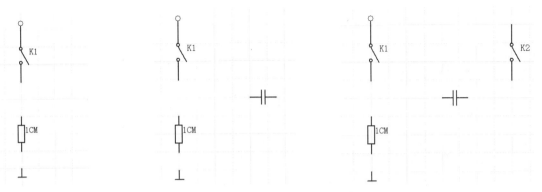

图 1-67　放置条形电源端口　　　图 1-68　放置电容　　　图 1-69　放置单刀单掷开关 K2

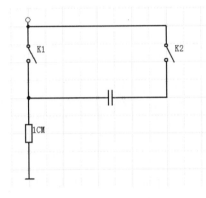

图 1-70　绘制导线

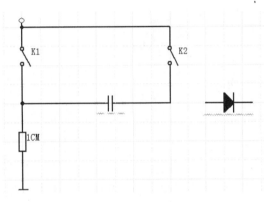

图 1-71　放置二极管

step 12 单击【原理图 标准】工具栏中的【复制】按钮，选择复制的电阻，单击【粘贴】按钮，复制完成如图 1-72 所示的电阻。

step 13 单击【原理图 标准】工具栏中的【复制】按钮，选择复制的电容，单击【粘贴】按钮，复制完成如图 1-73 所示的电容。

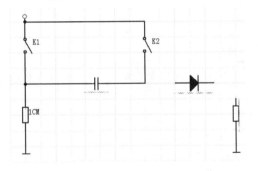

图 1-72　复制电阻

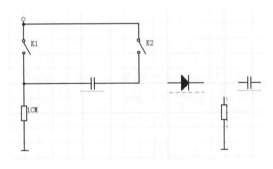

图 1-73　复制电容

step 14 单击【原理图 标准】工具栏中的【复制】按钮，选择复制的电阻，单击【粘贴】按钮，复制完成如图 1-74 所示的电阻。

step 15 单击【原理图 标准】工具栏中的【复制】按钮，选择复制的电容，单击【粘贴】按钮，复制完成如图 1-75 所示的电容。

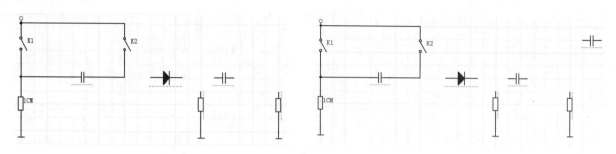

图 1-74　复制电阻　　　　　　　　　　　　图 1-75　复制电容

step 16　单击【原理图 标准】工具栏中的【复制】按钮，选择复制的电阻，单击【粘贴】按钮，复制完成如图 1-76 所示最右端的电阻。

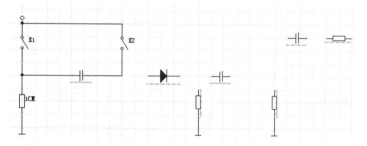

图 1-76　复制最右端的电阻

step 17　单击【配线】工具栏中的【放置元件】按钮，选择 Bell 选项，按空格键旋转元件，放置扬声器，如图 1-77 所示。

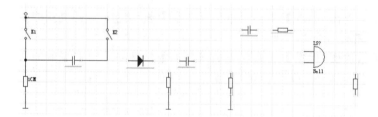

图 1-77　放置扬声器

step 18　单击【原理图 标准】工具栏中的【复制】按钮，选择复制的电容，单击【粘贴】按钮，复制完成如图 1-78 所示的最右边的电容。

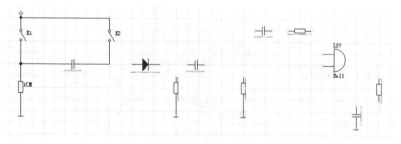

图 1-78　复制最右边的电容

step 19 单击【配线】工具栏中的【放置导线】按钮 ，绘制如图 1-79 所示的导线，左边电路绘制完成。

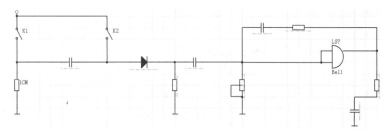

图 1-79　绘制导线

step 20 开始绘制下边电路。单击【实用工具】工具栏中的【数字式设备】按钮 ，在下拉列表中选择"电阻"元件，按空格键旋转元件，放置最下边的电阻，如图 1-80 所示。

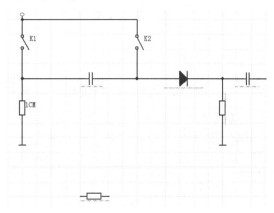

图 1-80　放置最下边的电阻

step 21 单击【原理图 标准】工具栏中的【复制】按钮 ，选择复制的元件，单击【粘贴】按钮 ，复制完成如图 1-81 所示的元件。

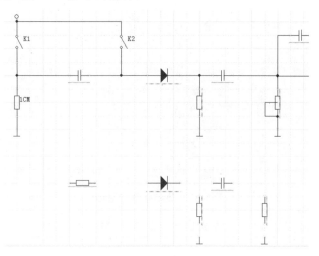

图 1-81　复制元件

step 22 单击【原理图 标准】工具栏中的【复制】按钮，选择复制的元件，单击【粘贴】按钮，复制完成如图 1-82 所示的二极管和电阻。

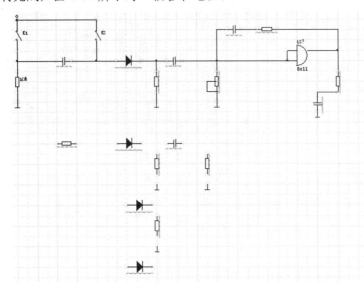

图 1-82 复制二极管和电阻

step 23 单击【原理图 标准】工具栏中的【复制】按钮，选择复制的放置条形电源端口，单击【粘贴】按钮，复制完成如图 1-83 所示的条形电源端口。

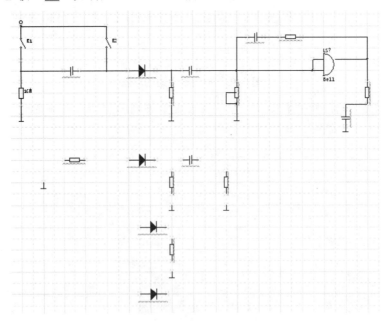

图 1-83 复制条形电源端口

step 24 单击【配线】工具栏中的【放置导线】按钮，绘制如图 1-84 所示的导线，完成下边电路的绘制。

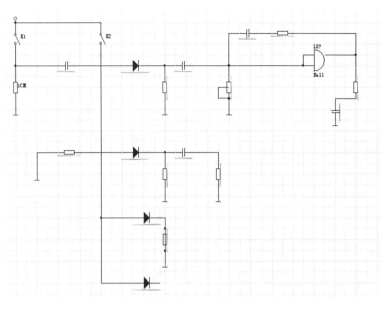

图 1-84　绘制导线

step 25　开始绘制右边电路。单击【原理图 标准】工具栏中的【复制】按钮，选择复制的扬声器，单击【粘贴】按钮，复制完成如图 1-85 所示的扬声器。

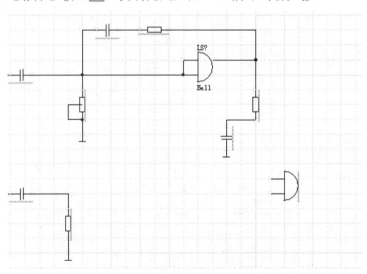

图 1-85　复制扬声器

step 26　单击【原理图 标准】工具栏中的【复制】按钮，选择复制的二极管，单击【粘贴】按钮，复制完成如图 1-86 所示的二极管。

step 27　单击【原理图 标准】工具栏中的【复制】按钮，选择复制的元件，单击【粘贴】按钮，复制完成如图 1-87 所示的电阻和电容。

step 28　单击【原理图 标准】工具栏中的【复制】按钮，选择复制的电阻，单击【粘贴】按钮，复制完成如图 1-88 所示的最右边的电阻。

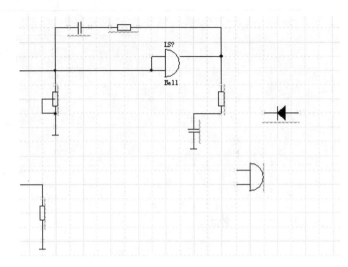

图 1-86　复制二极管

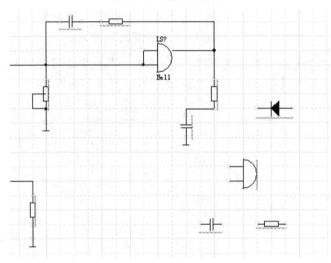

图 1-87　复制电阻和电容

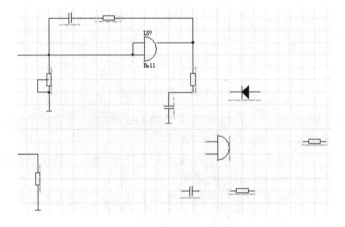

图 1-88　复制最右边的电阻

step 29 单击【原理图 标准】工具栏中的【复制】按钮，选择复制的二极管，单击【粘贴】按钮，复制完成如图 1-89 所示的最右边的二极管。

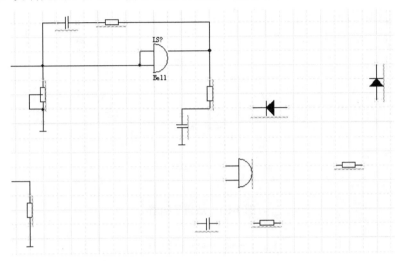

图 1-89　复制最右边的二极管

step 30 单击【配线】工具栏中的【放置元件】按钮，选择 Inductor 元件，按空格键旋转元件，放置电感，如图 1-90 所示。

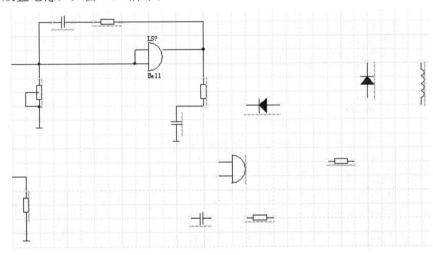

图 1-90　放置电感

step 31 单击【配线】工具栏中的【放置元件】按钮，选择 NPN 元件，按空格键旋转元件，放置三极管，如图 1-91 所示。

step 32 单击【实用工具】工具栏中的【电源】按钮，在下拉列表中选择"放置圆形电源端口"元件，按空格键旋转元件，放置圆形电源端口，如图 1-92 所示。

step 33 单击【配线】工具栏中的【放置导线】按钮，绘制如图 1-93 所示的导线，完成右边电路的绘制。

step 34 绘制完成的车速限制器电路图如图 1-94 所示。

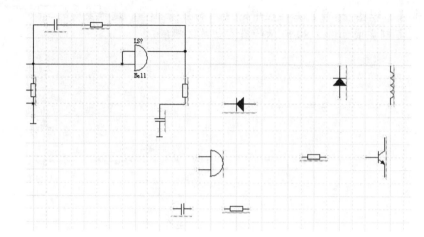

图 1-91　放置三极管

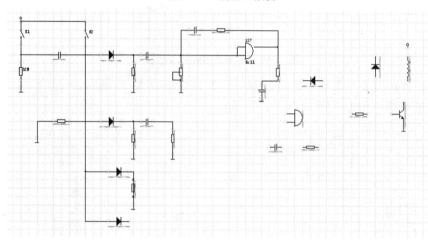

图 1-92　放置圆形电源端口

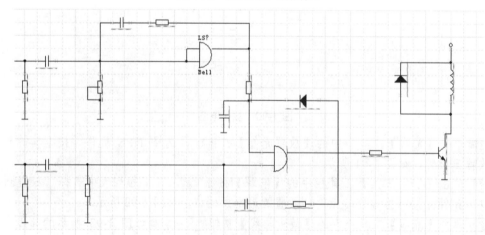

图 1-93　绘制导线

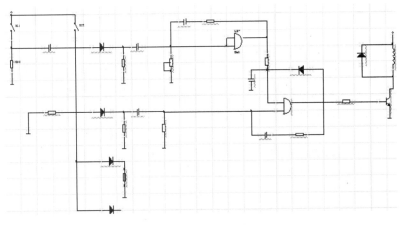

图 1-94　车速限制器电路图绘制完成

电气设计实践：三控开关是指三个开关控制一个灯泡，就是在双控的基础上，把两个开关的连接线中间再加上一个双刀双掷开关，如果没有的话，可以用双开开关代替。如图 1-95 所示是三控开关电路原理图，用于控制灯泡的亮灭。

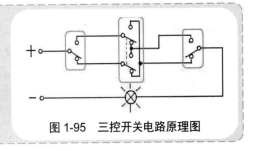

图 1-95　三控开关电路原理图

 第**④**课　[2课时] 电路的设计步骤和编辑器

1.4.1　PCB 原理图的知识

行业知识链接：开始设计电气原理图时，首先要分析电路，人们通过识别图纸上所画的各种电路元件符号，以及它们之间的连接方式，就可以了解电路的实际工作情况。如图 1-96 所示是三极管开关电路图。

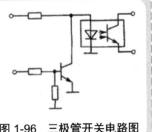

图 1-96　三极管开关电路图

电气原理图用来表明设备的工作原理及各电气元件间的作用，电气原理图的种类一般有主电路、控制执行电路、检测与保护电路、配电电路等。由于电气原理图直接体现了电子电路与电气结构以及其相互间的逻辑关系，所以一般用于设计、分析电路。分析电路时，通过识别图纸上所画各种电路元件符号，以及它们之间的连接方式，就可以了解电路实际工作时的情况。电气原理图又可分为整机原理图和单元部分电路原理图，整机原理图是指所有电路集合在一起的分部电路图。

1. 原理图的组成

电气原理图主要由元器件符号标记、注释、连接线、连接点等四大部分组成。

(1) 元件符号用于表示实际电路中的元器件，它的形状与实际的元件不一定相似，甚至完全不一样。但是它一般都表示出了元器件的特点，而且引脚的数目均与实际元件高度保持一致，一般有电气连接符号、IC符号、离散元器件符号(有源件与无源件)、输入/输出连接器、电源与地的符号等。

(2) 连接线表示的是实际电路中的导线，在原理图中虽然是一根线，但在常用的印刷电路板中往往不是单独的线，而是各种形状且联通的块状铜箔导电层。在电气原理图中，总线一般用一条粗线表示，在这条总线上再分支出若干支线。

(3) 节点表示几个元件引脚或几条导线之间相互的连接关系。所有和节点相连的元件引脚、导线，不论数目多少，都是导通的。在电路中还会有交叉的现象，为了区别交叉处是否相连，在制作电路图时，以实心圆点表示交叉点相连接，以不画或画半个圆则表示不相连的交叉点；也有个别的电路图是用空心圆来表示不相连的。

(4) 注释在电路图中是十分重要的，电路图中的所有文字都可以归入注释。在电路图的各个地方都会有注释存在，用来说明元件的型号、名称等。如果是彩色的电路图，一般会用颜色来区别不同的线路，这也属于注释的一种。一般的约定是：供电的线路使用红色，发射的线路使用橙色，接收的线路使用绿色，扬声器线路使用绿色，其他线路一般用黑色。

2. 设计步骤

一个符合电气规则的原理图是进行印刷电路板自动布局和自动布线的基础，电路原理图的设计流程如图1-97所示。

从图1-97所示的流程图中可以看出，设计原理图的步骤一般是：

(1) 启动原理图编辑器。具体的启动方法将在下面进行讲解。

(2) 对图纸进行设置。在设计电路原理图之前，首先要根据所画电路图对图纸尺寸、网格大小等进行设置。

(3) 放置所有元器件并布局。在设置好的图纸上，放置本电路图的所有元器件。对元器件库中没有的元器件，要在原理图元器件库中进行编辑。放置完所有的元器件后，要根据电路图调整元器件的布局。

(4) 连接元器件。对布局好的元器件进行连接。

(5) 进行电气规则检查，生成网络表。最后，对电路图进行电气规则检查、生成网络表等操作，至此，电路原理图的设计基本结束。

3. 启动原理图编辑器

启动原理图编辑器的方法有：通过菜单启动；通过已有的原理图文档启动。

(1) 在设计管理器的主界面，选择【文件】|【新建】|【原理图】菜单命令，就建立了一个原理图文档。

(2) 如果在设计数据库里已经存在了原理图文档，则在资源管理器窗口单击该文档，都可进入原理图编辑器。

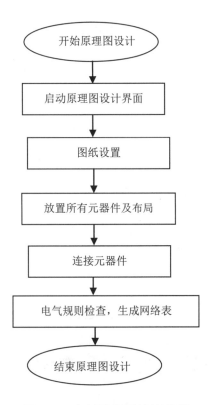

图 1-97　电气原理图的设计流程

4. PCB 的制作步骤

随着计算机软硬件技术的飞速发展，集成电路被广泛应用，电路越来越复杂、集成度越来越高，加之新型元器件层出不穷，使得越来越多的工作已经无法依靠手工来完成。计算机的广泛应用恰恰解决了这个问题，而且大大提高了工作效率。因此，计算机辅助电路板设计已经成为电路板设计制作的必然趋势。Protel DXP 正是在这样一个大环境下产生和发展的。Protel DXP 具有前所未有的丰富的设计功能。只有很好地掌握了这个强大的工具才能充分发挥其效能。

了解了设计电路板的基本步骤之后，是不是觉得设计一块自己的电路板并不是件难事了。事实上要想真正设计出一块满足技术要求，功能完善，布局合理且可靠，实用、美观的电路板绝非一朝一夕能做到的。一般而言，设计印制电路板最基本的完整过程，大体可分为以下 3 个步骤。

1)　原理图的设计

原理图的设计主要是利用 Protel DXP 的原理图设计系统绘制一张电路原理图，如图 1-98 所示。设计者应充分利用 Protel DXP 所提供的强大而完善的原理图绘图工具、测试工具、模拟仿真工具和各种编辑功能，制作一张正确、精美的电路原理图，以便为接下来的工作做好准备。

2)　产生网络表

网络表是电路原理图设计与印制电路板设计之间的桥梁和纽带，如图 1-99 所示，也是印制电路板设计中自动布线的基础和灵魂。网络表可以由电路原理图生成，也可以从已有的印制电路板文件中提取。

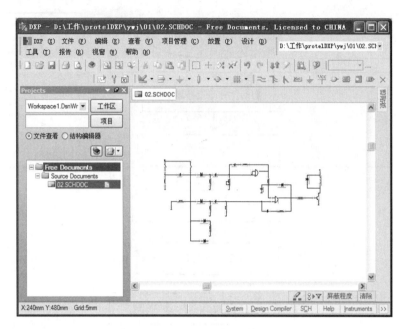

图 1-98　原理图设计界面

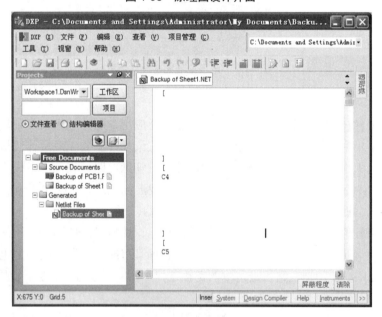

图 1-99　网络表

3)　印制电路板的设计

印制电路板的设计主要是针对 Protel DXP 的另外一个强大的设计系统——印制电路板设计系统 PCB 而言的，如图 1-100 所示是印制电路板设计界面。设计者可以充分利用 Protel DXP 提供的强大的 PCB 功能来实现印制电路板的设计工作。

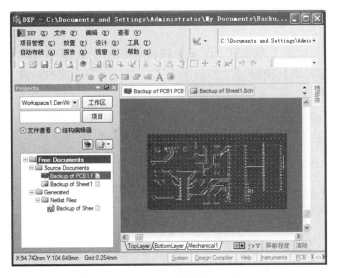

图 1-100　印制电路板设计界面

简而言之，电路板的设计过程首先是绘制电路原理图，然后由电路原理图文件生成网络表，最后在 PCB 设计系统中根据网络表完成自动布线工作。当然也可以根据电路原理图直接进行手工布线而不必生成网络表。完成布线工作后，可以利用打印机或绘图仪打印输出。除此之外，用户在设计过程中可能还要完成其他一些工作，例如创建自己的元件库、编辑新元件、生成各种报表等。

1.4.2　原理图编辑器的工具栏

行业知识链接：用 Protel DXP 设计编辑器绘制平面电路图纸是十分方便的，如图 1-101 所示是用软件绘制的部分电路图。

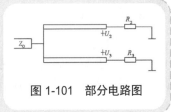

图 1-101　部分电路图

Protel DXP 原理图设计界面提供的工具栏有：【原理图 标准】工具栏、【配线】工具栏、【实用工具】工具栏等。这些工具栏可以通过【查看】|【工具栏】菜单命令，进行打开和关闭。

1. 原理图标准

【原理图 标准】工具栏位于菜单栏的下方，如图 1-102 所示。

图 1-102　【原理图 标准】工具栏

1)　文档管理按钮

这类按钮包括打开、保存、打印和新建文档等按钮。这类按钮的功能和使用方法与其他软件的相应按钮完全相同，不再赘述。

2） 编辑区浏览按钮

这类按钮包括 3 个：单击【缩放整个区域】按钮相当于选择【查看】|【放大】或【缩小】菜单命令；单击【显示全部对象】按钮，相当于在工作区显示整个文件；单击【缩放选定对象】按钮，可以指定对象进行缩放。

3） 编辑按钮

这类按钮包括 4 个：【裁剪】、【复制】、【粘贴】和【橡皮图章】命令，后面的练习中会用到。

4） 其他按钮

除了上述按钮外，【原理图标准】工具栏上还有很多按钮，可以进行选择、撤销操作和浏览元件库等操作。

2. 配线

【配线】工具栏共由 11 个常用放置工具组成，分别与【放置】菜单下的命令相对应，如图 1-103 所示。

图 1-103 【配线】工具栏

工具栏中的按钮按从左到右的顺序依次为放置导线按钮，放置总线按钮，放置总线入口按钮，放置网络标签按钮，GND 端口按钮，VCC 电源端口，放置元件按钮，放置图纸符号按钮，放置图纸入口按钮，放置忽略 ERC 检查指示符按钮。

3. 实用工具

【实用工具】工具栏包含 6 个常用绘图工具，如图 1-104 所示。和【配线】工具栏不同，用【实用工具】工具栏绘制的对象是不具有电气性能的，因此，不能用其绘制导线。工具栏中的按钮按从左到右的顺序依次为实用工具、调准工具、电源、数字式设备、仿真电源和网格。

图 1-104 【实用工具】工具栏

4. 其他工具栏

1） 电源

单击【实用工具】工具栏中的【电源】按钮，在展开的下拉列表中共有 11 个常用的电源形式，如图 1-105 所示。在绘制原理图时，使用不同的命令，得到需要的电源图形，如图 1-106 所示。

2） 数字实体工具

单击【实用工具】工具栏中的【数字式设备】按钮，如图 1-107 所示，在展开的下拉列表中共有 20 个按钮：电阻常用值 5 个、电容常用值 5 个及常用数字逻辑器件 10 个。

常用电阻，其阻值从左到右分别是 1K、4.7K、10K、47K、100K；常用电容，左边两个是普通电容，后面三个是电解电容；常用逻辑器件，分别是 74F00、74F02、74F04、74F08、74F32、74F126、74F74、74F86、74F138 和 74F245。

图 1-105 【电源】下拉列表

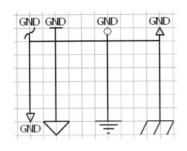

图 1-106 绘制的图形

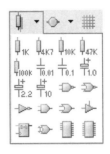

图 1-107 【数字式设备】下拉列表

3) 仿真电源工具

单击【实用工具】工具栏中的【仿真电源】按钮，在展开的下拉列表中共有三类仿真电源，即直流电源、正弦信号和脉冲信号，如图 1-108 所示。

菜单中的±5 和±12 是直流电源；1K、10K、100K 和 1MHz 为正弦信号；1K、10K、100K 和 1MHz 为脉冲信号。绘制的图形如图 1-109 所示。

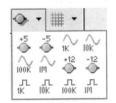

图 1-108 【仿真电源】下拉列表

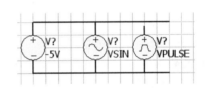

图 1-109 绘制的仿真电源图形

第5课 [2课时] Protel 文件的操作和管理

1. 新建原理图

在学习文件管理的各项内容之前，首先要了解 Protel DXP 的文件特点。在 Protel DXP 中，文件的存储形式与以往版本的 Protel 软件有很大不同。例如，原理图文件是 ".schdoc"、印制电路板文件是 ".schpcb" 等。在 Protel DXP 中，所有与设计有关的各种信息都可以创建在一个项目下，所有与设计有关的文件都存储在一个数据库中，用户打开和查找项目时比较方便。

将各种相关信息封装在一个单独的、集成化的数据库文件中是 Prtel DXP 的一个显著特点，这不仅便于用户的管理，而且增加了安全性。

新建一个原理图文件，就是启动软件之后进行文件的创建，这里我们简单介绍一下步骤。

打开【文件】|【创建】菜单，如图 1-110 所示，可以看到文件的类型多种多样，但最常用的是

【原理图】和【PCB 文件】。新创建的原理图软件界面如图 1-111 所示。

图 1-110 【创建】菜单

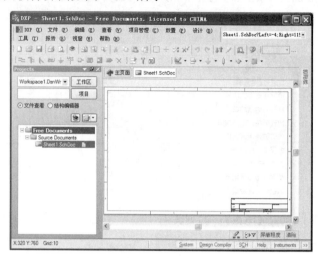

图 1-111 新建原理图界面

2. 打开原理图文件

对于如何打开一个原理图文件，分两种情况，一种是在资源管理器中进行打开；另一种是选择【文件】|【打开】菜单命令，在弹出的 Choose Document to Open 对话框中选择打开，如图 1-112 所示。

下面介绍能打开的各种文件类型。

- PCB Design files(*.Pcbdoc)：Protel PCB 的设计数据库文件。
- PCB 3D files(*.PCB3D)：Protel 3D 印制电路板文件。
- OrCAD Layout file(*.max)：OrCAD Layout 文件。

图 1-112 Choose Document to Open 对话框

3. 关闭文件

在工作窗口下，选择【文件】|【关闭】菜单命令即可关闭文件。如果用户在关闭该文件之前，对文件做了修改，则系统会提示用户是否保存，如图 1-113 所示。

要关闭当前的工作文件，可以在资源管理器中右键单击该文件，选择【关闭】命令，如图 1-114 所示。

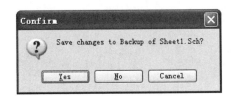

图 1-113　确认对话框　　　　　　　　图 1-114　关闭文件

4. 保存文件

1)　保存一个文件

要保存当前处于工作状态的文件，选择【文件】|【保存】菜单命令即可。

2)　保存所有文件

要保存当前工作区的所有文件，选择【文件】|【全部保存】菜单命令即可。

3)　保存文件备份

在 Protel DXP 中，对正在编辑的文件可以保存其备份，保存文件备份对于减少工作中由于误操作而带来的损失是非常重要的。

要对文件进行备份，可以选择【文件】|【保存备份为】菜单命令，然后在弹出的 Save a copy of As 对话框中，输入备份文件的文件名并选择相应的文件类型，如图 1-115 所示，最后单击【保存】按钮即可。

正如前面所介绍的，该备份文件也保存在与原文件相同的设计数据库文件中。

5. 删除文件

在 Protel DXP 中，可以直接删除设计数据库中的各种文件。

要删除一个文件，首先要在工作区内关闭该文件，也就是使该文件退出工作状态(尽管有时当前的工作窗口显示的不是该文件的内容)。关闭文件的方法前面已经做了相应的介绍，这里不再赘述。

图 1-115　Save a copy of As 对话框

课后练习

案例文件：ywj\01\03.schdoc

视频文件：光盘\视频课堂\第 1 教学日\1.5

1. 案例分析

本节课后练习创建电子整流器电路，电子整流器是整流器的一种，是指采用电子技术驱动电光源，使之产生光的电子设备。与之对应的是电感式整流器。如图 1-116 所示是完成的电子整流器电路图纸。

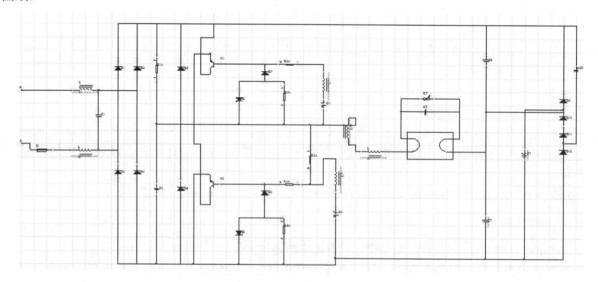

图 1-116　电子整流器图纸

本案例主要练习电子整流器电路的创建。在创建原理图文件后，按照从左向右的顺序绘制，最后进行导线的布设。绘制电子整流器电路图纸的思路和步骤如图 1-117 所示。

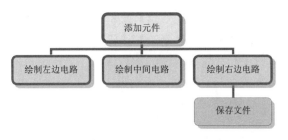

图 1-117　电子整流器电路图纸的绘制步骤

2. 案例操作

step 01　开始绘制电路左边部分。单击【实用工具】工具栏中的【电源】按钮，在下拉列表中选择 "放置圆形电源端口" 元件，按空格键旋转元件，放置圆形电源端口，如图 1-118 所示。

step 02　单击【配线】工具栏中的【放置元件】按钮，选择 Inductor Iron 元件，按空格键旋转元件，放置带铁芯电感，如图 1-119 所示。

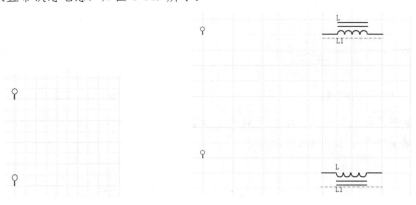

图 1-118　放置圆形电源端口　　　　　图 1-119　放置带铁芯电感

step 03　单击【配线】工具栏中的【放置元件】按钮，选择 Fuse1 元件，按空格键旋转元件，放置保险丝，如图 1-120 所示。

step 04　单击【实用工具】工具栏中的【数字式设备】按钮，在下拉列表中选择 "电容" 元件，按空格键旋转元件，放置电容，如图 1-121 所示。

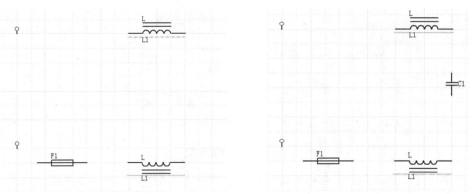

图 1-120　放置保险丝　　　　　　　　图 1-121　放置电容

step 05 单击【配线】工具栏中的【放置导线】按钮■，绘制如图 1-122 所示的导线。

step 06 单击【配线】工具栏中的【放置元件】按钮◯，选择 Diode 命令，按空格键旋转元件，
放置 4 个二极管，如图 1-123 所示。

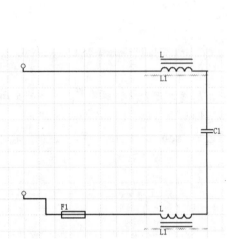

图 1-122　绘制导线

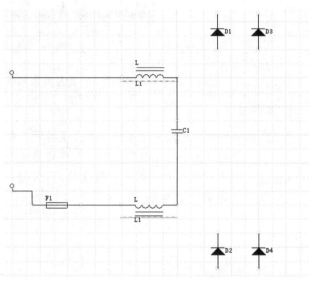

图 1-123　放置 4 个二极管

step 07 单击【配线】工具栏中的【放置元件】按钮◯，选择 Res Pack2 元件，按空格键旋转元
件，放置电阻，如图 1-124 所示。

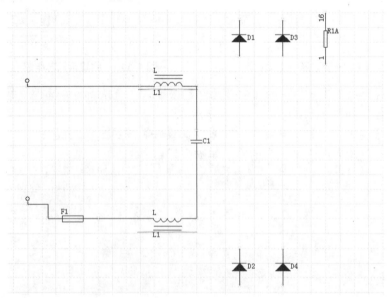

图 1-124　放置电阻

step 08 单击【实用工具】工具栏中的【数字式设备】按钮∅，在下拉列表中选择"电容"元
件，按空格键旋转元件，放置电容，如图 1-125 所示。

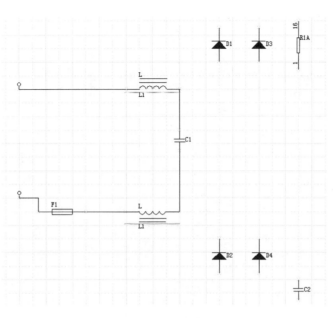

图 1-125　放置电容

step 09　单击【配线】工具栏中的【放置导线】按钮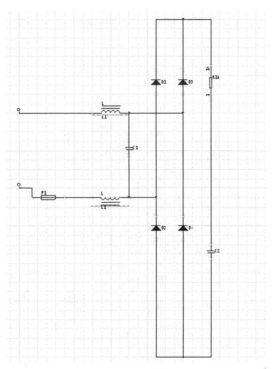，绘制如图 1-126 所示的导线，完成左边电路的绘制。

图 1-126　绘制导线

step 10　开始绘制中间的电路。单击【配线】工具栏中的【放置元件】按钮，选择 Diode 元件，按空格键旋转元件，放置 2 个二极管，如图 1-127 所示。

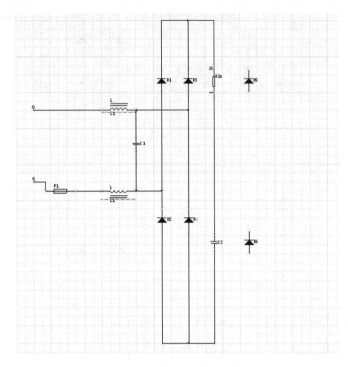

图 1-127　放置 2 个二极管

step 11　单击【配线】工具栏中的【放置元件】按钮，选择 NPN 元件，按空格键旋转元件，放置 2 个三极管，如图 1-128 所示。

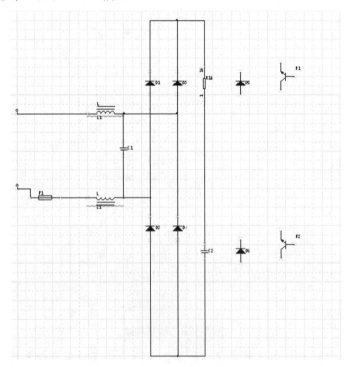

图 1-128　放置 2 个三极管

step 12 单击【配线】工具栏中的【放置元件】按钮 ，选择 Diode BAT17 元件，按空格键旋转元件，放置 2 个稳压二极管，如图 1-129 所示。

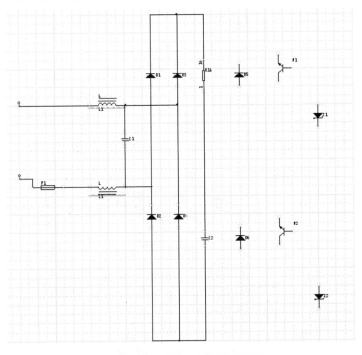

图 1-129　放置 2 个稳压二极管

step 13 单击【配线】工具栏中的【放置元件】按钮 ，选择 Diode 元件，按空格键旋转元件，放置 2 个二极管，如图 1-130 所示。

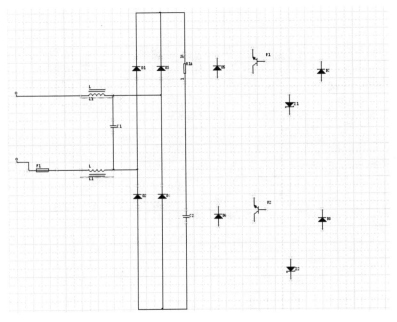

图 1-130　放置 2 个二极管

step 14 单击【配线】工具栏中的【放置元件】按钮，选择 Res Pack2 元件，按空格键旋转元件，放置 3 个电阻，如图 1-131 所示。

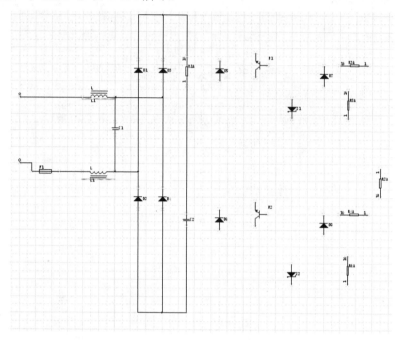

图 1-131　放置 3 个电阻

step 15 单击【配线】工具栏中的【放置元件】按钮，选择 Inductor Iron 元件，按空格键旋转元件，放置带铁芯电感，如图 1-132 所示。

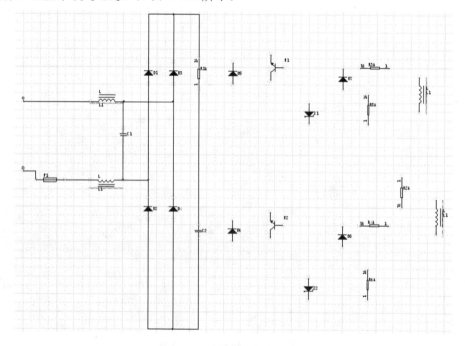

图 1-132　放置带铁芯电感

step 16 单击【实用工具】工具栏中的【数字式设备】按钮，在下拉列表中选择"电容"元件，按空格键旋转元件，放置电容，如图 1-133 所示。

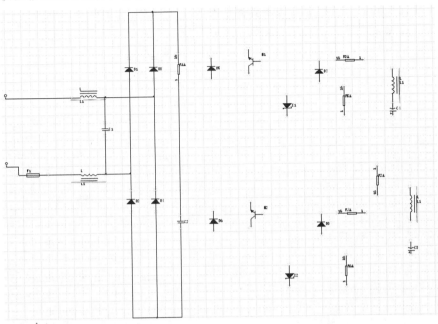

图 1-133　放置电容

step 17 单击【配线】工具栏中的【放置导线】按钮，绘制如图 1-134 所示的导线，完成中间电路的绘制。

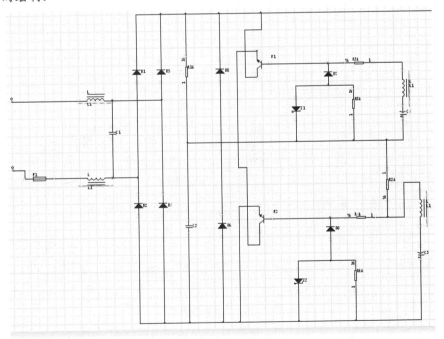

图 1-134　绘制导线

step 18 开始绘制右边电路。单击【配线】工具栏中的【放置元件】按钮，选择 Inductor Iron 元件，按空格键旋转元件，放置 1 个带铁芯电感，如图 1-135 所示。

step 19 单击【配线】工具栏中的【放置元件】按钮，选择 Inductor Iron 元件，按空格键旋转元件，放置最右边带铁芯电感，如图 1-136 所示。

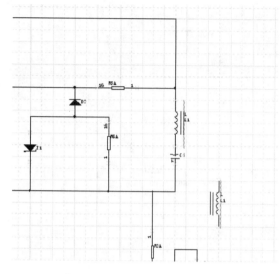

图 1-135　放置 1 个带铁芯电感

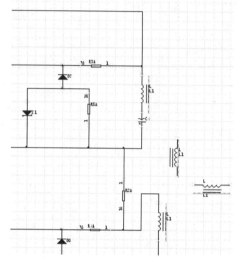

图 1-136　放置最右边带铁芯电感

step 20 单击【配线】工具栏中的【放置元件】按钮，选择 Res Adj2 元件，按空格键旋转元件，放置电阻 RT，如图 1-137 所示。

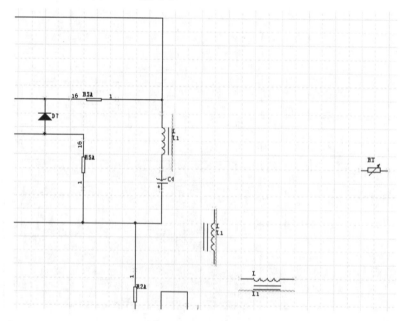

图 1-137　放置电阻 RT

step 21 单击【实用工具】工具栏中的【数字式设备】按钮，在下拉列表中选择"电容"元件，按空格键旋转元件，放置电容 C5，如图 1-138 所示。

step 22 单击【实用工具】工具栏中的【实用工具】按钮 ，在下拉列表中选择【放置椭圆弧】按钮 ，绘制如图 1-139 所示的线圈。

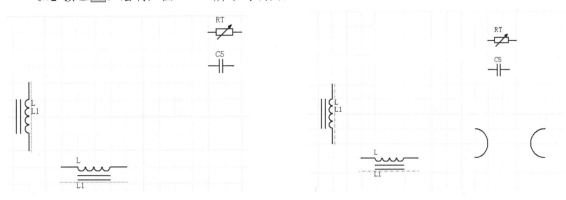

图 1-138 放置电容 C5   图 1-139 绘制线圈

step 23 单击【配线】工具栏中的【放置导线】按钮 ，绘制如图 1-140 所示的导线。

step 24 单击【实用工具】工具栏中的【数字式设备】按钮 ，在下拉列表中选择"电容"元件，按空格键旋转元件，放置电容 C6、C7，如图 1-141 所示。

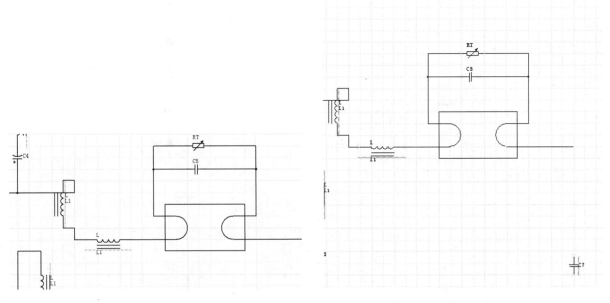

图 1-140 绘制导线   图 1-141 放置电容 C6、C7

step 25 单击【实用工具】工具栏中的【数字式设备】按钮 ，在下拉列表中选择"电容"元件，按空格键旋转元件，放置 2 个电容，如图 1-142 所示。

step 26 单击【配线】工具栏中的【放置元件】按钮 ，选择 Diode 元件，按空格键旋转元件，放置 4 个二极管，如图 1-143 所示。

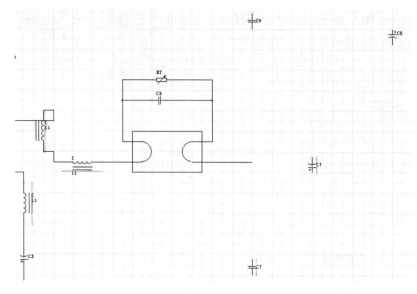

图 1-142　放置 2 个电容

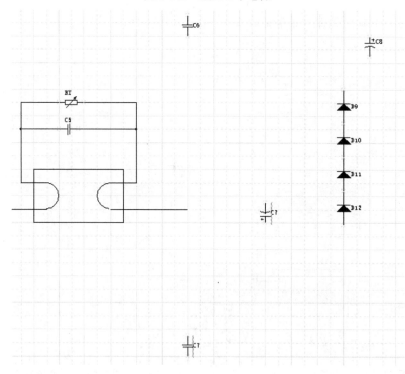

图 1-143　放置 4 个二极管

step 27　单击【配线】工具栏中的【放置导线】按钮 ，绘制如图 1-144 所示的导线，完成右边电路的绘制。

step 28　绘制完成的电子整流器电路图如图 1-145 所示。

step 29　选择【文件】|【另存为】菜单命令，在弹出的 Save As…对话框中，输入文件名，如图 1-146 所示，单击【保存】按钮。

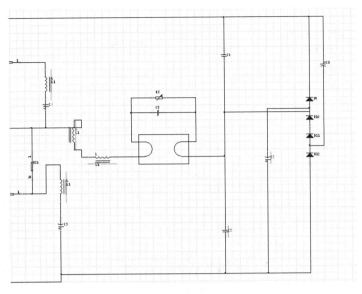

图 1-144　绘制导线

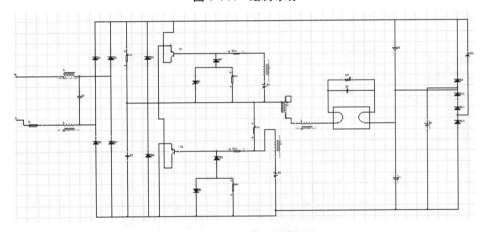

图 1-145　电子整流器电路图

图 1-146　Save As...对话框

电气设计实践：电子电路图是人们为了研究和工程的需要，用约定的符号绘制的一种表示电路结构的图形。通过电路图可以知道实际电路连接的情况。如图 1-147 所示是光敏开关电路的一部分。

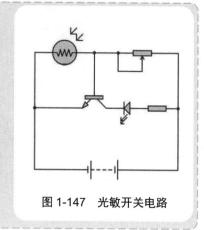

图 1-147　光敏开关电路

阶段进阶练习

本教学日主要介绍了电路板和电路原理图的基础知识，软件的基础知识以及参数设置，以及 Protel 电路设计工具和文件的操作方法，这些内容是学习使用 Protel 制作电路图的基础，需要灵活掌握。

如图 1-148 所示，使用本教学日学过的基础命令对放大电路图纸进行操作。

一般练习步骤和内容如下。

(1) 添加电路元件。

(2) 绘制电路。

(3) 保存文件。

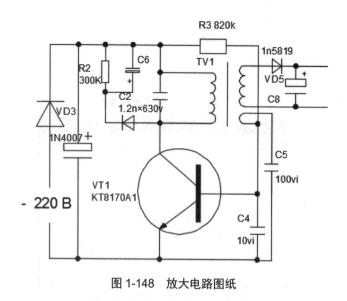

图 1-148　放大电路图纸

第 2 教学日

　　本教学日将要介绍原理图符号即电路元素的放置和编辑的设计，原理图符号设计是绘制电器原理图的基础，只有具备符合电路要求的各种电路符号，使用线路进行连接，才能得到合格的电路原理图。之后介绍电气绘图工具和电气布线，最后学习原理图编辑器的技巧。

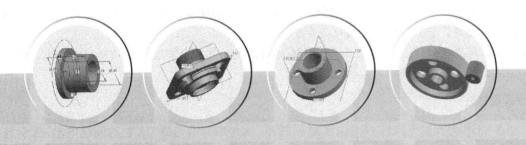

第1课 1课时 设计师职业知识——原理图设计基础

电气原理图是用来表明电气设备的工作原理及各电器元件的作用，相互之间的关系的一种表示方式。运用电气原理图的方法和技巧，对于分析电气线路，排除机床电路故障是十分有益的。电气原理图一般由主电路、控制电路、保护、配电电路等几个部分组成，如图 2-1 所示。

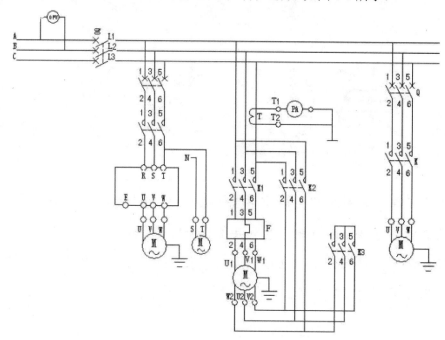

图 2-1　电气原理图

1. 组成结构编辑

电气布置安装图主要用来表明各种电气设备在机械设备上和电气控制柜中的实际安装位置。为机械电气在控制设备的制造、安装、维护、维修提供必要的资料。

电气安装接线图是为了进行装置、设备或成套装置的布线提供各个安装接线图项目之间电气连接的详细信息，包括连接关系、线缆种类和敷设线路。

2. 电气原理图标注

常见的标注有：QS 刀开关、FU 熔断器、KM 接触器、KA 中间继电器、KT 时间继电器、KS 速度继电器、FR 热继电器、SB 按钮和 SQ 行程开关。

3. 元件技术数据

(1) 电气元件明细表：元器件名称、符号、功能、型号、数量等。

(2) 用小号字体注在其电气原理图中的图形符号旁边。

4. 常用术语

失电压、欠电压保护：由接触器本身的电磁机构来实现，当电源电压严重过低或失压时，接触器的衔铁自行释放，电动机失电而停机。

点动与长动：点动按钮两端没有并接接触器的常开触点；长动按钮两端并接接触器的常开触点。

连锁控制：在控制线路中一条支路通电时保证另一条支路断电。

双重互锁：双重互锁从一个运行状态到另一个运行状态可以直接切换，即"正-反-停"。直接启动：把电源电压直接加到电动机的接线端，这种控制线路结构简单，成本低，仅适合于实践电动机不频繁启动，不可实现远距离的自动控制。

欠压启动：指利用启动设备将电压适当降低后加到电动机的定子绕组上进行起动，待电动机启动运转后，再使其电压恢复到额定值正常运行。

5. 主要种类

电气电路图有原理图、方框图、元件装配及符号标记图等，如图2-2所示是一种电路的原理图。

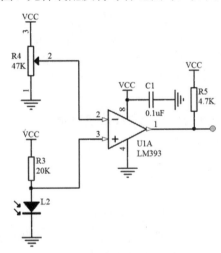

图 2-2　原理图

1) 原理图

电气原理图是用来表明设备的工作原理及各电气元件间的作用，一般由主电路、控制执行电路、检测与保护电路、配电电路等几大部分组成。这种图，由于它直接体现了电子电路与电气结构以及其相互间的逻辑关系，所以一般用在设计、分析电路中。分析电路时，通过识别图纸上所画各种电路元件符号，以及它们之间的连接方式，就可以了解电路实际工作时的情况。

电气原理图又可分为整机原理图和单元部分电路原理图。整机原理图是指所有电路集合在一起的分部电路图。

2) 方框图(框图)

方框图是一种用方框和连线来表示电路工作原理和构成概况的电路图。从某种程度上说，它也是一种原理图，不过在这种图纸中，除了方框和连线，几乎就没别的符号了。它和上面的原理图主要的区别就在于原理图上具体地绘制了电路的全部元器件和它们的连接方式，而方框图只是简单地将电路按照功能划分为几个部分，将每一个部分描绘成一个方框，在方框中加上简洁的文字说明，在方框间用连线(有时用带箭头的连线)说明各个方框之间的关系。所以方框图只能用来体现电路的大致工作原理，而原理图除了具体地表明电路的工作原理之外，还可以用来作为采集元件、制作电路的依据。

3) 元件装配及符号标记图

它是为了进行电路装配而采用的一种图纸，图上的符号往往是电路元件的实物的形状图。这种电路图一般是供原理和实物对照时使用的。印刷电路板是在一块绝缘板上先覆上一层金属箔，再将电路不需要的金属箔腐蚀掉，剩下的部分金属箔作为电路元器件之间的连接线，然后将电路中的元器件安装在这块绝缘板上，利用板上剩余的导电金属箔作为元器件之间导电的连线，完成电路的连接。元器件装配图和原理图中大不一样。它主要考虑所有元件的分布和连接是否合理，要考虑元件体积、散热、抗干扰、抗耦合等诸多因素，综合这些因素设计出来的印刷电路板，从外观看很难和原理图完全一致。

6. 电气安装接线图

一般情况下，电气安装图和原理图需要配合起来使用。

绘制电气安装图应遵循的主要原则如下。

(1) 必须遵循相关国家标准绘制电气安装接线图。

(2) 各电气元器件的位置、文字符号必须和电气原理图中的标注一致，同一个电气元件的各部件(如同一个接触器的触点、线圈等)必须画在一起，各电气元件的位置应与实际安装位置一致。

(3) 不在同一安装板或电气柜上的电气元件或信号的电气连接一般应通过端子排连接，并按照电气原理图中的接线编号连接。

(4) 走向相同、功能相同的多根导线可用单线或线束表示。画连接线时，应标明导线的规格、型号、颜色、根数和穿线管的尺寸。

7. 电气元件布置图

电气元器件布置图的设计应遵循以下原则。

(1) 必须遵循相关国家标准设计和绘制电气元件布置图。

(2) 相同类型的电气元件布置时，应把体积较大和较重的安装在控制柜或工具栏的下方。

(3) 发热的元器件应该安装在控制柜或工具栏的上方或后方，但热继电器一般安装在接触器的下面，以方便与电机和接触器的连接。

(4) 需要经常维护、整定和检修的电气元件、操作开关、监视仪器仪表，其安装位置应高低适宜，以便工作人员操作。

(5) 强电、弱电应该分开走线，注意屏蔽层的连接，防止干扰的窜入。

电气元器件的布置应考虑安装间隙，并尽可能做到整齐、美观。

8. 电气控制系统图

为了表达生产机械电气控制系统的结构、原理等设计意图，便于电气系统的安装、调试、使用和维修，将电气控制系统中各电气元件及其连接线路用一定的图形表达出来，这就是电气控制系统图。用导线将电机、电器、仪表等元器件按一定的要求连接起来，并实现某种特定控制要求的电路。

第2课 [2课时] 放置和编辑电路元素

2.2.1 放置电路元素

> **行业知识链接**：高压和大电流开关设备的体积是很大的电气产品，一般都采用操作系统来控制分、合闸，特别是当设备出了故障时，需要开关自动切断电路，要有一套自动控制的电气操作设备，对供电设备进行自动控制，如图 2-3 所示是电机控制电路中放置的电路元素。

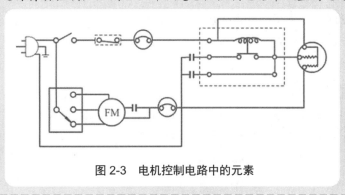

图 2-3　电机控制电路中的元素

在第一教学日菜单和工具栏的讲解中，已提到了元器件的放置。其实元器件的放置方法多种多样，不同的设计者有不同的放置习惯。为了初学者能够找到适应自己使用的元器件放置方法，下面对元器件的所有放置方法进行了总结。总的来说，元器件的放置方法有以下几种。

(1) 使用菜单放置元器件。

(2) 使用工具栏放置元器件。

(3) 使用热键放置元器件。

(4) 使用快捷菜单放置元器件。

(5) 使用原理图设计管理器放置元器件。

(6) 使用库元器件浏览窗口放置元器件。

1. 使用菜单放置

使用菜单放置元器件就是选择【放置】|【元件】菜单命令，弹出【放置元件】对话框，进行放置元器件，如图 2-4 所示。

2. 使用工具栏放置

使用工具栏放置元器件，就是单击【配线】工具栏中的【放置元件】按钮，进行元器件的放置。

图 2-4 【放置元件】对话框

3. 使用热键放置

在 Protel 软件的发展中,为了使熟悉 DOS 版本的用户使用起来仍然方便,就保留了 DOS 版本中的热键命令。热键命令在进行放置元器件时,非常方便,只需要按两次 P 键,就可弹出【放置元件】对话框。

4. 使用快捷菜单放置

使用快捷菜单放置元器件,就是在编辑区单击鼠标右键,在弹出的快捷菜单中选择【放置】|【元件】命令,如图 2-5 所示,弹出【放置元件】对话框,填写相应的信息进行放置。

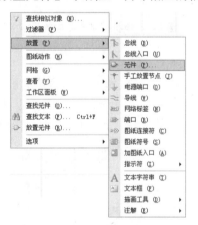

图 2-5 选择【元件】命令

5. 使用【元件库】窗口放置

在之前的放置方法中,必须知道元器件在库中的名称才能放置元器件。在不知道元器件名称或只知道元器件的部分名称,而了解元器件的图形的情况下,可以在原理图【元件库】窗格中浏览各元器件的图形,直到浏览图形是所需元器件,然后单击【元件库】窗格下的 Place(放置)按钮,或双击元器件名称就可进行元器件的放置操作,如图 2-6 所示。

6. 使用【浏览元件库】对话框放置

使用【浏览元件库】对话框放置元器件,同样可以在不知道元器件在元件库中的名称或只知道名称的一部分，但却清楚元器件在元件库中的图形时，进行实现放置元器件的操作，如图 2-7 所示。

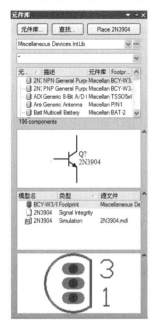

图 2-6　【元件库】窗格

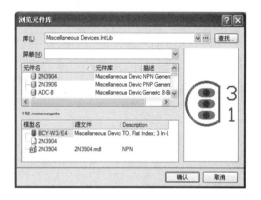

图 2-7　【浏览元件库】对话框

2.2.2　编辑电路元素

行业知识链接：电气设备与线路在运行过程中会发生故障，电流(或电压)会超过设备与线路允许工作的范围与限度，这就需要一套检测这些故障信号并对设备和线路进行自动调整(断开、切换等)的保护设备。如图 2-8 所示是信号转换电路，很多时候需要对其中的电路元素进行编辑。

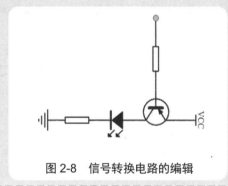

图 2-8　信号转换电路的编辑

1. 编辑元器件

对电路原理图中的元器件(包括其他对象)在进行复制或剪切前，首先要选中该元器件(或其他对象)，在这种情况下的元器件必须是处于选取情况下，即元器件改变颜色且周围有颜色框。接着使用复制命令(Ctrl+C)或剪切命令(Ctrl+X)，光标变为十字形，把光标移动到图纸的某个位置单击，作为复制或剪切的基点，被选取的所有对象(包括元器件)全部以基点为中心复制到了剪切板上。

对元器件的粘贴可以使用 Ctrl+V 组合键或 Shift+Insert 组合键或使用【原理图 标准】工具栏上的【粘贴】按钮，此时光标上就附着了放在剪切板中的对象，把光标移动到放置粘贴对象的地方，单击鼠标左键就完成粘贴操作。此时，被粘贴的对象处于被选中状态，若粘贴的是元器件，元器件的所有属性被保留，包括元器件的标号及类型(或元器件的值)都不会发生改变。

元器件的删除方法常用的有以下几种。

(1) 选择【编辑】|【清除】菜单命令，进行对被选取元器件的删除。

(2) 选择【编辑】|【删除】菜单命令，光标变为十字形，把光标移动到要删除的元器件上，单击鼠标左键，实现了对该元器件的删除操作。

(3) 对于已经选取的元器件，按 Delete 键就可完成删除操作。

(4) 按住 Delete 键，在要删除的对象上单击鼠标左键。

2. 调整元器件的位置

1) 移动和对齐元器件

在绘制电路原理图时，放置完了的电路图可能位置不太合适，需要进行移动。原理图中的所有对象都可以被移动，移动方法相似。对于元器件的移动来说又分两种情况，即元器件在同一层里的平移和元器件的层移。

将光标移动到元器件的中央，按住鼠标左键，元器件周围出现虚线框，拖动鼠标，把元器件放置在合适的位置，释放鼠标左键，就完成了对元器件的移动操作。

按住 Ctrl 键，再单击鼠标左键，元器件就附着在光标上，此时可释放 Ctrl 键，拖动鼠标到合适的位置，释放鼠标左键，就完成拖动元器件的操作。

利用【原理图 标准】工具栏上的【移动选择的对象】按钮。即先选取要移动的元器件，然后单击按钮，光标变成十字形，拖动光标到合适的位置，单击鼠标左键，就完成了元器件的移动操作。如果在选取时，还选取了其他对象，譬如说导线、节点等，在移动时所有的对象也随之移动。

利用菜单栏命令。即选择【编辑】|【移动】菜单命令，出现的子菜单包含两个命令组平移和层移，如图 2-9 所示。其中【拖动】、【移动】、【移动选定的对象】和【拖动选定的对象】属于平移命令；而其他属于层移命令。

在放置元器件的时候，经常放置的位置不是太整齐，使得原理图看上去不太美观，也不便于读图。在元器件放置完毕，除了可以对元器件进行移动或拖动之外，为提高效率，经常要利用【编辑】|【排列】菜单命令，进行对齐操作。

选择【编辑】|【排列】菜单命令，弹出子菜单，子菜单内包含 10 个命令，如图 2-10 所示。

2) 元器件旋转

在绘图连线的情况下，经常发现元器件所处的方向不恰当，这时可对元器件进行旋转操作，从而使得在放置导线后，原理图保持美观，更重要的是便于读图。

元器件的旋转操作要在元器件附着在光标上的时候进行，可以使用空格键进行调整。在这里进一步概括一下，具体方法有：

在放置元器件的时候，当单击【放置元件】对话框中的【确认】按钮之后，元器件就附着在光标上。此时按空格键，元器件旋转 90°；按 X 键，元器件水平对称旋转；按 Y 键，元器件垂直对称旋转。

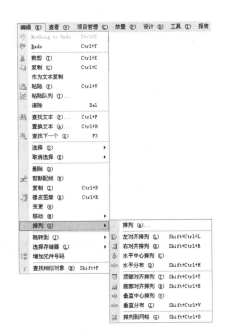

图 2-9 【移动】子菜单   图 2-10 【排列】子菜单

放置完元器件后，单击鼠标左键，选取某元器件，然后在选取的元器件上，再次单击鼠标左键，元器件就附着在鼠标上。此时按空格键，元器件旋转 90°；按 X 键，元器件水平对称旋转；按 Y 键，元器件垂直对称旋转。放置完元器件后，按住鼠标左键不放。按 Space 键，元器件旋转 90°；按 X 键，元器件水平对称旋转；按 Y 键，元器件垂直对称旋转。

放置完元器件后，双击要进行旋转的元器件，弹出【元件属性】对话框，如图 2-11 所示。在【方向】下拉列表框中选择要旋转的角度，单击【确认】按钮，实现元器件的旋转。

一般情况下，元器件的旋转第一种情况应用得最多。在放置完元器件后，如果有部分元器件的方向不合适，通常根据个人习惯采用第二种和第三种方法的较多。

图 2-11 【元件属性】对话框

3. 编辑元器件属性

原理图中的每一个元器件都具有特定的属性。在这些属性中，有些属性是在元器件库编辑中进行定义的，有些属性却只能在绘图编辑时进行定义。除此之外，每个元器件的组件也具有自己的属性。譬如元器件 CAP 除了图形之外，它还有两个文字组件"C？"和 CAP。因此，在对元器件 CAP 的属性进行编辑时，可以对它本身的属性(所有的属性，包括组件属性)进行编辑，也可单独对它的组件文本"C？"的属性进行编辑。换言之，对元器件属性的编辑，既可以对元器件进行整体属性的编辑，也可对它的某个组件进行单独编辑，如图 2-12 所示为【放置元件】对话框。

图 2-12 【放置元件】对话框

在放置元器件的过程中，当元器件附着在光标上时，按 Tab 键，就可进入【元件属性】对话框；在【元件属性】对话框中，显示元件的详细信息。在【属性】选项组和【图形】选项组中，可以修改元件属性，如图 2-13 所示。

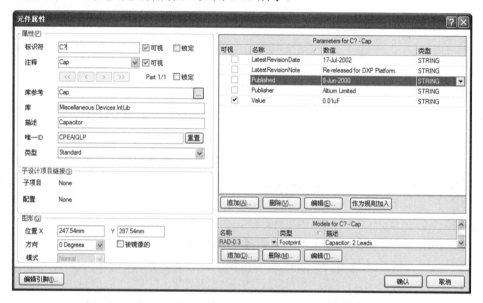

图 2-13 【元件属性】对话框

课后练习

> 案例文件：ywj\02\01.schdoc
> 视频文件：光盘\视频课堂\第 2 教学日\2.2

1. 案例分析

本节课后练习创建扬声器电路。扬声器是一种把电信号转变为声信号的换能器件，扬声器的性能优劣对音质的影响很大。扬声器在音响设备中是一个最薄弱的器件，而对音响效果而言，它又是一个最重要的部件，如图 2-14 所示是完成的扬声器电路图纸。

本案例主要练习了扬声器电路的创建，首先添加接口和各种元件，依次绘制上边的电路和下边的电路，最后绘制非连接的分离支路并添加文字。绘制扬声器电路图纸的思路和步骤如图 2-15 所示。

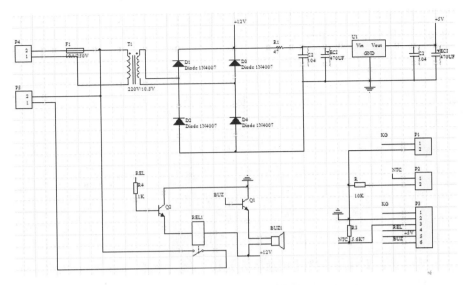

图 2-14　完成的扬声器电路图纸

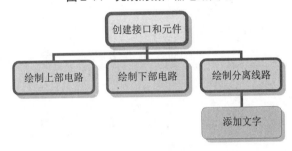

图 2-15　扬声器电路图纸创建步骤

2. 案例操作

step 01　首先创建接口和元件。单击【配线】工具栏中的【放置元件】按钮，选择 Header2 元件，按空格键旋转元件，放置插头，如图 2-16 所示。

step 02　单击【配线】工具栏中的【放置元件】按钮，选择 Fuse1 元件，按空格键旋转元件，放置保险丝，如图 2-17 所示。

step 03　单击【配线】工具栏中的【放置元件】按钮，选择 trans Eq 元件，按空格键旋转元件，放置变压器，如图 2-18 所示。

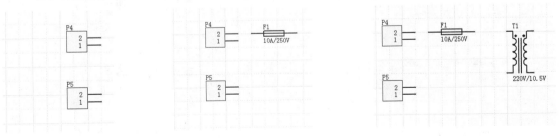

图 2-16　放置插头　　　　图 2-17　放置保险丝　　　　图 2-18　放置变压器

step 04 单击【配线】工具栏中的【放置元件】按钮，选择 Diode 命令，按空格键旋转元件，放置4个二极管，如图2-19所示。

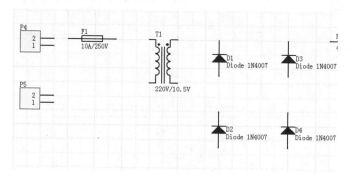

图2-19　放置4个二极管

step 05 单击【配线】工具栏中的【放置元件】按钮，选择 ResSemi 元件，按空格键旋转元件，放置可变电阻，如图2-20所示。

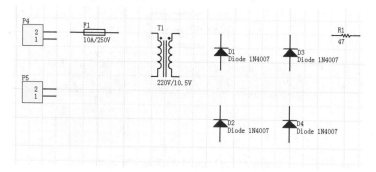

图2-20　放置可变电阻

step 06 单击【实用工具】栏中的【数字式设备】按钮，在下拉列表中选择"电容"元件，按空格键旋转元件，放置电容 C2，如图2-21所示。

step 07 单击【配线】工具栏中的【放置元件】按钮，选择 Cap pol2 元件，按空格键旋转元件，放置有极性电容，如图2-22所示。

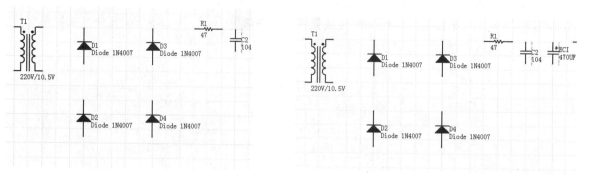

图2-21　放置电容 C2　　　　　　　　　　图2-22　放置有极性电容

step 08 单击【配线】工具栏中的【放置元件】按钮，选择 Volt Reg 元件，按空格键旋转元件，放置电压调节器，如图 2-23 所示。

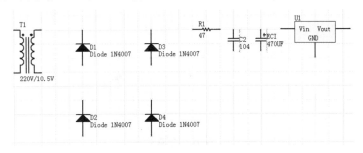

图 2-23　放置电压调节器

step 09 单击【实用工具】栏中的【电源】按钮，在下拉列表中选择"放置 GND 端口"元件，按空格键旋转元件，放置 GND 端口，如图 2-24 所示。

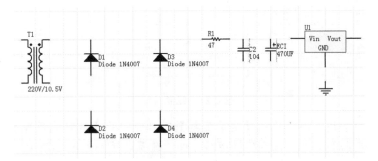

图 2-24　放置 GND 端口

step 10 单击【原理图 标准】工具栏中的【复制】按钮，选择复制的元件，单击【粘贴】按钮，完成如图 2-25 所示的电容元件复制，完成创建接口和元件。

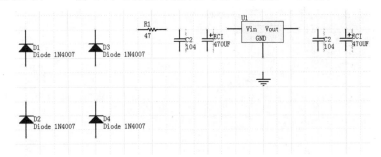

图 2-25　复制电容

step 11 开始绘制上边的电路。单击【配线】工具栏中的【放置导线】按钮，绘制如图 2-26 所示的导线。

step 12 单击【配线】工具栏中的【放置导线】按钮，绘制如图 2-27 所示的导线，完成上边电路的绘制。

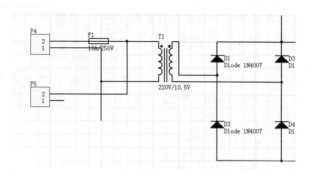

图 2-26　绘制导线

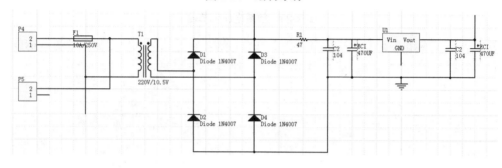

图 2-27　绘制导线

step 13　开始绘制下边电路。单击【实用工具】工具栏中的【数字式设备】按钮，在下拉列表中选择"电阻"元件，按空格键旋转元件，放置电阻，如图 2-28 所示。

step 14　单击【配线】工具栏中的【放置元件】按钮，选择 NPN 元件，按空格键旋转元件，放置三极管，如图 2-29 所示。

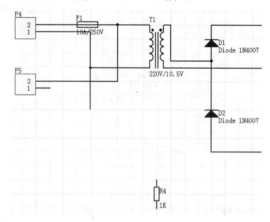

图 2-28　放置电阻

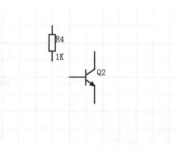

图 2-29　放置三极管

step 15　单击【配线】工具栏中的【放置元件】按钮，选择 Fuse1 元件，按空格键旋转元件，放置继电阻，如图 2-30 所示。

step 16　单击【原理图 标准】工具栏中的【复制】按钮，选择复制的三极管，单击【粘贴】按钮，完成如图 2-31 所示的三极管复制。

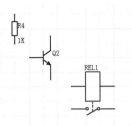

图 2-30　放置继电阻

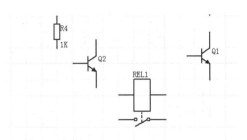

图 2-31　复制三极管

step 17 单击【实用工具】工具栏中的【电源】按钮，在下拉列表中选择"放置 GND 端口"元件，按空格键旋转元件，放置 GND 端口，如图 2-32 所示。

step 18 单击【配线】工具栏中的【放置元件】按钮，选择 Speaker 元件，按空格键旋转元件，放置扬声器，如图 2-33 所示。

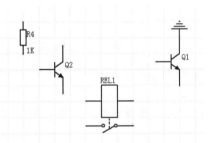

图 2-32　放置 GND 端口

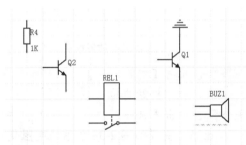

图 2-33　放置扬声器

step 19 单击【配线】工具栏中的【放置导线】按钮，绘制如图 2-34 所示的导线，完成下边电路的绘制。

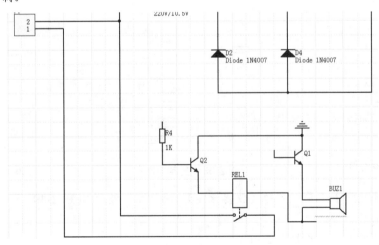

图 2-34　绘制导线

step 20 开始绘制分离支路。单击【配线】工具栏中的【放置元件】按钮，选择 Header2 元件，按空格键旋转元件，放置插头，如图 2-35 所示。

step 21 单击【配线】工具栏中的【放置元件】按钮，选择 Header6 元件，按空格键旋转元件，放置插头，如图 2-36 所示。

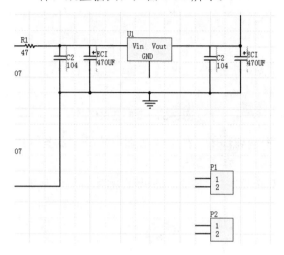

图 2-35　放置插头

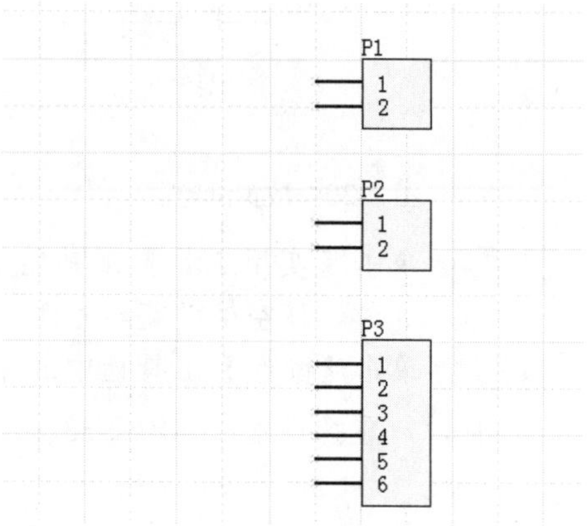

图 2-36　放置插头

step 22 单击【实用工具】工具栏中的【数字式设备】按钮，在下拉列表中选择"电阻"元件，按空格键旋转元件，放置电阻，如图 2-37 所示。

step 23 单击【原理图 标准】工具栏中的【复制】按钮，选择复制的电阻，单击【粘贴】按钮，完成如图 2-38 所示的电阻复制。

step 24 单击【实用工具】工具栏中的【电源】按钮，在下拉列表中选择"放置 GND 端口"元件，按空格键旋转元件，放置 GND 端口，如图 2-39 所示。

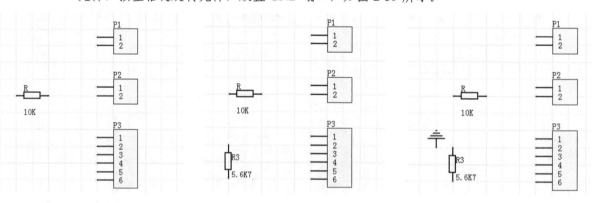

图 2-37　放置电阻　　　　　图 2-38　复制电阻　　　　　图 2-39　放置 GND 端口

step 25 单击【配线】工具栏中的【放置导线】按钮，绘制如图 2-40 所示的导线，完成分离支路的绘制。

step 26 完成基本电路图的基本绘制，如图 2-41 所示。

step 27 最后添加文字。单击【实用工具】工具栏中的【实用工具】按钮，弹出下拉列表，选择【放置文本字符串】按钮，绘制如图 2-42 所示的上部支路文字。

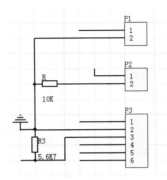

图 2-40　绘制导线

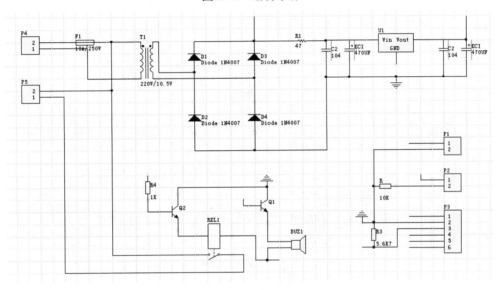

图 2-41　基本电路图

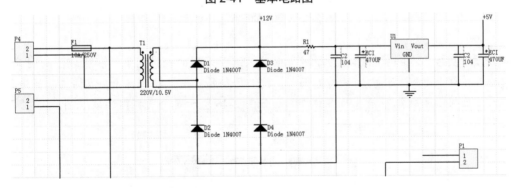

图 2-42　添加上部支路文字

step 28 单击【实用工具】工具栏中的【实用工具】按钮，弹出下拉列表，选择【放置文本字符串】按钮 **A**，绘制如图 2-43 所示的下部支路文字。

step 29 单击【实用工具】工具栏中的【实用工具】按钮，弹出下拉列表，选择【放置文本字符串】按钮 **A**，绘制如图 2-44 所示的分离电路文字，完成所有文字的添加。

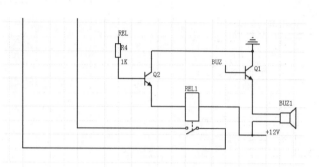

图 2-43　添加下部支路文字

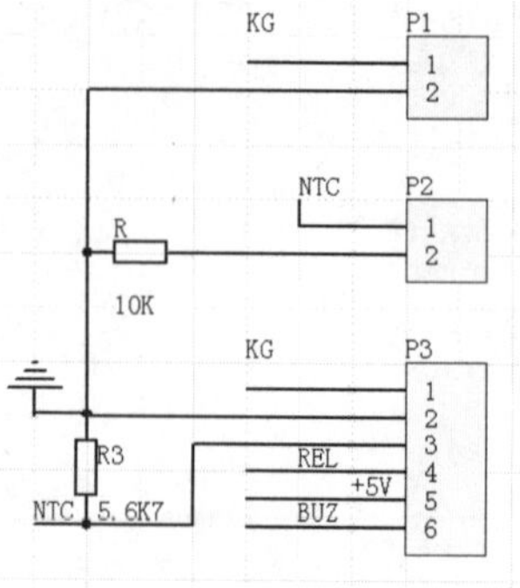

图 2-44　添加分离电路文字

step 30　完成扬声器电路图的绘制，如图 2-45 所示。

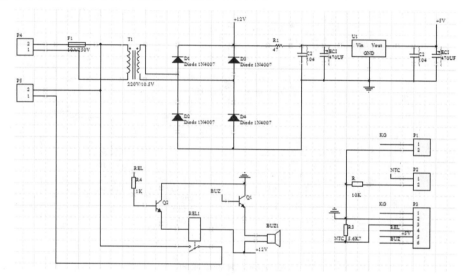

图 2-45　完成的扬声器电路图

电气设计实践：电路装配图是为了进行电路装配而采用的一种图纸，和原理图的图素不同，图上的符号往往是电路元件的实物的外形图。我们只要照着图上画的样子，依样画葫芦地把一些电路元器件连接起来就能够完成电路的装配。如图 2-46 所示是电气柜内的装配图。

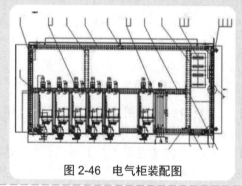

图 2-46　电气柜装配图

第 **3** 课 [2课时] 电气绘图工具

2.3.1 绘图工具

> **行业知识链接：** 方框图只能用来体现电路的大致工作原理，而原理图除了详细地表明电路的
> 工作原理之外，还可以用来作为采集元件、制作电路的依据。有时候电气绘图的命令并不能绘制
> 所有图形，如图 2-47 所示是 PLC 原理图的一部分，要使用非电气绘图工具进行绘制。

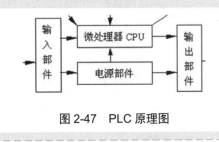

图 2-47　PLC 原理图

1. 设计菜单

在菜单栏上打开【设计】菜单或在编辑区按 D 键，就可弹出【设计】菜单中的各子命令，如
图 2-48 所示。【设计】菜单主要由以下子命令组成：【浏览元件库】、【追加/删除元件库】、【建
立设计项目库】、【生成集成库】、【模板】、【设计项目的网络表】、【文档的网络表】、【仿
真】、【文档选项】等；以及根据图纸或符号创建的文件命令。【设计】菜单的元件库相关命令，是
创建电气符号的常用命令。

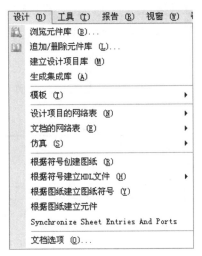

图 2-48　【设计】菜单

2. 工具栏

Protel 原理图绘图工具包括【描画工具】菜单和【实用工具】工具栏，如图 2-49 和图 2-50 所示。

【实用工具】工具栏一般位于菜单栏的下方，编辑区的上方。【实用工具】工具栏和【描画工具】菜单各按钮及命令在形状和功能上基本相同。

图 2-49　【描画工具】菜单　　　　图 2-50　【实用工具】工具栏

2.3.2　添加常见符号

行业知识链接： 装配图根据装配模板的不同而各不一样，大多数作为电子产品的场合，用的都是印刷线路板，所以印板图是装配图的主要形式。装配图上常见的元件就是电气符号，如图 2-51 所示是一种较简单的开关装配原理图，由多种符号组成。

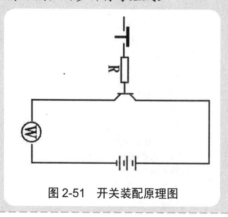

图 2-51　开关装配原理图

电路一般由电源、负载和导线组成。电源是提供电能的设备。电源的功能是把非电能转变成电能。在电路中使用电能的各种设备统称为负载。连接导线用来把电源、负载和其他辅助设备连接成一个闭合回路，起着传输电能的作用。

1. 电阻

导电体对电流的阻碍作用称为电阻，用符号 R 表示，单位为欧姆、千欧、兆欧，分别用Ω、kΩ、MΩ表示。选择【放置】|【元件】菜单命令，弹出【放置元件】对话框，如图 2-52 所示，单击 按钮，打开【浏览元件库】对话框，如图 2-53 所示，找到电阻(RES)的元件名称，并在对话框右侧显示元件的表示方法，可以在原理图中进行添加。

图 2-52 【放置元件】对话框

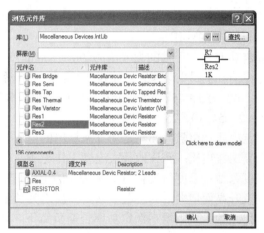

图 2-53 【浏览元件库】对话框

1) 电阻的型号命名方法

国产电阻器的型号由 4 个部分组成(不适用敏感电阻)。常见的电阻如图 2-54 所示。

第一部分：主称，用字母表示，表示产品的名字。如 R 表示电阻，W 表示电位器。第二部分：材料，用字母表示，表示电阻体用什么材料组成，T-碳膜、H-合成碳膜、S-有机实心、N-无机实心、J-金属膜、Y-氮化膜、C-沉积膜、I-玻璃釉膜、X-线绕。第三部分：分类，一般用数字表示，个别类型用字母表示，表示产品属于什么类型。2-普通、2-普通、2-超高频、2-高阻、5-高温、6-精密、7-精密、8-高压、9-特殊、G-高功率、T-可调。第四部分：序号；用数字表示，表示同类产品中不同品种，以区分产品的外形尺寸和性能指标等。

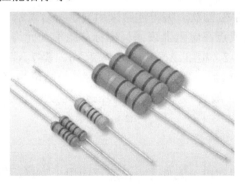

图 2-54 电阻

2) 电阻器的分类

线绕电阻器：分为通用线绕电阻器、精密线绕电阻器、大功率线绕电阻器、高频线绕电阻器。

薄膜电阻器：分为碳膜电阻器、合成碳膜电阻器、金属膜电阻器、金属氧化膜电阻器、化学沉积膜电阻器、玻璃釉膜电阻器、金属氮化膜电阻器。

实心电阻器：分为无机合成实心碳质电阻器、有机合成实心碳质电阻器。

敏感电阻器：压敏电阻器、热敏电阻器、光敏电阻器、力敏电阻器、气敏电阻器、湿敏电阻器。

3) 主要特性参数

标称阻值：电阻器上面所标示的阻值。

允许误差：标称阻值与实际阻值的差值跟标称阻值之比的百分数称阻值偏差，它表示电阻器的精度。允许误差与精度等级对应关系如下：±0.5%-0.05、±1%-0.1(或 00)、±2%-0.2(或 0)、±5%-Ⅰ级、±10%-Ⅱ级、±20%-Ⅲ级。

额定功率：在正常的大气压力 90～106.6kPa 及环境温度为-55～+70℃的条件下，电阻器长期工作所允许消耗的最大功率。线绕电阻器额定功率系列为(W)：1/20、1/8、1/4、1/2、1、2、4、8、10、16、25、40、50、75、100、150、250、500。非线绕电阻器额定功率系列为(W)：1/20、1/8、1/4、1/2、1、2、5、10、25、50、100。

额定电压：由阻值和额定功率换算出的电压。

最高工作电压：允许的最大连续工作电压。在低气压工作时，最高工作电压较低。

温度系数：温度每变化 1℃所引起的电阻值的相对变化。温度系数越小，电阻的稳定性越好。阻值随温度升高而增大的为正温度系数；反之为负温度系数。

老化系数：电阻器在额定功率长期负荷下，阻值相对变化的百分数，它是表示电阻器寿命长短的参数。

电压系数：在规定的电压范围内，电压每变化 1V，电阻器的相对变化量。

4) 电阻器阻值标示方法

直标法：用数字和单位符号在电阻器表面标出阻值，其允许误差直接用百分数表示，若电阻上未注偏差，则均为±20%。

文字符号法：用阿拉伯数字和文字符号两者有规律的组合来表示标称阻值，其允许偏差也用文字符号表示。符号前面的数字表示整数阻值，后面的数字依次表示第一位小数阻值和第二位小数阻值。表示允许误差的文字符号：文字符号 D、F、G、J、K、M。允许偏差：±0.5%、±1%、±2%、±5%、±10%、±20%。

数码法：在电阻器上用三位数码表示标称值的标志方法。数码从左到右，第一、二位为有效值，第三位为指数，即零的个数，单位为欧。偏差通常采用文字符号表示。

色标法：用不同颜色的带或点在电阻器表面标出标称阻值和允许偏差。国外电阻大部分采用色标法。标示含义：黑-0、棕-1、红-2、橙-3、黄-4、绿-5、蓝-6、紫-7、灰-8、白-9、金-±5%、银-±10%、无色-±20%。当电阻为四环时，最后一环必为金色或银色，前两位为有效数字，第三位为乘方数，第四位为偏差。当电阻为五环时，最后一环与前面四环距离较大。前三位为有效数字，第四位为乘方数，第五位为偏差。

2. 电容

电容是电子设备中大量使用的电子元件之一，广泛应用于隔直、耦合、旁路、滤波、调谐回路、能量转换、控制电路等方面。用 C 表示电容，电容的单位有法拉(F)、微法拉(μF)、皮法拉(pF)，

$1F=10^6\mu F=10^{12}pF$，如图 2-55 所示，在【放置元件】对话框中，找到电容(CAP)的元件名称，并在对话框右侧显示元件的表示方法。如图 2-56 所示为常见的电容。

图 2-55　【放置元件】对话框

图 2-56　电容

1)　电容器的型号命名方法

国产电容器的型号一般由 4 个部分组成(不适用于压敏、可变、真空电容器)。依次分别代表名称、材料、分类和序号。第一部分：名称，用字母表示，电容器用 C。第二部分：材料，用字母表示。第三部分：分类，一般用数字表示，个别用字母表示。第四部分：序号，用数字表示。

用字母表示产品的材料：A-钽电解、B-聚苯乙烯等非极性薄膜、C-高频陶瓷、D-铝电解、E-其他材料电解、G-合金电解、H-复合介质、I-玻璃釉、J-金属化纸、L-涤纶等极性有机薄膜、N-铌电解、O-玻璃膜、Q-漆膜、T-低频陶瓷、V-云母纸、Y-云母、Z-纸介。

2)　电容器的分类

按电解质分类有：有机介质电容器、无机介质电容器、电解电容器和空气介质电容器等。

按用途分有：高频旁路、低频旁路、滤波、调谐、高频耦合、低频耦合、小型电容器。下面分别进行具体介绍。

(1)　高频旁路：陶瓷电容器、云母电容器、玻璃膜电容器、涤纶电容器、玻璃釉电容器。

(2)　低频旁路：纸介电容器、陶瓷电容器、铝电解电容器、涤纶电容器。

(3)　滤波：铝电解电容器、纸介电容器、复合纸介电容器、液体钽电容器。

(4)　调谐：陶瓷电容器、云母电容器、玻璃膜电容器、聚苯乙烯电容器。

(5)　高频耦合：陶瓷电容器、云母电容器、聚苯乙烯电容器。

(6)　低频耦合：纸介电容器、陶瓷电容器、铝电解电容器、涤纶电容器、固体钽电容器。

(7)　小型电容：金属化纸介电容器、陶瓷电容器、铝电解电容器、聚苯乙烯电容器、固体钽电容器、玻璃釉电容器、金属化涤纶电容器、聚丙烯电容器、云母电容器。

3)　常用电容器

铝电解电容器。这类电容器是用浸有糊状电解质的吸水纸夹在两条铝箔中间卷绕而成，用薄的氧化膜作介质。因为氧化膜有单向导电性质，所以电解电容器具有极性。容量大，能耐受大的脉动电流，容量误差大，泄漏电流大；一般不适于在高频和低温下应用，不宜使用在 25kHz 以上频率的低频旁路、信号耦合、电源滤波。

钽电解电容器。用烧结的钽块做正极，电解质使用固体二氧化锰。温度特性、频率特性和可靠性均优于普通电解电容器，特别是漏电流极小，贮存性良好，寿命长，容量误差小，而且体积小，单位体积下能得到最大的电容电压乘积，对脉动电流的耐受能力差，若损坏、易呈短路状态，用于超小型高可靠机件中。

薄膜电容器。结构与纸质电容器相似，但用聚酯、聚苯乙烯等低损耗塑材做介质频率特性好，介电损耗小，不能做成大的容量，耐热能力差，用于滤波器、积分、振荡、定时电路。

瓷介电容器。穿心式或支柱式结构瓷介电容器，它的一个电极就是安装螺丝。引线电感极小，频率特性好，介电损耗小，有温度补偿作用不能做成大的容量，受振动会引起容量变化，特别适于高频旁路。

独石电容器。(多层陶瓷电容器)在若干片陶瓷薄膜坯上被覆以电极材料，叠合后一次绕结成一块不可分割的整体，外面再用树脂包封而成小体积、大容量、高可靠和耐高温的新型电容器，高介电常数的低频独石电容器也具有稳定的性能，体积极小，误差较大，用于噪声旁路、滤波器、积分、振荡电路。

纸质电容器。一般是用两条铝箔作为电极，中间以厚度为 0.008～0.012mm 的电容器纸隔开重叠卷绕而成。制造工艺简单，价格便宜，能得到较大的电容量。一般在低频电路内，通常不能在高于 3～4MHz 的频率上运用。油浸电容器的耐压比普通纸质电容器高，稳定性也好，适用于高压电路。

云母和聚苯乙烯介质的电容通常都采用弹簧式，结构简单，但稳定性较差。线绕瓷介微调电容器是拆铜丝(外电极)来变动电容量的，故容量只能变小，不适合在需要反复调试的场合使用。

陶瓷电容器。用高介电常数的电容器陶瓷(钛酸钡一氧化钛)挤压成圆管、圆片或圆盘作为介质，并用烧渗法将银镀在陶瓷上作为电极制成。它又分高频瓷介和低频瓷介两种。它是具有小的正电容温度系数的电容器，用于高稳定振荡回路中，作为回路电容器及垫整电容器。低频瓷介电容器限于在工作频率较低的回路中作旁路或隔直流用，或对稳定性和损耗要求不高的场合(包括高频在内)。这种电容器不宜使用在脉冲电路中，因为它们易于被脉冲电压击穿。高频瓷介电容器适用于高频电路。

云母电容器就结构而言，可分为箔片式及被银式。被银式电极为直接在云母片上用真空蒸发法或烧渗法镀上银层而成，由于消除了空气间隙，温度系数大为下降，电容稳定性也比箔片式高。频率特性好，Q 值高，温度系数小不能做成大的容量广泛应用在高频电器中，但可用作标准电容器。

玻璃釉电容器由一种浓度适于喷涂的特殊混合物喷涂成薄膜而成，介质再以银层电极经烧结而成"独石"结构，性能可与云母电容器媲美，能耐受各种气候环境，一般可在 200℃或更高温度下工作。

4)　电容器主要特性参数

标称电容量和允许偏差。标称电容量是标志在电容器上的电容量。电容器实际电容量与标称电容量的偏差称误差，在允许的偏差范围称精度。精度等级与允许误差对应关系：00(01)-±1%、0(02)-±2%、Ⅰ-±5%、Ⅱ-±10%、Ⅲ-±20%、Ⅳ-(+20%～10%)、Ⅴ-(+50%～20%)、Ⅵ-(+50%～30%)。一般电容器常用Ⅰ、Ⅱ、Ⅲ级，电解电容器用Ⅳ、Ⅴ、Ⅵ级，根据用途选取。

额定电压。在最低环境温度和额定环境温度下可连续加在电容器的最高直流电压有效值，一般直接标注在电容器外壳上，如果工作电压超过电容器的耐压，电容器击穿，造成不可修复的永久损坏。

绝缘电阻。直流电压加在电容上，并产生漏电电流，两者之比称为绝缘电阻。当电容较小时，主要取决于电容的表面状态，容量>0.1μF 时，主要取决于介质的性能，绝缘电阻越小越好。电容的时间常数：为恰当地评价大容量电容的绝缘情况而引入了时间常数，它等于电容的绝缘电阻与容量的乘积。

损耗。电容在电场作用下，在单位时间内因发热所消耗的能量叫作损耗。各类电容都规定了其在某频率范围内的损耗允许值，电容的损耗主要由介质损耗，电导损耗和电容所有金属部分的电阻所引起的。在直流电场的作用下，电容器的损耗以漏导损耗的形式存在，一般较小，在交变电场的作用下，电容的损耗不仅与漏导有关，而且与周期性的极化建立过程有关。

频率特性。随着频率的上升，一般电容器的电容量呈现下降的规律。

5) 电容器容量标示

直标法。用数字和单位符号直接标出。如 01μF 表示 0.01 微法，有些电容用 R 表示小数点，如 R56 表示 0.56 微法。

文字符号法。用数字和文字符号有规律的组合来表示容量。如 p10 表示 0.1pF，1p0 表示 1pF，6P8 表示 6.8pF，2μ2 表示 2.2μF。

色标法。用色环或色点表示电容器的主要参数。电容器的色标法与电阻相同。电容器偏差标志符号：+100%～0—H、+100%～10%—R、+50%～10%—T、+30%～10%—Q、+50%～20%—S、+80%～20%—Z，H、R、T、Q 为允许偏差字母代号。

3. 电感线圈

电感线圈是由导线一圈靠一圈地绕在绝缘管上，导线彼此互相绝缘，而绝缘管可以是空心的，也可以包含铁芯或磁粉芯，简称电感，如图 2-57 所示。在【浏览元件库】对话框中，如图 2-58 所示，找到电感(INDUCTOR)的元件名称，并在对话框右侧显示元件的表示方法。用 L 表示，单位有亨利(H)、毫亨利(mH)、微亨利(μH)，$1H=10^3mH=10^6μH$。

图 2-57　电感线圈

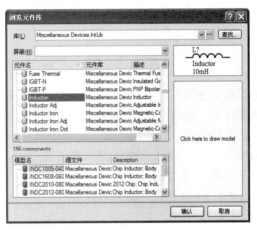

图 2-58　【浏览元件库】对话框

1) 电感的分类

按电感形式分类：固定电感、可变电感。

按导磁体性质分类：空芯线圈、铁氧体线圈、铁芯线圈、铜芯线圈。

按工作性质分类：天线线圈、振荡线圈、扼流线圈、陷波线圈、偏转线圈。

按绕线结构分类：单层线圈、多层线圈、蜂房式线圈。

2) 电感线圈的主要特性参数

电感量 L。电感量 L 表示线圈本身固有特性，与电流大小无关。除专门的电感线圈(色码电感)外，电感量一般不专门标注在线圈上，而以特定的名称标注。

感抗 XL。电感线圈对交流电流阻碍作用的大小称感抗 XL，单位是欧姆。它与电感量 L 和交流电频率 f 的关系为 $XL=2\pi fL$。

品质因数 Q。品质因数 Q 是表示线圈质量的一个物理量，Q 为感抗 XL 与其等效的电阻的比值，即：$Q=XL/R$。线圈的 Q 值愈高，回路的损耗愈小。

分布电容。线圈的匝与匝间、线圈与屏蔽罩间、线圈与底版间存在的电容被称为分布电容。分布电容的存在使线圈的 Q 值减小，稳定性变差，因而线圈的分布电容越小越好。

3）　常用线圈

单层线圈。单层线圈是用绝缘导线一圈挨一圈地绕在纸筒或胶木骨架上。如晶体管收音机中波天线线圈。

蜂房式线圈。如果所绕制的线圈，其平面不与旋转面平行，而是相交成一定的角度，这种线圈称为蜂房式线圈。而其旋转一周，导线来回弯折的次数，常称为折点数。蜂房式绕法的优点是体积小、分布电容小，而且电感量大。蜂房式线圈都是利用蜂房绕线机来绕制，折点越多，分布电容越小。

铁氧体磁芯和铁粉芯线圈。线圈的电感量大小与有无磁芯有关。在空芯线圈中插入铁氧体磁芯，可增加电感量和提高线圈的品质因数。

铜芯线圈。铜芯线圈在超短波范围应用较多，利用旋动铜芯在线圈中的位置来改变电感量，这种调整比较方便、耐用。

色码电感器。色码电感器是具有固定电感量的电感器，其电感量标志方法同电阻一样以色环来标记。

阻流圈(扼流圈)。限制交流电通过的线圈称阻流圈，分高频阻流圈和低频阻流圈。

偏转线圈。偏转线圈是电视机扫描电路输出级的负载，偏转线圈要求：偏转灵敏度高、磁场均匀、Q 值高、体积小、价格低。

4. 变压器

变压器是变换交流电压、电流和阻抗的器件，当初级线圈中通有交流电流时，铁芯(或磁芯)中便产生交流磁通，使次级线圈中感应出电压(或电流)。变压器由铁芯(或磁芯)和线圈组成，线圈有两个或两个以上的绕组，其中接电源的绕组叫作初级线圈，其余的绕组叫作次级线圈，如图 2-59 所示，在【浏览元件库】对话框中，找到变压器(TRANS)的元件名称，并在对话框右侧显示元件的表示方法，如图 2-60 所示为民用变压器。

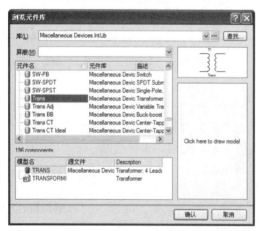

图 2-59　【浏览元件库】对话框

图 2-60　变压器

1）　分类

按冷却方式分类：干式(自冷)变压器、油浸(自冷)变压器、氟化物(蒸发冷却)变压器。

按防潮方式分类：开放式变压器、灌封式变压器、密封式变压器。

按铁芯或线圈结构分类：芯式变压器(插片铁芯、C 型铁芯、铁氧体铁芯)、壳式变压器(插片铁芯、C 型铁芯、铁氧体铁芯)、环型变压器、金属箔变压器。

按用途分类：电源变压器、调压变压器、音频变压器、中频变压器、高频变压器、脉冲变压器。

2) 电源变压器的特性参数

工作频率。变压器铁芯损耗与频率关系很大，故应根据使用频率来设计和使用，这种频率称作工作频率。

额定功率。在规定的频率和电压下，变压器能长期工作，而不超过规定温度的输出功率。

额定电压。指在变压器的线圈上所允许施加的电压，工作时不得大于规定值。

电压比。指变压器初级电压和次级电压的比值，有空载电压比和负载电压比的区别。

空载电流。变压器次级开路时，初级仍有一定的电流，这部分电流称为空载电流。空载电流由磁化电流(产生磁通)和铁损电流(由铁芯损耗引起)组成。对 50Hz 电源变压器而言，空载电流基本上等于磁化电流。

空载损耗。指变压器次级开路时，在初级测得功率损耗。主要损耗是铁芯损耗，其次是空载电流在初级线圈铜阻上产生的损耗(铜损)，这部分损耗很小。

效率。指次级功率 P2 与初级功率 P1 比值的百分比。通常变压器的额定功率愈大，效率就愈高。

绝缘电阻。表示变压器各线圈之间、各线圈与铁芯之间的绝缘性能。绝缘电阻的高低与所使用的绝缘材料的性能、温度高低和潮湿程度有关。

3) 音频变压器和高频变压器特性参数

频率响应。指变压器次级输出电压随工作频率变化的特性。

通频带。如果变压器在中间频率的输出电压为 U0，当输出电压(输入电压保持不变)下降到 0.707U0 时的频率范围，称为变压器的通频带 B。

初、次级阻抗比。变压器初、次级接入适当的阻抗 Ro 和 Ri，使变压器初、次级阻抗匹配，则 Ro 和 Ri 的比值称为初、次级阻抗比。在阻抗匹配的情况下，变压器工作在最佳状态，传输效率最高。

5. 半导体器件

1) 中国半导体器件型号命名方法

半导体器件型号由 5 个部分(场效应器件、半导体特殊器件、复合管、PIN 型管、激光器件的型号命名只有第三、四、五部分)组成。5 个部分意义如下。第一部分：用数字表示半导体器件有效电极数目，如 2-二极管、2-三极管。第二部分：用汉语拼音字母表示半导体器件的材料和极性。表示二极管时：A-N 型锗材料、B-P 型锗材料、C-N 型硅材料、D-P 型硅材料。表示三极管时：A-PNP 型锗材料、B-NPN 型锗材料、C-PNP 型硅材料、D-NPN 型硅材料。第三部分：用汉语拼音字母表示半导体器件的内型。如 P-普通管、V-微波管、W-稳压管、C-参量管、Z-整流管、L-整流堆、S-隧道管、N-阻尼管、U-光电器件、K-开关管、X-低频小功率管(F<3MHz，Pc<1W)、G-高频小功率管(f>3MHz，Pc<1W)、D-低频大功率管(f<3MHz，Pc>1W)、A-高频大功率管(f>3MHz，Pc>1W)、T-半导体晶闸管(可控整流器)、Y-体效应器件、B-雪崩管、J-阶跃恢复管、CS-场效应、BT-半导体特殊器件、FH-复合管、PIN-PIN 型管、JG-激光器件。第四部分：用数字表示序号。第五部分：用汉语拼音字母表示规格号。例如：2N3904 表示 NPN 型硅材料高频三极管，如图 2-61 所示，在【浏览元件库】对话框中，找到三极管(NPN)的元件名称，并在对话框右侧显示元件的表示方法，如图 2-62 所示为常见的三极管。

2) 日本半导体分立器件型号命名方法

日本生产的半导体分立器件，由 5~7 个部分组成。通常只用到前 5 个部分，其各部分的符号意义如下。第一部分：用数字表示器件有效电极数目或类型。如 0-光电(即光敏)二极管、三极管及上述器件的组合管、2-二极管、2-三极或具有两个 pn 结的其他器件、2-具有四个有效电极或具有三个 pn 结的其他器件，依此类推。第二部分：日本电子工业协会 JEIA 注册标志。S-已在日本电子工业协会 JEIA 注册登记的半导体分立器件。第三部分：用字母表示器件使用材料极性和类型。如 A-PNP 型高频管、B-PNP 型低频管、C-NPN 型高频管、D-NPN 型低频管、F-P 控制极可控硅、G-N 控制极可控硅、H-N 基极单结晶体管、J-P 沟道场效应管、K-N 沟道场效应管、M-双向可控硅。第四部分：用数字表示在日本电子工业协会 JEIA 登记的顺序号。都是两位以上的整数，从"11"开始，表示在日本电子工业协会 JEIA 登记的顺序号；不同公司的性能相同的器件可以使用同一顺序号；数字越大，越是近期产品。第五部分：用字母表示同一型号的改进型产品标志。A、B、C、D、E、F 表示这一器件是原型号产品的改进产品。

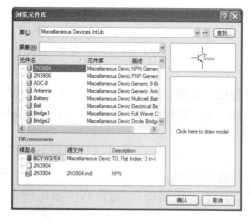

图 2-61 【浏览元件库】对话框

图 2-62 三极管

3) 美国半导体分立器件型号命名方法

美国电子工业协会半导体分立器件命名方法如下。第一部分：用符号表示器件用途的类型。如 JAN-军级、JANTX-特军级、JANTXV-超特军级、JANS-宇航级、(无)-非军用品。第二部分：用数字表示 pn 结数目。如 2-二极管、2-三极管、2-三个 pn 结器件、n-n 个 pn 结器件。第三部分：美国电子工业协会(EIA)注册标志。N-该器件已在美国电子工业协会(EIA)注册登记。第四部分：美国电子工业协会登记顺序号。多位数字-该器件在美国电子工业协会登记的顺序号。第五部分：用字母表示器件分档。A、B、C、D 等表示同一型号器件的不同档别。如：JAN2N3251A 表示 PNP 硅高频小功率开关三极管，JAN-军级、2-三极管、N-EIA 注册标志、3252-EIA 登记顺序号、A-2N3251A 档。

4) 国际电子联合会半导体器件型号命名方法

德国、法国、意大利、荷兰、比利时等欧洲国家以及匈牙利、罗马尼亚、南斯拉夫、波兰等东欧国家，大都采用国际电子联合会半导体分立器件型号命名方法。这种命名方法由 4 个基本部分组成，各部分的符号及意义如下。第一部分：用字母表示器件使用的材料。A-器件使用材料的禁带宽度 Eg=0.6～1.0eV，如锗、B-器件使用材料的 Eg=1.0～1.3eV，如硅、C-器件使用材料的 Eg>1.3eV，如砷化镓、D-器件使用材料的 Eg<0.6eV，如锑化铟、E-器件使用复合材料及光电池使用的材料。第二部分：用字母表示器件的类型及主要特征。A-检波开关混频二极管、B-变容二极管、C-低频小功率三极管、D-低频大功率三极管、E-隧道二极管、F-高频小功率三极管、G-复合器件及其他器件、H-磁敏二极管、K-开放磁路中的霍尔元件、L-高频大功率三极管、M-封闭磁路中的霍尔元件、P-光敏器件、Q-

发光器件、R-小功率晶闸管、S-小功率开关管、T-大功率晶闸管、U-大功率开关管、X-倍增二极管、Y-整流二极管、Z-稳压二极管。第三部分：用数字或字母加数字表示登记号。三位数字代表通用半导体器件的登记序号、一个字母加二位数字表示专用半导体器件的登记序号。第四部分：用字母对同一类型号器件进行分档。A、B、C、D、E 等表示同一型号的器件按某一参数进行分档的标志。

除四个基本部分外，有时还加后缀，以区别特性或进一步分类。常见后缀如下：稳压二极管型号的后缀。其后缀的第一部分是一个字母，表示稳定电压值的容许误差范围，字母 A、B、C、D、E 分别表示容许误差为±1%、±2%、±5%、±10%、±15%；其后缀第二部分是数字，表示标称稳定电压的整数数值；后缀的第三部分是字母 V，代表小数点，字母 V 之后的数字为稳压管标称稳定电压的小数值。整流二极管后缀是数字，表示器件的最大反向峰值耐压值，单位是伏特。晶闸管型号的后缀也是数字，通常标出最大反向峰值耐压值和最大反向关断电压中数值较小的那个电压值。如：BDX52-NPN 硅低频大功率三极管，AF239S-PNP 锗高频小功率三极管。

5) 欧洲早期半导体分立器件型号命名法

欧洲有些国家，如德国、荷兰采用如下命名方法。第一部分：O-半导体器件。第二部分：A-二极管、C-三极管、AP-光电二极管、CP-光电三极管、AZ-稳压管、RP-光电器件。第三部分：多位数字表示器件的登记序号。第四部分：A、B、C 等表示同一型号器件的变形产品。俄罗斯半导体器件型号命名法由于使用少，在此不作介绍。

6. 继电器

1) 继电器的工作原理和特性

继电器是一种电子控制器件，它具有控制系统(又称输入回路)和被控制系统(又称输出回路)，通常应用于自动控制电路中，它实际上是用较小的电流去控制较大电流的一种"自动开关"。如图 2-63 所示，在【浏览元件库】对话框中，找到继电器(RELAY-DPDT)的元件名称，并在对话框右侧显示元件的表示方法，如图 2-64 所示为电磁继电器。

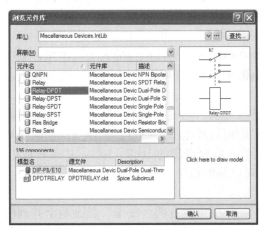

图 2-63 【浏览元件库】对话框

图 2-64 电磁继电器

2) 电磁继电器的工作原理和特性

电磁继电器一般由铁芯、线圈、衔铁、触点簧片等组成的。只要在线圈两端加上一定的电压，线圈中就会流过一定的电流，从而产生电磁效应，衔铁就会在电磁力吸引的作用下克服返回弹簧的拉力吸向铁芯，从而带动衔铁的动触点与静触点(常开触点)吸合。当线圈断电后，电磁的吸力也随之消失，衔铁就会在弹簧的反作用力返回原来的位置，使动触点与原来的静触点(常闭触点)吸合。这样吸合、释放，从而达到了在电路中的导通、切断的目的。对于继电器的"常开、常闭"触点，可以这样来区分：继电器线圈未通电时处于断开状态的静触点，称为"常开触点"；处于接通状态的静触点称为"常闭触点"。

3) 热敏干簧继电器的工作原理和特性

热敏干簧继电器是一种利用热敏磁性材料检测和控制温度的新型热敏开关。它由感温磁环、恒磁环、干簧管、导热安装片、塑料衬底及其他一些附件组成。热敏干簧继电器不用线圈励磁，而由恒磁环产生的磁力驱动开关动作。恒磁环能否向干簧管提供磁力是由感温磁环的温控特性决定的。

4) 固态继电器(SSR)的工作原理和特性

固态继电器是一种两个接线端为输入端，另两个接线端为输出端的四端器件，中间采用隔离器件实现输入/输出的电隔离。固态继电器按负载电源类型可分为交流型和直流型。按开关形式可分为常开型和常闭型。按隔离形式可分为混合型、变压器隔离型和光电隔离型，以光电隔离型为最多。

5) 继电器主要产品技术参数

额定工作电压。是指继电器正常工作时线圈所需要的电压。根据继电器的型号不同，可以是交流电压，也可以是直流电压。

直流电阻。是指继电器中线圈的直流电阻，可以通过万能表测量。

吸合电流。是指继电器能够产生吸合动作的最小电流。在正常使用时，给定的电流必须略大于吸合电流，这样继电器才能稳定地工作。而对于线圈所加的工作电压，一般不要超过额定工作电压的1.5倍，否则会产生较大的电流而把线圈烧毁。

释放电流。是指继电器产生释放动作的最大电流。当继电器吸合状态的电流减小到一定程度时，继电器就会恢复到未通电的释放状态。这时的电流远远小于吸合电流。

6) 继电器测试

测触点电阻。用万能表的电阻挡，测量常闭触点与动点电阻，其阻值应为0；而常开触点与动点的阻值就为无穷大。由此可以区别出哪个是常闭触点，哪个是常开触点。

测线圈电阻。可用万能表R×10Ω挡测量继电器线圈的阻值，从而判断该线圈是否存在着开路现象。

测量吸合电压和吸合电流。找来可调稳压电源和电流表，给继电器输入一组电压，且在供电回路中串入电流表进行监测。慢慢调高电源电压，听到继电器吸合声时，记下该吸合电压和吸合电流。为求准确，可以多试几次而求平均值。

测量释放电压和释放电流。也是像上述那样连接测试，当继电器发生吸合后，再逐渐降低供电电压，当听到继电器再次发生释放声音时，记下此时的电压和电流，亦可尝试多几次而取得平均的释放电压和释放电流。一般情况下，继电器的释放电压约在吸合电压的10%～50%，如果释放电压太小(小于1/10的吸合电压)，则不能正常使用了，这样会对电路的稳定性造成威胁，工作不可靠。

7) 继电器的电符号和触点形式

继电器线圈在电路中用一个长方框符号表示，如果继电器有两个线圈，就画两个并列的长方框。同时在长方框内或长方框旁标上继电器的文字符号J。继电器的触点有两种表示方法：一种是把它们直接画在长方框一侧，这种表示法较为直观。另一种是按照电路连接的需要，把各个触点分别画到各自的控制电路中，通常在同一继电器的触点与线圈旁分别标注上相同的文字符号，并将触点组编上号码，以示区别。继电器的触点有3种基本形式：动合型(H型)线圈不通电时两触点是断开的，通电后，两个触点就闭合，以合字的拼音字头H表示；动断型(D型)线圈不通电时两触点是闭合的，通电后两个触点就断开，用断字的拼音字头D表示；转换型(Z型)这是触点组型。这种触点组共有3个触点，即中间是动触点，上下各有一个静触点。线圈不通电时，动触点和其中一个静触点断开和另一个闭合，线圈通电后，动触点就移动，使原来断开的成闭合，原来闭合的成断开状态，达到转换的目的。这样的触点组称为转换触点。用"转"字的拼音字头 Z 表示。

8) 继电器的选用

先了解必要的条件：控制电路的电源电压，能提供的最大电流；被控制电路中的电压和电流；被控电路需要几组、什么形式的触点。选用继电器时，一般控制电路的电源电压可作为选用的依据。控制电路应能给继电器提供足够的工作电流，否则继电器吸合是不稳定的。

查阅有关资料确定使用条件后，可查找相关资料，找出需要的继电器的型号和规格号。若手头已有继电器，可依据资料核对是否可以利用。最后考虑尺寸是否合适。

注意器具的容积。若是用于一般用电器，除考虑机箱容积外，小型继电器主要考虑电路板安装布局。对于小型电器，如玩具、遥控装置则应选用超小型继电器产品。

7. 制作二极管

制作标志图案即是创建电路中的各种元件符号，电路元件多种多样，绘制方法不尽相同，下面进行介绍。

一般情况下，二极管、按键开关等的封装，需要根据实际使用的器件的具体尺寸，制作封装，如图 2-65 所示。在【浏览元件库】对话框中，找到二极管(Cap Var)的元件名称，并在对话框右侧显示元件的表示方法，如图 2-66 所示。

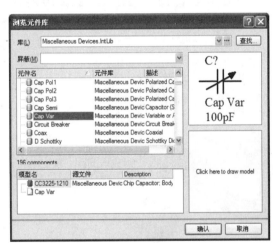

图 2-65　二极管　　　　　　　　图 2-66　【浏览元件库】对话框

8. 制作喇叭

喇叭其实是一种电能转换成声音的一种转换设备，当不同的电子能量传至线圈时，线圈产生一种能量与磁铁的磁场互动，这种互动造成纸盘振动，因为电子能量随时变化，喇叭的线圈会往前或往后运动，因此喇叭的纸盘就会跟着运动，这些动作使空气的疏密程度产生变化而产生声音。

PCB 设计中常用的发声器件有扬声器(Speaker)和蜂鸣器(Buzzer)，如图 2-67 所示。在【浏览元件库】对话框中，找到喇叭(Speaker)的元件名称，并在对话框右侧显示元件的表示方法，如图 2-68 所示。

图 2-67　喇叭

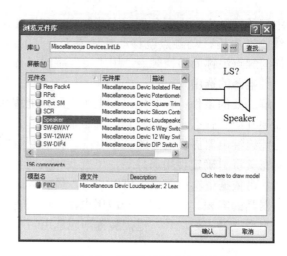

图 2-68　【浏览元件库】对话框

9. 绘制接插件外形

接插件也叫连接器。国内也称作接头和插座，一般是指电接插件。即连接两个有源器件的器件，传输电流或信号，如图 2-69 所示。在【浏览元件库】对话框中，找到接插件(Connector)的元件名称，并在对话框右侧显示元件的表示方法，如图 2-70 所示。

图 2-69　接插件

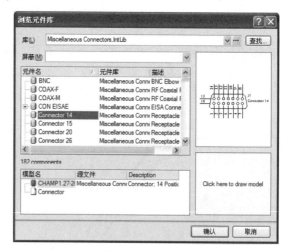

图 2-70　【浏览元件库】对话框

接插件有以下几个作用。

(1)　改善生产过程。接插件简化电子产品的装配过程，也简化了批量生产过程。

(2)　易于维修。如果某电子元部件失效，装有接插件时可以快速更换失效元部件。

(3)　便于升级。随着技术进步，装有接插件时可以更新元部件，用新的、更完善的元部件代替旧的元部件。

(4)　提高设计的灵活性。使用接插件使工程师们在设计和集成新产品时，以及用元部件组成系统时，有更大的灵活性。

接插件的基本性能可分为三大类：即机械性能、电气性能和环境性能。另一个重要的机械性能是接插件的机械寿命。机械寿命实际上是一种耐久性(Durability)指标，在国标 GB5095 中把它叫作机械操作。它是以一次插入和一次拔出为一个循环，以在规定的插拔循环后接插件能否正常完成其连接功能(如接触电阻值)作为评判依据。

接插件产品类型的划分虽然有些混乱，但从技术上看，接插件产品类别只有两种基本的划分办法：按外形结构可划分为圆形和矩形(横截面)；按工作频率可划分为低频和高频(以 3MHz 为界)。

课后练习

案例文件：ywj\02\02.schdoc
视频文件：光盘\视频课堂\第 2 教学日\2.3

1. 案例分析

本节课后练习创建交直流变压电路，变压器是利用电磁感应的原理来改变交流电压的装置，主要构件是初级线圈、次级线圈和铁芯(磁芯)。主要功能有：电压变换、电流变换、阻抗变换、隔离、稳压(磁饱和变压器)等，如图 2-71 所示是完成的交直流变压电路图纸。

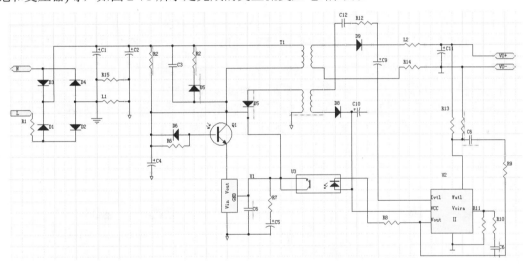

图 2-71　完成的交直流变压电路图纸

本案例主要练习了交直流变压电路的创建，首先创建电源接口，之后进行元件和左边电路的绘制，再进行右边电路的绘制，最后添加插头和导线。绘制交直流变压电路的思路和步骤如图 2-72 所示。

图 2-72　交直流变压电路的创建步骤

2. 案例操作

step 01 首先创建电源接口。单击【配线】工具栏中的【放置端口】按钮 ，按空格键旋转元件，放置端口，如图 2-73 所示。

step 02 开始绘制左边电路。单击【配线】工具栏中的【放置元件】按钮 ，选择 Res3 元件，按空格键旋转元件，放置可变电阻，如图 2-74 所示。

step 03 单击【配线】工具栏中的【放置元件】按钮 ，选择 Diode 元件，按空格键旋转元件，放置 4 个二极管，如图 2-75 所示。

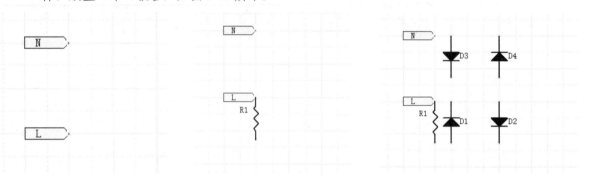

图 2-73　放置端口　　　　　图 2-74　放置可变电阻　　　　　图 2-75　放置 4 个二极管

step 04 单击【实用工具】工具栏中的【数字式设备】按钮 ，在下拉列表中选择"电容"元件，按空格键旋转元件，放置有极性电容，如图 2-76 所示。

step 05 单击【实用工具】工具栏中的【电源】按钮 ，在下拉列表中选择"放置 GND 端口"元件，按空格键旋转元件，放置 GND 端口，如图 2-77 所示。

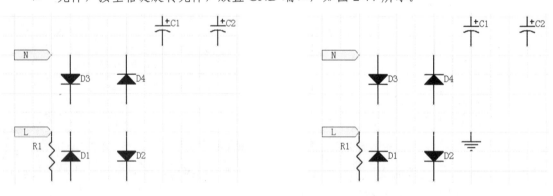

图 2-76　放置有极性电容　　　　　　　　图 2-77　放置 GND 端口

step 06 单击【原理图 标准】工具栏中的【复制】按钮 ，选择复制的可变电阻，单击【粘贴】按钮 ，完成如图 2-78 所示可变电阻的复制。

step 07 单击【原理图 标准】工具栏中的【复制】按钮 ，选择复制的可变电阻，单击【粘贴】按钮 ，完成如图 2-79 所示可变电阻 L1 的复制。

step 08 单击【实用工具】工具栏中的【电源】按钮 ，在下拉列表中选择"放置箭头状电源端口"元件，按空格键旋转元件，放置箭头状电源端口，如图 2-80 所示。

step 09 单击【配线】工具栏中的【放置导线】按钮 ，绘制如图 2-81 所示的导线。

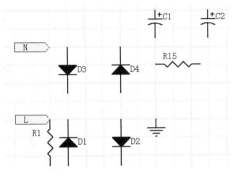

图 2-78　复制可变电阻

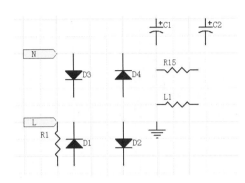

图 2-79　复制可变电阻 L1

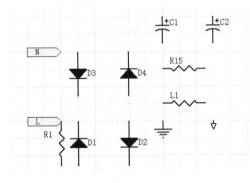

图 2-80　放置箭头状电源端口

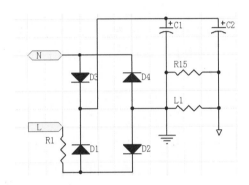

图 2-81　绘制导线

step 10 ▶ 单击【原理图 标准】工具栏中的【复制】按钮，选择复制的可变电阻，单击【粘贴】按钮，完成如图 2-82 所示可变电阻的复制。

step 11 ▶ 单击【实用工具】工具栏中的【数字式设备】按钮，在下拉列表中选择"电容"元件，按空格键旋转元件，放置电容，如图 2-83 所示。

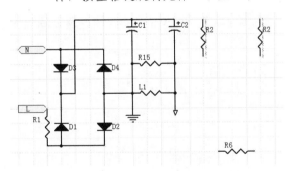

图 2-82　复制可变电阻

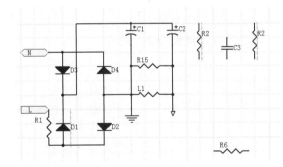

图 2-83　放置电容

step 12 ▶ 单击【原理图 标准】工具栏中的【复制】按钮，选择复制的二极管，单击【粘贴】按钮，完成如图 2-84 所示二极管的复制。

step 13 ▶ 单击【原理图 标准】工具栏中的【复制】按钮，选择复制的有极性电容，单击【粘贴】按钮，完成如图 2-85 所示有极性电容的复制。

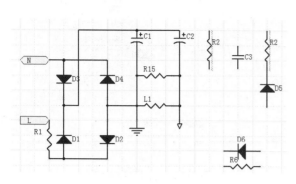

图 2-84 复制二极管

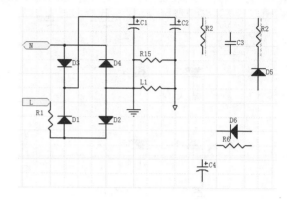

图 2-85 复制有极性电容

step 14 单击【原理图 标准】工具栏中的【复制】按钮，选择复制的箭头状电源端口，单击【粘贴】按钮，完成如图 2-86 所示箭头状电源端口的复制。

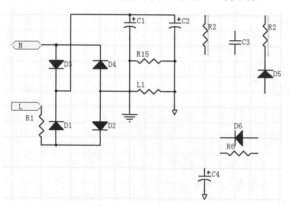

图 2-86 复制箭头状电源端口

step15 单击【配线】工具栏中的【放置元件】按钮，选择 Photo NPN 元件，按空格键旋转元件，放置感光三极管，如图 2-87 所示。

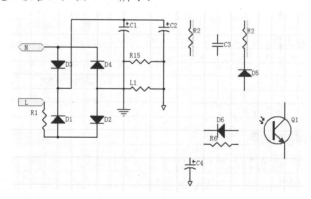

图 2-87 放置感光三极管

step 16 单击【配线】工具栏中的【放置元件】按钮，选择 Volt Reg 元件，按空格键旋转元件，放置电压调节器，如图 2-88 所示。

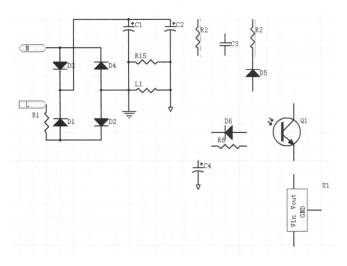

图 2-88 放置电压调节器

step 17 单击【原理图 标准】工具栏中的【复制】按钮,选择复制的箭头状电源端口,单击【粘贴】按钮,完成如图 2-89 所示箭头状电源端口的复制。

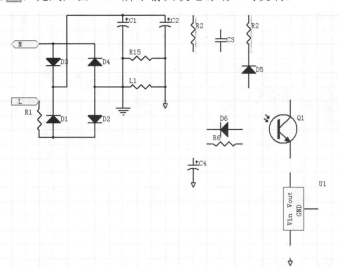

图 2-89 复制箭头状电源端口

step 18 单击【配线】工具栏中的【放置导线】按钮,绘制如图 2-90 所示的导线,完成左边电路的绘制。

step 19 开始绘制右边电路。单击【原理图 标准】工具栏中的【复制】按钮,选择复制的二极管,单击【粘贴】按钮,完成如图 2-91 所示二极管 D5 的复制。

step 20 单击【原理图 标准】工具栏中的【复制】按钮,选择复制的电容,单击【粘贴】按钮,完成如图 2-92 所示电容 C6 的复制。

step 21 单击【原理图 标准】工具栏中的【复制】按钮,选择复制的可变电阻,单击【粘贴】按钮,完成如图 2-93 所示可变电阻 R7 的复制。

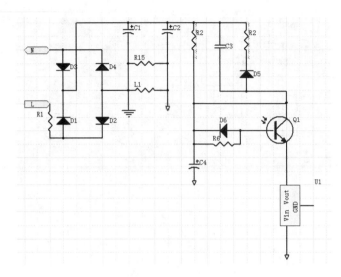

图 2-90　绘制导线

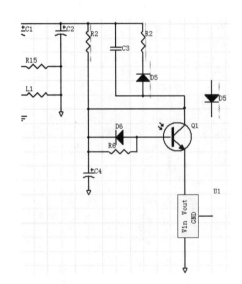

图 2-91　复制二极管 D5

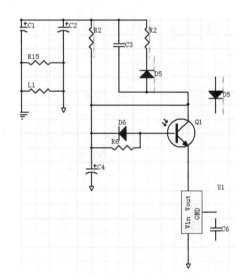

图 2-92　复制电容 C6

step 22 单击【原理图 标准】工具栏中的【复制】按钮，选择复制的有极性电容，单击【粘贴】按钮，完成如图 2-94 所示有极性电容 C5 的复制。

step 23 单击【配线】工具栏中的【放置元件】按钮，选择 Trans 元件，按空格键旋转元件，放置变压器，如图 2-95 所示。

step 24 单击【原理图 标准】工具栏中的【复制】按钮，选择复制的箭头状电源端口，单击【粘贴】按钮，完成如图 2-96 所示箭头状电源端口的复制。

step 25 单击【配线】工具栏中的【放置元件】按钮，选择 Optoisolator1 元件，按空格键旋转元件，放置光电开关，如图 2-97 所示。

step 26 单击【原理图 标准】工具栏中的【复制】按钮，选择复制的二极管，单击【粘贴】按钮，完成如图 2-98 所示 2 个二极管的复制。

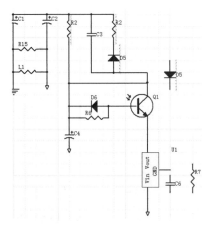

图 2-93 复制可变电阻 R7

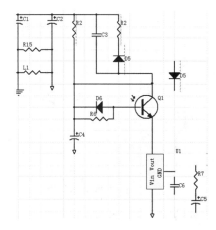

图 2-94 复制有极性电容 C5

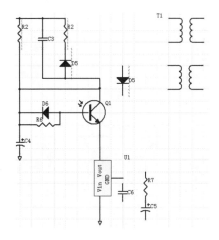

图 2-95 放置变压器

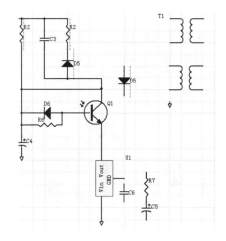

图 2-96 复制箭头状电源端口

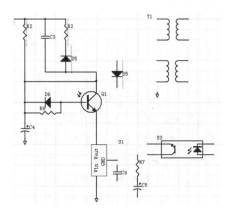

图 2-97 放置光电开关

step 27 单击【原理图 标准】工具栏中的【复制】按钮 ，选择复制的有极性电容，单击【粘贴】按钮 ，完成如图 2-99 所示 2 个有极性电容的复制。

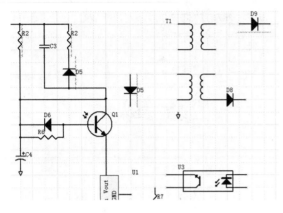

图 2-98　复制 2 个二极管

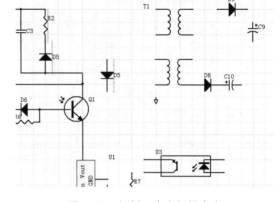

图 2-99　复制 2 个有极性电容

step 28　单击【原理图 标准】工具栏中的【复制】按钮，选择复制的电容，单击【粘贴】按钮，完成如图 2-100 所示电容 C12 的复制。

step 29　单击【原理图 标准】工具栏中的【复制】按钮，选择复制的可变电阻，单击【粘贴】按钮，完成如图 2-101 所示可变电阻 R12 的复制。

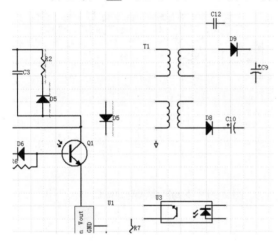

图 2-100　复制电容 C12

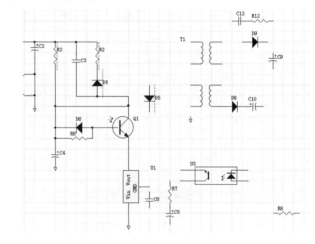

图 2-101　复制可变电阻 R12

step 30　单击【配线】工具栏中的【放置导线】按钮，绘制如图 2-102 所示的导线。

step 31　单击【原理图 标准】工具栏中的【复制】按钮，选择复制的可变电阻，单击【粘贴】按钮，完成如图 2-103 所示可变电阻的复制。

step 32　单击【原理图 标准】工具栏中的【复制】按钮，选择复制的有极性电容，单击【粘贴】按钮，完成如图 2-104 所示有极性电容 C11 的复制。

step 33　单击【实用工具】工具栏中的【电源】按钮，在下拉列表中选择"放置条形电源端口"元件，按空格键旋转元件，放置条形电源端口，如图 2-105 所示。

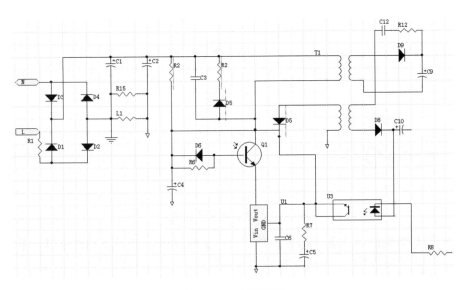

图 2-102　绘制导线

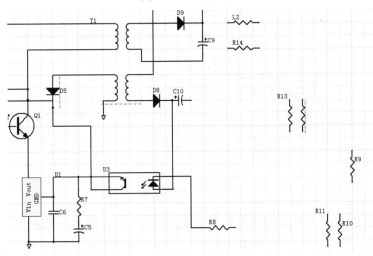

图 2-103　复制可变电阻

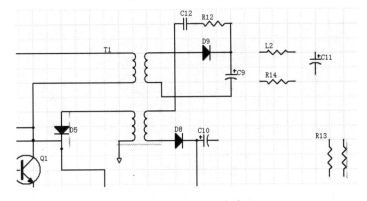

图 2-104　复制有极性电容 C11

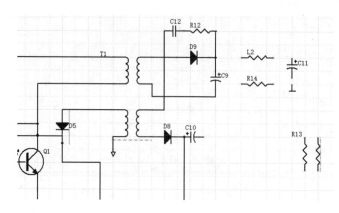

图 2-105　放置条形电源端口

step 34 单击【原理图 标准】工具栏中的【复制】按钮 ，选择复制的电容，单击【粘贴】按
钮 ，完成如图 2-106 所示电容的复制。

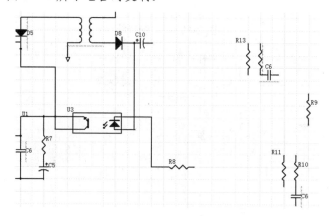

图 2-106　复制电容

step 35 单击【配线】工具栏中的【放置图纸符号】按钮 ，绘制如图 2-107 所示的插头。

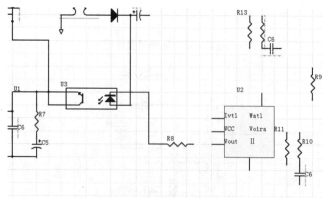

图 2-107　绘制插头

step 36 单击【配线】工具栏中的【放置导线】按钮 ，绘制如图 2-108 所示的导线，完成右边
电路的绘制。

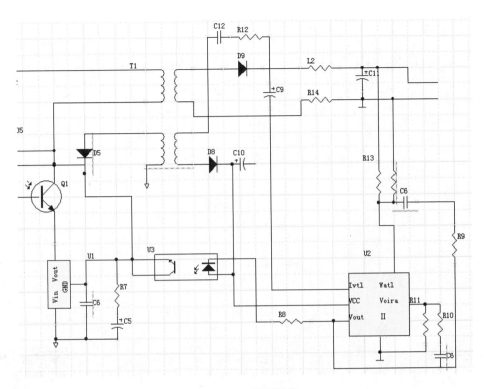

图 2-108　绘制导线

step 37　最后添加端口。单击【配线】工具栏中的【放置端口】按钮 🔲，按空格键旋转元件，放置端口，如图 2-109 所示。

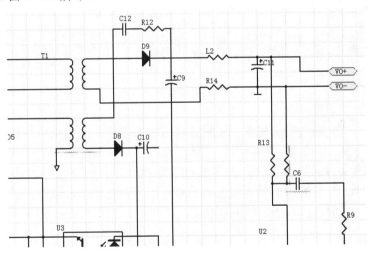

图 2-109　放置端口

step 38　完成交直流变压电路图的绘制，如图 2-110 所示。

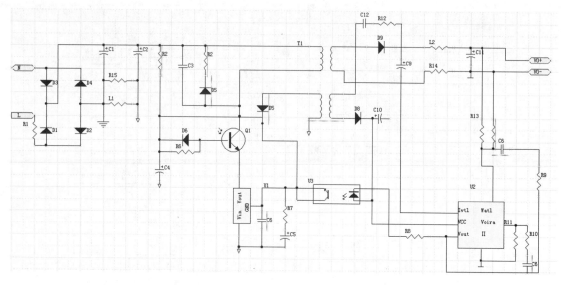

图 2-110　完成交直流变压电路图

　　电气设计实践：印板图的全名是"印刷电路板图"或"印刷线路板图"，它和装配图其实属于同一类电路图，都是供装配实际电路使用的，如图 2-111 所示是印刷电路板。

图 2-111　印刷电路板

第4课 2课时 电气布线

1. 使用菜单布线

　　元器件放置好后，就应该连接元器件。虽然连接方法有多种，但最常用的是使用导线进行连接。放置导线可采用多种方式，如菜单、快捷键、工具栏等。

　　使用菜单放置导线方法：选择【放置】|【导线】菜单命令，如图 2-112 所示。进入导线放置状态，移动鼠标指针，单击鼠标左键确定导线起点，移动鼠标指针，单击鼠标左键确定导线终点，再单击右键结束导线放置，此时仍然处于导线放置状态。

2. 使用热键布线

　　使用热键放置导线的方法：在编辑区依次按下 P 键和 W 键，即可进入导线放置状态。

3. 使用快捷菜单布线

　　使用快捷菜单放置导线的方法：在原理图编辑界面空白处单击鼠标右键，在弹出的快捷菜单中选择【放置】|【导线】命令，如图 2-113 所示，即可进入导线放置状态。

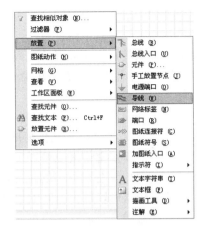

图 2-112　选择【放置】|【导线】菜单命令　　　图 2-113　选择【导线】命令

4．使用工具栏布线

使用【配线】工具栏放置导线方法：在【配线】工具栏中单击【放置导线】按钮，即可进入导线放置状态。

5．绘制总线

总线就是用一条线来表达数条并行的导线。这样做是为了简化原理图，便于读图。如常说的数据总线、地址总线等。总线本身没有实质的电气连接意义，必须由总线接出的各个单一导线上的网络名称来完成电气意义上的连接。由总线接出的各个单一导线上必须放置网络名称来完成电气意义上的连接。由总线接出的各外单一导线上必须放置网络名称，具有相同网络名称的导线表示实际电气意义上的连接。

1)　启动绘制总线的命令

启动绘制总线的命令有如下两种方法。

(1)　单击【配线】工具栏的【放置总线】按钮。

(2)　选择【放置】|【总线】菜单命令。

2)　绘制总线的步骤

启动绘制总线命令后，光标变成十字形，在恰当的位置单击鼠标确定总线的起点，绘制方法与绘制导线相同，也是在转折处单击鼠标或在总线的末端单击鼠标确定，绘制总线的方法与绘制导线的方法基本相同。

3)　总线属性的设置

在绘制总线状态下，按 Tab 键，将弹出【总线】对话框，如图 2-114 所示。

在绘制总线完成后，如果想修改总线属性，就双击总线，将弹出此对话框。

【总线】对话框的设置一般情况下采用默认设置即可。

6．绘制总线入口

总线入口是单一导线进出总线的端点。导线与总线连接时必须使用总线入口，总线和总线入口没有任何的电气连接意义，只是让电路图看上去更有专业水平，因此电气连接功能要由网路标号来完成。

1) 启动总线入口命令

启动总线入口命令主要有以下两种方法。

(1) 单击【配线】工具栏的【放置总线入口】按钮 。

(2) 选择【放置】|【总线入口】菜单命令。

2) 绘制总线入口的步骤

绘制总线入口的步骤如下。

(1) 执行绘制总线入口命令后，光标变成十字形，并有分支线" / "悬浮在游标上。如果需要改变分支线的方向，仅需要按空格键应可以了。

(2) 移动游标到所要放置总线入口的位置，游标上出现两个红色的十字叉，单击鼠标即可完成第一个总线入口的放置。依次可以放置所有的总线入口。

(3) 绘制完所有的总线入口后，右击鼠标或按 Esc 键退出绘制总线入口状态。光标由十字形变成箭头。

3) 总线入口属性的设置

在绘制总线入口状态下，按 Tab 键，将弹出【总线入口】对话框，或者在通出绘制总线入口状态后，双击总线入口同样弹出【总线入口】对话框，如图 2-115 所示。

在【总线入口】对话框中，可以设置颜色和线宽，【位置】一般不需要设置，采用默认设置即可。

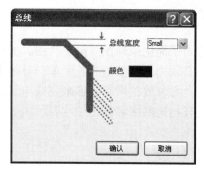

图 2-114 【总线】对话框

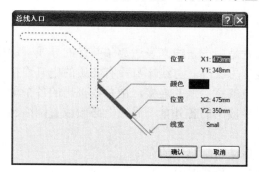

图 2-115 【总线入口】对话框

课后练习

案例文件： ywj\02\03.schdoc

视频文件： 光盘\视频课堂\第 2 教学日\2.4

1. 案例分析

本节课后练习创建 USB 充电器电路，现在的许多 MP3、手机等均配备 USB 充电器，由数据线作为电源线，插到电脑上自动开始充电；同时配备有变压器，输出口为 USB 接口，可以为标准插口的所有电器充电，如图 2-116 所示是完成的 USB 充电器电路。

本案例主要练习了 USB 充电器电路的创建过程，首先创建端口，之后依次放置元件，并进行连线和添加文字。绘制 USB 充电器电路的思路和步骤如图 2-117 所示。

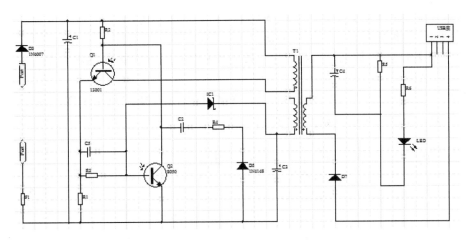

图 2-116　完成的 USB 充电器电路

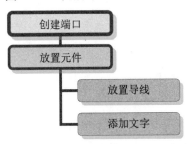

图 2-117　USB 充电器电路的创建步骤

2. 案例操作

step 01　首先创建端口。单击【配线】工具栏中的【放置端口】按钮，按空格键旋转元件，放置端口，如图 2-118 所示。

step 02　开始放置元件。单击【配线】工具栏中的【放置元件】按钮，选择 Diode 元件，按空格键旋转元件，放置二极管，如图 2-119 所示。

step 03　单击【实用工具】工具栏中的【数字式设备】按钮，在下拉列表中选择"电阻"元件，按空格键旋转元件，放置电阻，如图 2-120 所示。

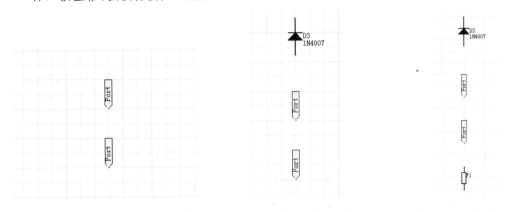

图 2-118　放置端口　　　　图 2-119　放置二极管　　　　图 2-120　放置电阻

step 04 单击【实用工具】工具栏中的【数字式设备】按钮，在下拉菜单栏中选择"电容"元件，按空格键旋转元件，放置有极性电容，如图 2-121 所示。

step 05 单击【原理图 标准】工具栏中的【复制】按钮，选择复制的电阻，单击【粘贴】按钮，完成如图 2-122 所示电阻的复制。

step 06 单击【配线】工具栏中的【放置元件】按钮，选择 Photo NPN 元件，按空格键旋转元件，放置感光三极管，如图 2-123 所示。

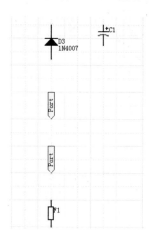

图 2-121　放置有极性电容

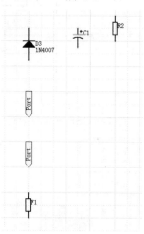

图 2-122　复制电阻

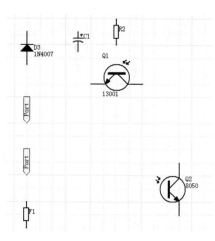

图 2-123　放置感光三极管

step 07 单击【实用工具】工具栏中的【数字式设备】按钮，在下拉列表中选择"电容"元件，按空格键旋转元件，放置电容 C5，如图 2-124 所示。

step 08 单击【原理图 标准】工具栏中的【复制】按钮，选择复制的电阻，单击【粘贴】按钮，完成如图 2-125 所示电阻的复制。

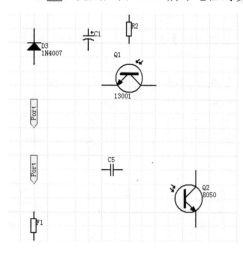

图 2-124　放置电容 C5

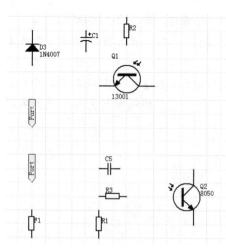

图 2-125　复制电阻

step 09 单击【配线】工具栏中的【放置元件】按钮，选择 Diode 10TQ035 元件，按空格键旋转元件，放置肖特基二极管，如图 2-126 所示。

step 10 单击【原理图 标准】工具栏中的【复制】按钮，选择复制的元件，单击【粘贴】按钮，完成如图 2-127 所示的元件。

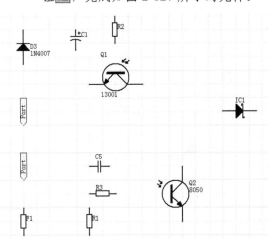

图 2-126 放置肖特基二极管

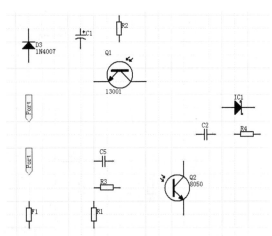

图 2-127 复制元件

step 11 单击【原理图 标准】工具栏中的【复制】按钮，选择复制的二极管，单击【粘贴】按钮，完成如图 2-128 所示二极管 D5 的复制。

step 12 单击【原理图 标准】工具栏中的【复制】按钮，选择复制的有极性电容，单击【粘贴】按钮，完成如图 2-129 所示有极性电容 C3 的复制。

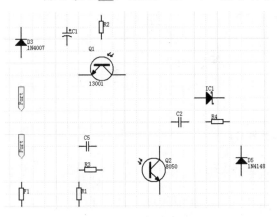

图 2-128 复制二极管 D5

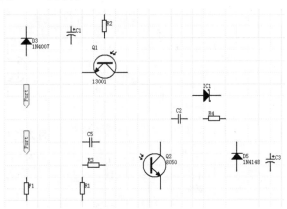

图 2-129 复制有极性电容 C3

step 13 单击【配线】工具栏中的【放置元件】按钮，选择 Trans3 元件，按空格键旋转元件，放置变压器，如图 2-130 所示。

step 14 单击【原理图 标准】工具栏中的【复制】按钮，选择复制的元件，单击【粘贴】按钮，完成如图 2-131 所示的元件 C4 复制。

step 15 单击【原理图 标准】工具栏中的【复制】按钮，选择复制的电阻，单击【粘贴】按钮，完成如图 2-132 所示 2 个电阻的复制。

step 16 单击【配线】工具栏中的【放置元件】按钮，选择 LED0 元件，按空格键旋转元件，放置发光二极管，如图 2-133 所示。

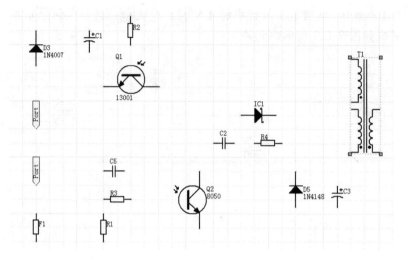

图 2-130 放置变压器

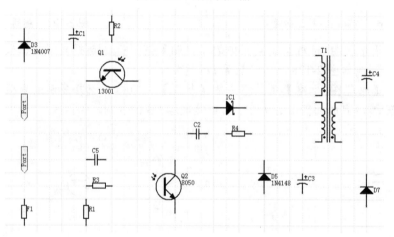

图 2-131 复制元件 C4

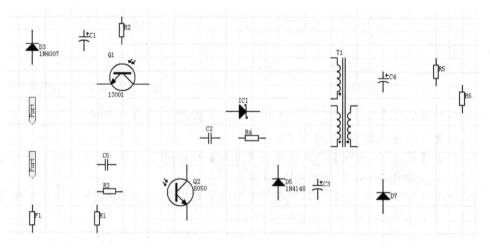

图 2-132 复制 2 个电阻

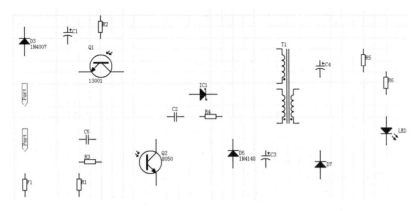

图 2-133　放置发光二极管

step 17　单击【配线】工具栏中的【放置元件】按钮💾，选择 Header4 元件，按空格键旋转元件，放置插头，完成元件的放置，如图 2-134 所示。

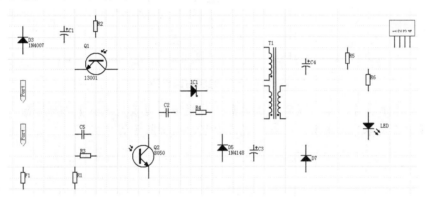

图 2-134　放置插头

step 18　开始绘制导线。单击【配线】工具栏中的【放置导线】按钮💾，绘制如图 2-135 所示的导线。

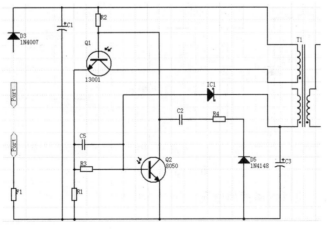

图 2-135　绘制导线

step 19 单击【配线】工具栏中的【放置导线】按钮🖉，绘制如图 2-136 所示的右部导线，完成导线的绘制。

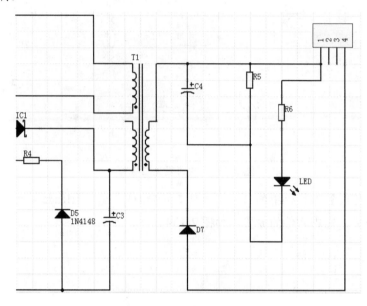

图 2-136　绘制右部导线

step 20 最后添加文字。单击【实用工具】工具栏中的【实用工具】按钮🖉▾，弹出下拉列表，选择【放置文本字符串】按钮🅰，绘制如图 2-137 所示的文字。

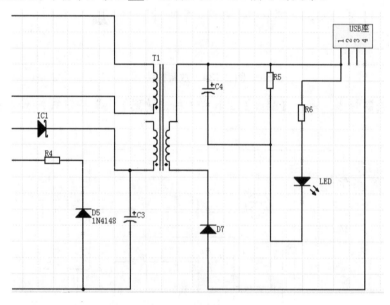

图 2-137　添加文字

step 21 完成 USB 充电器电路图的绘制，如图 2-138 所示。

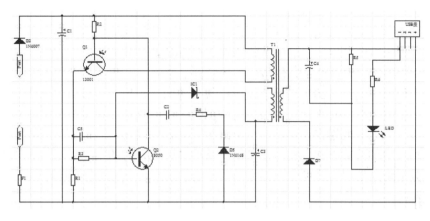

图 2-138　完成 USB 充电器电路图绘制

电气设计实践： 随着科技发展，现在印刷线路板的制作技术已经有了很大发展；除了单层板、双层板外，还有多层板，已经大量运用到日常生活、工业生产、国防建设、航天事业等许多领域。印刷线路板的电气布线一般是自动布线，如图 2-139 所示是内存，也属于印刷电路板。

图 2-139　内存布线

第 5 课 2 课时 原理图编辑高级技巧

2.5.1　电气原理图基础

行业知识链接： 为了保证一次设备运行的可靠与安全，需要有许多辅助电气设备为之服务，能够实现某项控制功能的若干个电气组件的组合，称为电气原理图控制回路或二次回路。如图 2-140 所示是电机控制回路的接线。

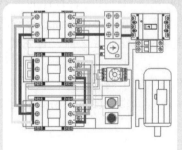

图 2-140　电机控制回路

电气原理图是用来表明电气设备的工作原理及各电气元件的作用，相互之间的关系的一种表示方式。运用电气原理图的方法和技巧，对于分析电气线路，排除机床电路故障是十分有益的。电气原理图一般由主电路、控制电路、保护、配电电路等几个部分组成。

电气电路图有原理图、方框图、元件装配及符号标记图等。

电气原理图是用来表明设备的工作原理及各电气元件间的作用，一般由主电路、控制执行电路、检测与保护电路、配电电路等几大部分组成。这种图，由于它直接体现了电子电路与电气结构以及其相互间的逻辑关系，所以一般用在设计、分析电路中。分析电路时，通过识别图纸上所画各种电路元件符号，以及它们之间的连接方式，就可以了解电路的实际工作时的情况。电气原理图又可分为整机原理图和单元部分电路原理图。整机原理图是指所有电路集合在一起的分布电路图。

1. 原理图组成

电气原理图主要由元器件符号标记、连接线、节点、注释等四大部分组成。

(1) 元器件符号表示实际电路中的元器件，它的形状与实际的元件不一定相似，甚至完全不一样。但是它一般都表示出了元器件的特点，而且引脚的数目均与实际元件保持高度一致，一般有电气连接符号，IC符号，离散元件符号(有源件与无源件)，输入/输出连接器，电源与地的符号等。

(2) 连接线表示的是实际电路中的导线，在原理图中虽然是一根线，但在常用的印刷电路板中往往不是单独的线而是各种形状且联通的块状铜箔导电层。在电原理图中总线的画法一般是采用一条粗线，在这条粗线上再分支出若干连到各总线入口单元。

(3) 节点表示几个元件引脚或几条导线之间相互的连接关系。所有和节点相连的元件引脚、导线，不论数目多少，都是导通的。在电路中还会有交叉的现象，为了区别交叉相连接与不相连，在电路图制作时，以实心圆点表示相连接，以不加实心圆点或画个半圆则表示不相连的交叉点；也有个别的电路图是用空心圆来表示不相连的。

(4) 注释在电路图中是十分重要的，电路图所有的文字都归入注释一类。在电路图的各个地方都会有注释存在，它们被用来说明元件的型号、名称等。如果采用彩色的电路图，一般给某种线路以某种特定颜色来加以区别表示，这也属于注释的一种。一般的约定是：供电的线路使用红色，发射的线路使用橙色，接收的线路使用绿色，时钟线路使用绿色，其他部分一般用黑色。

2. 设计步骤

一个符合电气规则的原理图是进行印刷电路板自动布局和自动布线的基础，那么原理图的设计步骤是什么？电路原理图的设计流程如图2-141所示。

从图2-141所示的流程图中可以看出，原理图进行设计的步骤一般如下。

(1) 启动原理图编辑器。几种具体启动方法将在下面进行讲解。

(2) 对图纸进行设置。在进行电路原理图设计之前，首先要根据所画电路图对图纸尺寸、网格大小等进行设置。

(3) 放置所有元器件并布局。在设置好了的图纸上，放置本电路图的所有元器件。对元器件库中没有的元器件要在原理图元器件库中进行编辑。放置完所有的元器件后，要根据电路图对元器件布局做出调整。

(4) 连接元器件。对布局好了的元器件进行连接。

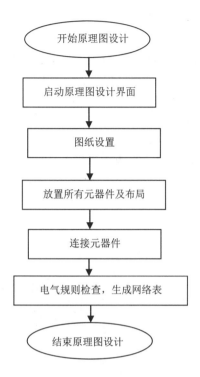

图 2-141　设计原理图流程

(5) 进行电气规则检查，生成网络表。

最后，对电路图进行电气规则检查、生成网络表等操作，此时电路原理图的设计基本结束。

3. 启动原理图编辑器

启动原理图编辑器的方法有：通过菜单启动；通过快捷菜单启动；通过已有的原理图文档启动。

(1) 在设计管理器的主界面，选择【文件】|【创建】|【原理图】菜单命令，就进入了原理图编辑器。

(2) 单击初始界面【工具栏】中的【创建任意文件】按钮，在 Files 窗格选择 Schematic Sheet 选项，如图 2-142 所示，就建立了一个原理图文档。

(3) 如果在设计数据库里已经存在了原理图文档，则在工作区双击该文档或在资源管理器窗口单击该文档，都可进入原理图编辑器。

图 2-142　Files 窗格

2.5.2　载入/删除原理图库

行业知识链接： 原理图库可以自定义添加，便于方便地添加电路符号，如图 2-143 所示是添加的变压器自定义符号。

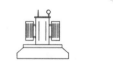

图 2-143　变压器自定义符号

1. 从【元件库】窗格加载

在【原理图 标准】工具栏中单击【浏览元件库】按钮，弹出【元件库】窗格，如图 2-144 所示，单击其中的【元件库】按钮，弹出【可用元件库】对话框，可以进行原理图库的添加。

2. 从菜单加载

选择【设计】|【追加/删除元件库】菜单命令进行加载元器件库，此时弹出【可用元件库】对话框，在该对话框中选中要加载的元器件库，单击【更新】按钮，之后再单击【关闭】按钮，就加载了相应的元器件库，如图 2-145 所示。

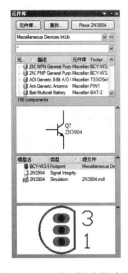

图 2-144　【元件库】窗格　　　　图 2-145　【可用元件库】对话框

3. 从【浏览元件库】对话框加载

在浏览元器件库的过程中，若需要加载某个元器件库，选择【设计】|【浏览元件库】菜单命令，弹出【浏览元件库】对话框，如图 2-146 所示。单击【浏览元件库】对话框中的按钮，弹出【可用元件库】对话框，双击要加载的元器件库文件或选中要加载的库文件，再单击【更新】按钮，最后单击【关闭】按钮，就加载了选中的元器件库。

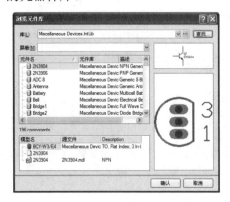

图 2-146　【浏览元件库】对话框

课后练习

案例文件： ywj\02\04.schdoc

视频文件： 光盘\视频课堂\第 2 教学日\2.5

1. 案例分析

本节课后练习创建视频输出电路，视频输出就是将视频信号从主机输给另外一台设备，如电视机顶盒与电视机连接，就是用视频线将机顶盒视频输出端子与电视机视频输入端子连接，如图 2-147 所示是完成的视频输出电路图纸。

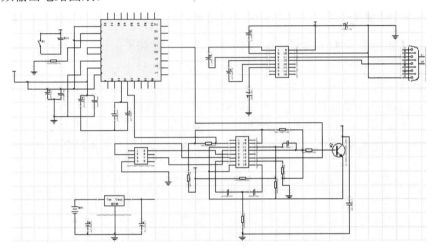

图 2-147　完成的视频输出电路图纸

本案例主要练习了视频输出电路的创建过程，首先添加元件，之后创建左边电路和右边电路，再进行插头电路和分支电路的绘制。绘制视频输出电路的思路和步骤如图 2-148 所示。

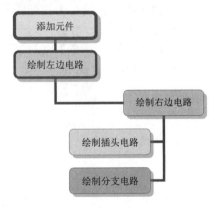

图 2-148　视频输出电路创建步骤

2. 案例操作

step 01　首先添加元件并绘制左边电路。单击【配线】工具栏中的【放置元件】按钮，选择

SW-SPST 元件，按空格键旋转元件，放置单刀单掷开关，如图 2-149 所示。

step 02 单击【实用工具】工具栏中的【数字式设备】按钮，在下拉列表中选择"电容"元件，按空格键旋转元件，放置电容，如图 2-150 所示。

step 03 单击【实用工具】工具栏中的【电源】按钮，在下拉列表中选择"放置条形电源端口"元件，按空格键旋转元件，放置条形电源端口，如图 2-151 所示。

 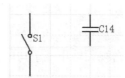 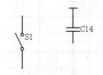

图 2-149　放置单刀单掷开关　　　　图 2-150　放置电容　　　　图 2-151　放置条形电源端口

step 04 单击【实用工具】工具栏中的【数字式设备】按钮，在下拉列表中选择"电阻"元件，按空格键旋转元件，放置电阻，如图 2-152 所示。

step 05 单击【实用工具】工具栏中的【电源】按钮，在下拉列表中选择"放置 GND 端口"元件，按空格键旋转元件，放置 GND 端口，如图 2-153 所示。

step 06 单击【实用工具】工具栏中的【电源】按钮，在下拉列表中选择"放置条形电源端口"元件，按空格键旋转元件，放置条形电源端口，如图 2-154 所示。

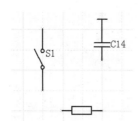 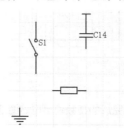 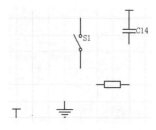

图 2-152　放置电阻　　　　图 2-153　放置 GND 端口　　　　图 2-154　放置条形电源端口

step 07 单击【实用工具】工具栏中的【数字式设备】按钮，在下拉列表中选择"电容"元件，按空格键旋转元件，放置有极性电容，如图 2-155 所示。

step 08 单击【实用工具】工具栏中的【数字式设备】按钮，在下拉列表中选择"电容"元件，按空格键旋转元件，放置电容，如图 2-156 所示。

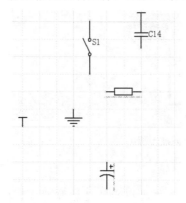 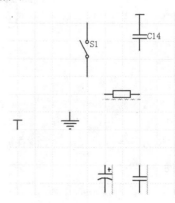

图 2-155　放置有极性电容　　　　　　　　图 2-156　放置电容

step 09 单击【原理图 标准】工具栏中的【复制】按钮 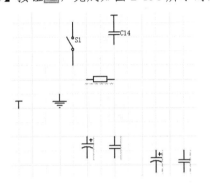，选择复制的电容元件，单击【粘贴】按钮 ，完成如图 2-157 所示的 2 个电容元件复制。

step 10 单击【原理图 标准】工具栏中的【复制】按钮 ，选择复制的电容元件，单击【粘贴】按钮 ，完成如图 2-158 所示的最右边电容元件的复制。

图 2-157 复制 2 个电容   图 2-158 复制最右边的电容

step 11 单击【配线】工具栏中的【放置图纸符号】按钮 ，添加如图 2-159 所示的插头。

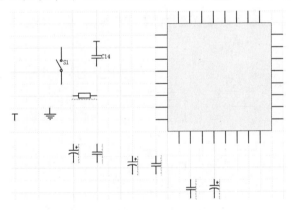

图 2-159 添加插头

step 12 单击【实用工具】工具栏中的【实用工具】按钮 ，弹出下拉列表，选择【放置文本字符串】按钮 ，添加如图 2-160 所示的文字。

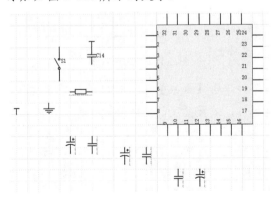

图 2-160 添加文字

step 13 ▶ 单击【实用工具】工具栏中的【电源】按钮 ▦ ▾，在下拉列表中选择"放置 GND 端口"元件，按空格键旋转元件，放置 GND 端口，完成元件的放置，如图 2-161 所示。

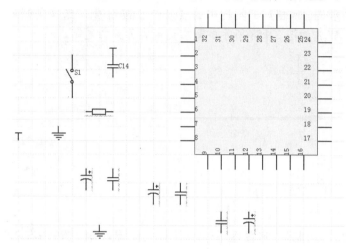

图 2-161 放置 GND 端口

step 14 ▶ 单击【配线】工具栏中的【放置导线】按钮 ▧，绘制如图 2-162 所示的导线，完成左边电路的绘制。

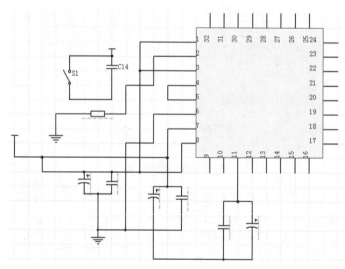

图 2-162 绘制导线

step 15 ▶ 开始绘制右边电路。单击【配线】工具栏中的【放置元件】按钮 ▣，选择 Header4 × 2 元件，按空格键旋转元件，放置插头，如图 2-163 所示。

step 16 ▶ 单击【实用工具】工具栏中的【电源】按钮 ▦ ▾，在下拉列表中选择"放置 GND 端口"元件，按空格键旋转元件，放置 GND 端口，如图 2-164 所示。

step 17 ▶ 单击【原理图 标准】工具栏中的【复制】按钮 ▣，选择复制的电阻，单击【粘贴】按钮 ▣，完成如图 2-165 所示 2 个电阻的复制。

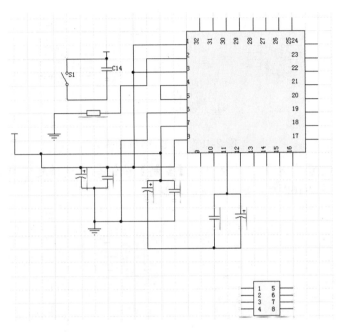

图 2-163　放置插头

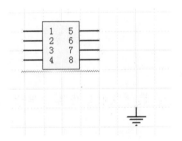

图 2-164　放置 GND 端口

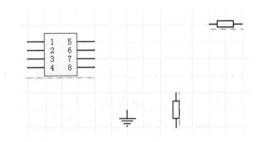

图 2-165　复制 2 个电阻

step 18　单击【实用工具】工具栏中的【电源】按钮，在下拉列表中选择"放置条形电源端口"元件，按空格键旋转元件，放置条形电源端口，如图 2-166 所示。

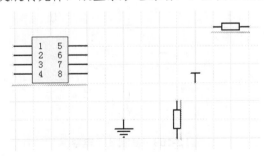

图 2-166　放置条形电源端口

step 19　单击【配线】工具栏中的【放置元件】按钮，选择 Header8×2 命令，按空格键旋转元件，放置 16 针插头，如图 2-167 所示。

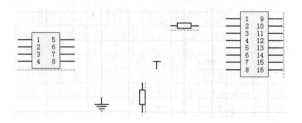

图 2-167   放置 16 针插头

step 20 单击【原理图 标准】工具栏中的【复制】按钮，选择复制的电阻，单击【粘贴】按钮，完成如图 2-168 所示 6 个电阻的复制。

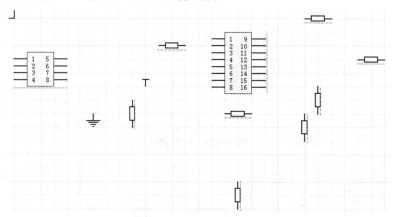

图 2-168   复制 6 个电阻

step 21 单击【原理图 标准】工具栏中的【复制】按钮，选择复制的电容，单击【粘贴】按钮，完成如图 2-169 所示 3 个电容的复制。

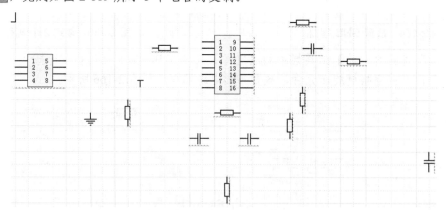

图 2-169   复制 3 个电容

step 22 单击【原理图 标准】工具栏中的【复制】按钮，选择复制的 GND 端口，单击【粘贴】按钮，完成如图 2-170 所示 GND 端口的复制。

step 23 单击【配线】工具栏中的【放置元件】按钮，选择 Photo NPN 元件，按空格键旋转元件，放置感光三极管，如图 2-171 所示。

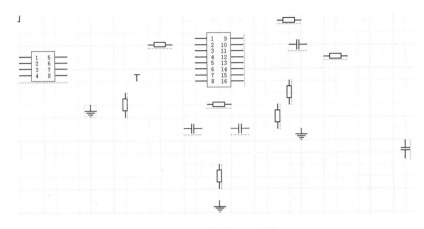

图 2-170 复制 GND 端口

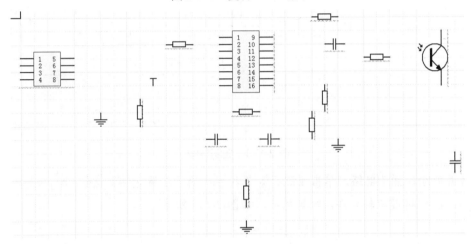

图 2-171 放置感光三极管

step 24 单击【实用工具】工具栏中的【电源】按钮，在下拉列表中选择"放置条形电源端口"元件，按空格键旋转元件，放置条形电源端口，如图 2-172 所示。

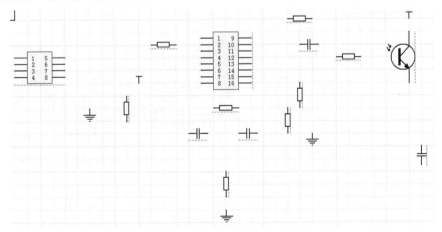

图 2-172 放置条形电源端口

step 25 单击【配线】工具栏中的【放置导线】按钮，绘制如图 2-173 所示的导线，完成右边
电路的绘制。

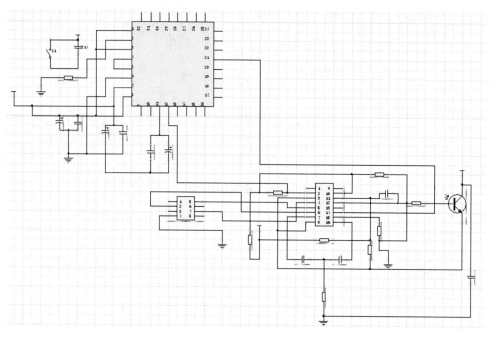

图 2-173 绘制导线

step 26 开始绘制插头电路。单击【配线】工具栏中的【放置元件】按钮，选择 Header8 × 2
元件，按空格键旋转元件，放置插头，如图 2-174 所示。

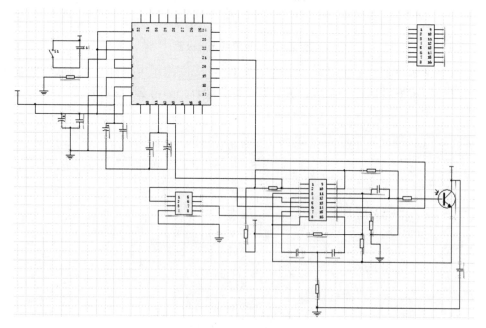

图 2-174 放置插头

step 27 ▶ 单击【原理图 标准】工具栏中的【复制】按钮，选择复制的有极性电容，单击【粘贴】按钮，完成如图 2-175 所示 5 个有极性电容的复制。

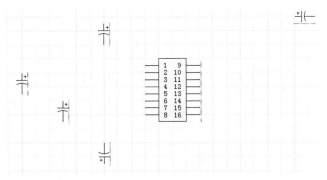

图 2-175　复制 5 个有极性电容

step 28 ▶ 单击【原理图 标准】工具栏中的【复制】按钮，选择复制的 GND 端口，单击【粘贴】按钮，完成如图 2-176 所示 GND 端口的复制。

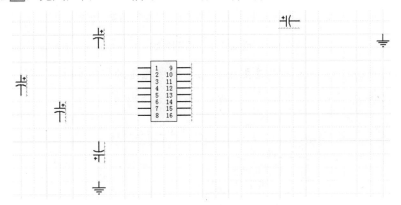

图 2-176　复制 GND 端口

step 29 ▶ 单击【配线】工具栏中的【放置元件】按钮，选择 D Connector9 元件，按空格键旋转元件，放置连接器，如图 2-177 所示。

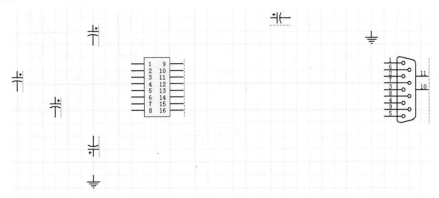

图 2-177　放置连接器

step 30 单击【配线】工具栏中的【放置导线】按钮 🖉，绘制如图 2-178 所示的导线，完成插头电路的绘制。

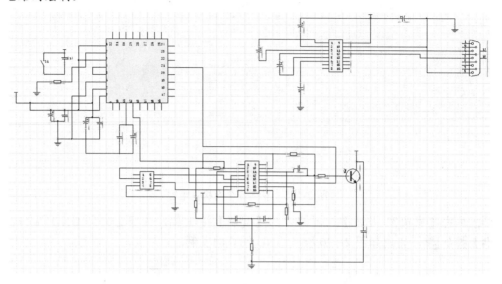

图 2-178 绘制导线

step 31 最后绘制分支电路。单击【配线】工具栏中的【放置元件】按钮 ▣，选择 Battery 元件，按空格键旋转元件，放置直流电源，如图 2-179 所示。

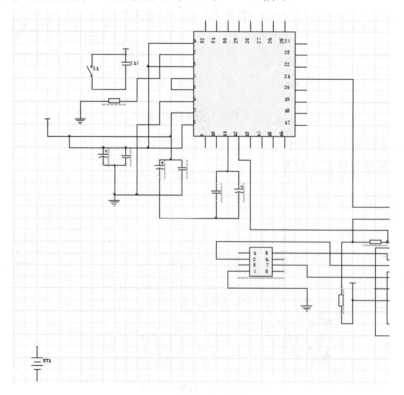

图 2-179 放置直流电源

step 32 单击【实用工具】工具栏中的【数字式设备】按钮⬛▾，在下拉列表中选择"电容"元件，按空格键旋转元件，放置有极性电容，如图2-180所示。

step 33 单击【配线】工具栏中的【放置元件】按钮⬛，选择 Volt Reg 元件，按空格键旋转元件，放置电压调节器，如图2-181所示。

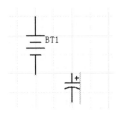

图 2-180　放置有极性电容

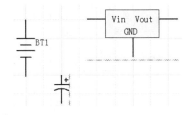

图 2-181　放置电压调节器

step 34 单击【原理图 标准】工具栏中的【复制】按钮⬛，选择复制的有极性电容，单击【粘贴】按钮⬛，完成如图2-182所示有极性电容的复制。

step 35 单击【实用工具】工具栏中的【电源】按钮⬛▾，在下拉列表中选择"放置 GND 端口"元件，按空格键旋转元件，放置 GND 端口，如图2-183所示。

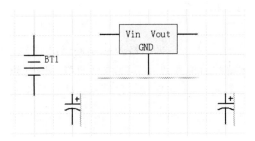

图 2-182　复制有极性电容

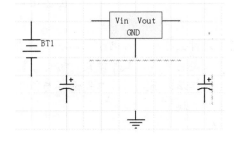

图 2-183　放置 GND 端口

step 36 单击【配线】工具栏中的【放置导线】按钮⬛，绘制如图2-184所示的导线，完成分支电路的绘制。

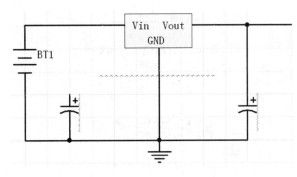

图 2-184　绘制导线

step 37 完成视频输出电路图的绘制，如图2-185所示。

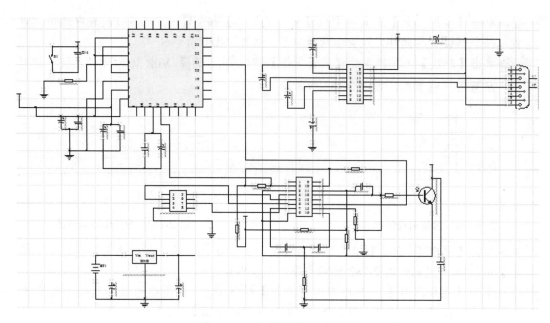

图 2-185 完成视频输出电路图

电气设计实践： 正是电子技术的巨大进步才推动了以计算机网络为基础的信息时代的到来，并将改变人类的生活、工作模式。电气控制系统一般称为电气设备二次控制回路，不同的设备有不同的控制回路，而且高压电气设备与低压电气设备的控制方式也不相同。如图 2-186 所示是低压电路方向变换器。

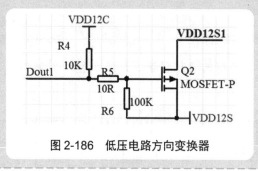

图 2-186 低压电路方向变换器

阶段进阶练习

原理图，顾名思义就是表示电路板上各器件之间连接原理的图表。在方案开发等正向研究中，原理图的作用是非常重要的，而对原理图的把关也关乎整个项目的质量甚至生命。本教学日主要介绍了电路元素的放置，编辑原理图中的元件编辑，以及原理图布线、绘图工具等内容。放置电路元素和导线是最重要的部分，要结合示例进行深入学习。

如图 2-187 所示，使用添加元件命令，尝试绘制 PLC 电路图。

一般图纸创建步骤和方法如下。

(1) 绘制电气元件。

(2) 绘制 PLC 块。

(3) 绘制线路。

(4) 添加文字。

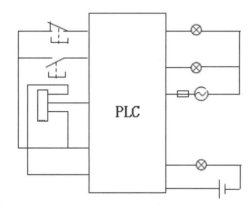

图 2-187　PLC 电路图纸

设计师职业培训教程

第 3 教学日

电气法则测试就是通常所称的 ERC(Electrical Rule Check)，利用 ERC 可以对大型设计进行快速检测。Protel 可以按照用户指定的物理或逻辑特性进行电气法则测试，输出相关的冲突报告，例如空的管脚、没有连接的网络标号、没有连接的电源等，生成测试报告的同时程序还会将 ERC 结果直接标注在原理图上。

本教学日将介绍 Protel 层次式电路设计、多通道原理图设计及电气法则的运用，以及 Protel 网络表的相关内容。

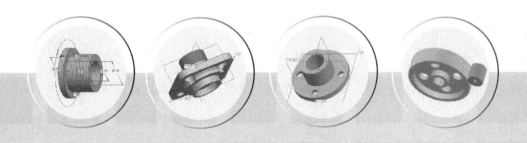

第1课 1课时 设计师职业知识——电气图纸读图和绘制

1. 绘制电气原理图的一般规律

绘制主电路时，应依规定的电气图形符号用粗实线画出主要控制、保护等。

绘制电气原理图时，动力电路、控制电路和信号电路应分别绘出；在原理图中各个电器并不按照它实际的情况布置，而是按照电气原理绘在它们产生作用的地方，如图 3-1 所示。

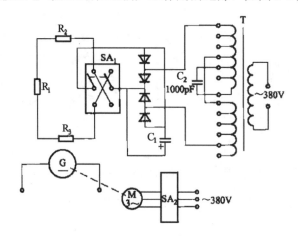

图 3-1　WSM160 电气原理图

2. 画控制电路

控制电路一般包含由开关、按钮、信号指示、接触器、继电器的线圈和各种辅助触点构成的简单电路，用以控制主电路中受控设备的"启动""运行""停止"，使主电路中的设备按设计工艺的要求正常工作。对于简单的控制电路：只要依据主电路要实现的功能，结合生产工艺要求及设备动作的先、后顺序依次分析，仔细绘制即可。对于复杂的控制电路，要按各部分所完成的功能，分割成若干个局部控制电路，然后与典型电路相对照，找出相同之处，本着先简后繁、先易后难的原则逐个画出每个局部环节，再找到各环节的相互关系。

3. 识别方法

看电气控制电路图的一般方法是先看主电路，再看辅助电路，并用辅助电路的回路去研究主电路的控制程序。

1）看主电路的步骤

第一步：看清主电路中的用电设备。用电设备是指消耗电能的用电器具或电气设备，看图首先要看清楚有几个用电器，它们的类别、用途、接线方式及一些不同要求等。

第二步：要弄清楚用电设备是用什么电气元件控制的。控制电气设备的方法很多，有的直接用开关控制，有的用各种启动器控制，有的用接触器控制。

第三步：了解主电路中所用的控制电器及保护电器。前者是指除常规接触器以外的其他控制元件，如电源开关(转换开关及空气断路器)、万能转换开关。后者是指短路保护器件及过载保护器件，如空气断路器中电磁脱扣器及热过载脱扣器的规格，熔断器、热继电器及过电流继电器等元件的用途及规格。一般来说，对主电路作如上内容的分析以后，即可分析辅助电路。

第四步：看电源。要了解电源电压等级，是 380V 还是 220V，是从母线汇流排供电还是配电屏供电，还是从发电机组接出来的。

2) 看辅助电路的步骤

辅助电路包含控制电路、信号电路和照明电路。

第一步：分析控制电路。根据主电路中各电动机和执行电器的控制要求，逐一找出控制电路中的其他控制环节，将控制线路"化整为零"，按功能不同划分成若干个局部控制线路来进行分析。如果控制线路较复杂，则可先排除照明、显示等与控制关系不密切的电路，以便集中精力进行分析。

第二步：看电源。首先看清电源的种类，是交流还是直流。其次，要看清辅助电路的电源是从什么地方接来的，及其电压等级。电源一般是从主电路的两条相线上接来的，其电压为 380V；也有是从主电路的一条相线和一零线上接来的，电压为单相 220V；此外，也可以从专用隔离电源变压器接来，电压有 140V、127V、36V、6.3V 等。辅助电路为直流时，直流电源可从整流器、发电机组或放大器上接来，其电压一般为 24V、12V、6V、4.5V、3V 等。辅助电路中的一切电气元件的线圈额定电压必须与辅助电路电源电压一致。否则，电压低时电路元件不动作；电压高时，则会把电气元件线圈烧坏。

第三步：了解控制电路中所采用的各种继电器、接触器的用途，如果采用了一些特殊结构的继电器，还应了解它们的动作原理。

第四步：根据辅助电路来研究主电路的动作情况。

分析了上面这些内容后，再结合主电路中的要求，就可以分析辅助电路的动作过程。

控制电路总是按动作顺序画在两条水平电源线或两条垂直电源线之间，因此可从左到右或从上到下进行分析。对于复杂的辅助电路，整个辅助电路构成一条大回路，在这条大回路中又分成几条独立的小回路，每条小回路控制一个用电器或一个动作。当某条小回路形成闭合回路并有电流流过时，在回路中的电气元件(接触器或继电器)则动作，把用电设备接入或切除其电源。在辅助电路中，一般是靠按钮或转换开关把电路接通的。对于控制电路的分析必须随时结合主电路的动作要求来进行，只有全面了解主电路对控制电路的要求以后，才能真正掌握控制电路的动作原理，不可孤立地看待各部分的动作原理，而应注意各个动作之间是否有互相制约的关系，如电动机正、反转之间应设有连锁等。

第五步：研究电气元件之间的相互关系。电路中的一切电气元件都不是孤立存在的，而是相互联系、相互制约的。这种互相控制的关系有时表现在一条回路中，有时表现在几条回路中。

第六步：研究其他电气设备和电气元件，如整流设备、照明灯等。

4. 电路图标注

电路图的标注一般有以下几点需要注意。

(1) 电气原理图一般分主电路和辅助电路两个部分。

(2) 图中所有元件都应采用国家标准中统一规定的图形符号和文字符号。

(3) 布局。

(4) 文字符号标注。

(5) 图形符号表示要点：未通电或无外力状态。

(6) 线条交叉及图形方向。

(7) 图区和索引。

5. 技术参数编辑

图形符号基本上都有统一的国家标准。电气图形符号和文字符号应按 GB 4728—85、GB/T l53—87、GB 6988—86 等规定的标准绘制。

3.2.1 层次式电路的设计方法与简介

> **行业知识链接：**方框图是一种用方框和连线来表示电路工作原理和构成概况的电路图。从根本上说，这也是一种原理图，不过在这种图纸中，除了方框和连线外，几乎就没有别的电路元素了。如图 3-2 所示是一个单片机原理方框图。
>
>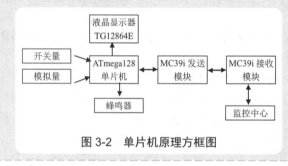
>
> 图 3-2 单片机原理方框图

1. 层次电路设计简介

层次电路图设计就是将较大的电路图划分为很多功能模块，再对每一个功能模块进行处理或进一步细分的电路设计方法。将电路图模块化，可以大大地提高设计效率和设计速度，特别是当前计算机技术的突飞猛进，局域网在企业中的应用，使得信息交流日益密切而迅速，再庞大的项目也可以从几个层次上进行细分，做到多层次并行设计。

如图 3-3 所示是层次电路设计的演示图。该图包含两个电路方块图，每个电路方块图都对应相应的电路，要注意电路输入输出点和方块图进出点之间的关系。

电路方块图 1 中包含两个名为 0 和 1 的输入点和名为 2 和 3 的输出点，实际它们代表了该方块图对应的原理图与其他电路模块的信号传输点。电路方块图 2 及其对应的原理图情况相同，只不过与电路方块图中的信号输入输出点方向正好相反。从层次原理图的演示图上可以知道，电路方块图实际代表了一部分电路模块及其与其他电路模块的信号输入输出点，它使得设计更加简洁明了，更好地说明了各部分电路模块之间的关系，从而有利于复杂电路的设计和设计人员之间的分工合作。

层次电路图设计的关键在于正确地传递层次间的信号，在层次电路图设计中，信号的传递主要靠放置方块电路、方块电路进出点和电路输入输出点来实现。

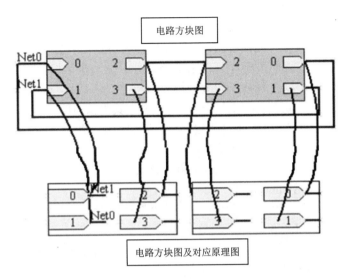

图 3-3　层次原理图设计

2. 层次原理图的设计方法

层次电路图的设计方法实际上是一种模块化的设计方法，子系统下面又可分为多个基本的功能模块。如图 3-4、图 3-5 所示为设计流程图的两种方法，两种设计方法的本质区别是整个系统的规划和子系统的设计的先后问题。

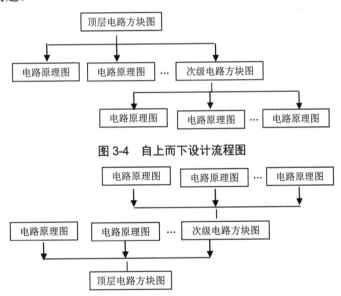

图 3-4　自上而下设计流程图

图 3-5　自下而上设计流程图

3. 放置方块电路

放置方块电路的含义和操作分为以下 3 种。

(1)　方块电路(Sheet Symbol)是层次式电路设计不可缺少的组件。

简单地说，方块电路就是设计者通过组合各种元器件自行定义的一个复杂器件，这个复杂器件在图纸上用简单的方块图来表示，至于这个复杂器件由哪些元件组成，内部的接线又如何，可以由另外一张电路图来详细描述。

因此，元件、自定义元件、方块电路没有本质上的区别，可以将它们等同看待，但有些微小区别。

- 元件：是标准化了的器件组合，可以由单个器件组成，也可以由大量器件组成；它可以很简单，如与非门；也可以很复杂，如大规模集成电路，由数百万乃至数千万个元器件组成。不管元件有多么复杂，都是标准化的，用户无须关心其内部电路，而只需关心其引脚功能即可。
- 自定义元件：设计者通过简单绘制和组合其他器件而形成的元件，在取用、修改等操作方面与标准元件没有区别，可以通过元件编辑工具来自定义元件。
- 方块电路：可以被看成是设计者通过绘制和组合其他器件而形成的元件，只是相对而言较复杂。

启动放置方块电路(Sheet Symbol)方式有以下两种。

方法一：单击【配线】工具栏中的【放置图纸符号】按钮 。

方法二：选择【放置】|【图纸符号】菜单命令。

选择上述命令之一后，在图纸上放置方块电路，接着打开方块电路编辑对话框设置属性，以及方块电路的进出点(Sheet Entry)。

(2) 如果说方块电路是自己定义的一个复杂器件，那么方块电路的进出点就是这个复杂器件的输入输出引脚。如果方块图没有进出点的话，那么方块图便没有任何意义。

放置方块电路进出点(Sheet Entry)的方式有以下两种。

方法一：单击【配线】工具栏中的【放置图纸入口】按钮 。

方法二：选择【放置】|【加图纸入口】菜单命令。

(3) 电路的输入输出点(Port)。

在设计电路图时，一个网络与另外一个网络的连接可以通过实际导线连接，也可以通过设置网络名称，使两个网络具有相互连接的电气意义。放置输入输出点，同样可实现两个网络的连接，相同名称的输入输出点，可以认为在电气意义上是连接的。输入输出点也是层次图设计不可缺少的组件。

放置输入输出点的方法有以下两种。

方法一：单击【配线】工具栏中的【放置端口】按钮 。

方法二：选择【放置】|【端口】菜单命令，然后放置并设置输入输出点。

3.2.2　层次原理图的设计顺序

行业知识链接：方框图和原理图主要的区别就在于，原理图上详细地绘制了电路的全部元器件和它们的连接方式，而方框图只是简单地将电路按照功能划分为几个部分，将每一个部分描绘成一个方框，在方框中加上简单的文字说明，并用连线(有时用带箭头的连线)说明各个方框之间的关系。如图 3-6 所示是电路方框原理图。

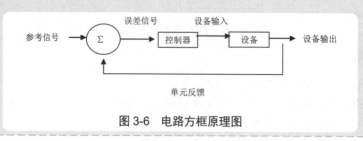

图 3-6　电路方框原理图

1. 自上而下设计层次原理图

自上而下的设计方法是指在建立的顶层原理图文件中首先绘制电路方块图，然后分别在子原理图文件中绘制各电路方块图所对应的电路原理图。下面以直流稳压电源电路为例，介绍使用这种方法绘制电路图的步骤。

1）绘制顶层电路图

首先建立一个 PCB 项目设计文件；然后建立一个电路原理图文件，命名为 Main.Schdoc；最后设置好电路图的有关属性并添加元件库。

(1) 放置电路方块图。

单击【配线】工具栏中的【放置图纸符号】工具按钮![icon]，在新建原理图的适当位置放置名为 Rectifier、Filter、Manostat 的三个电路方块图并设置属性。

(2) 放置电路方块图端口。

单击【配线】工具栏中的【放置图纸入口】工具按钮![icon]，然后在刚才创建的电路方块图中单击鼠标左键，在三个电路方块图中分别放置各个端口，并设置各端口的属性。

(3) 连接各端口。

使用【放置导线】按钮![icon]或【放置总线】按钮![icon]将具有电气连接意义的方块电路端口连接起来，完成后的结果如图 3-7 所示。

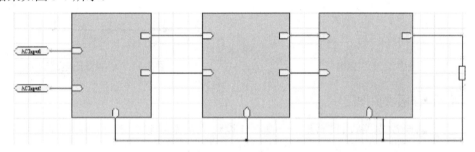

图 3-7　连接各端口

2）绘制层次原理图子图

上面定义了各电路方块图，这个环节具体介绍如何由电路方块图生成所对应的电路原理图文件。操作步骤如下。

(1) 选择【设计】|【根据符号创建图纸】菜单命令，此时鼠标指针变为十字光标，将十字光标移到电路方块图 Rectifier 上。

(2) 单击鼠标左键，弹出 Confirm 对话框，如图 3-8 所示。

图 3-8　Confirm 对话框

(3) 若单击 No 按钮，Protel DXP 将自动产生一个原理图文件，文件名同电路方块图中设置的文件名 Rectifier 同名，即为 Rectifier 方块图所对应的子原理图。

按照同样的方法，可以生成名为 Filter、Manostat 的电路原理图。这样就完成了整个层次原理图的绘制。不同类型的原理图子图如图 3-9～图 3-11 所示。

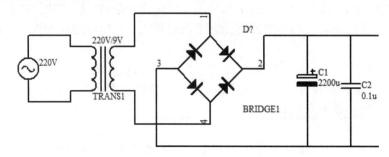

图 3-9　子图滤波电路图

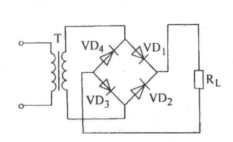

图 3-10　子图整流电路部分

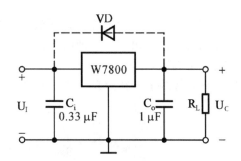

图 3-11　子图稳压电路部分

2. 自下而上设计层次原理图

采用自上而下的层次电路设计方法，一般需要设计人员对要设计的电路有一个系统的把握，只有这样才能完整地定义电路方块图中所需的电路端口。而对于一般的电路设计，设计人员往往对各电路模块所需的端口比较模糊。对于此种情况，比较好的选择是采用自下而上的电路设计方法，即首先完成各电路模块的设计，最后再综合各电路方块图，采用层层向上组织的方法，最后完成整个电路的设计。在实际进行电路设计时，该方法是被广泛采用的层次原理图设计方法。

下面仍以直流稳压电路为例，来详细地介绍自下而上的层次原理图设计方法的具体步骤。

(1) 绘制原理图子图。绘制电路原理图文件 Rectifier.SchDoc。

(2) 生成电路方块图。新建一个需要放置电路方块图的电路顶层原理图，即父图，命名为 Main.Schdoc 文件，使之处于编辑状态。

(3) 选择【设计】|【建立设计项目库】菜单命令，之后选择需要生成电路方块图的原理图文件，这里选中 Rectifier.SchDoc 原理图文件打开。

(4) 在父图原理图 Main.Schdoc 文件的适当位置，单击鼠标左键，完成电路方块的生成操作。

3. 层次图的切换

1) 从顶层电路方块图切换到其对应的电路原理子图

如要查找顶层原理图中的电路方块图所对应的电路原理子图，操作步骤如下。

(1) 选择【工具】|【改变设计层次】菜单命令。

(2) 此时鼠标指针变为十字光标，将光标移至顶层原理图中的某个电路方块图。

(3) 单击鼠标左键，此时就会在主窗口中打开该电路方块图对应的电路原理子图。

如果在上述操作步骤(2)将光标移动到电路方块图中的某个端口，然后单击鼠标左键，则不但会在主窗口中打开该电路方块图对应的电路原理图，而且在子原理图中对应的端口也将高亮显示。

2) 从电路原理子图切换到其对应的顶层电路方块图

如要查找电路原理子图的输入/输出端口所对应的顶层原理图中的电路方块图的端口，操作步骤如下。

(1) 打开需要查找输入输出端口的原理图文件，使之处于编辑状态。

(2) 选择【工具】|【改变设计层次】菜单命令。

(3) 此时鼠标变为十字光标，将光标移到子原理图中的某个输入输出端口上。

(4) 单击鼠标左键，此时在主窗口中就会打开该电路原理子图对应的电路方块。

课后练习

案例文件：ywj\03\01.schdoc
视频文件：光盘\视频课堂\第 3 教学日\3.2

1. 案例分析

本节课后练习创建钟表电路。钟表电路可以产生像时钟一样准确的振荡，用于产生这个振荡的电路就是钟表电路。如图 3-12 所示是完成的钟表电路原理图。

本案例主要练习钟表电路的创建。首先创建 U1 元件，代表控制元件，之后添加其他元件，最后进行线路的绘制。绘制钟表电路图纸的思路和步骤如图 3-13 所示。

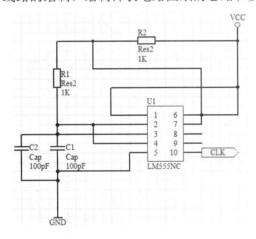

图 3-12　钟表电路原理图

图 3-13　钟表电路图纸的创建步骤

2. 案例操作

step 01 首先创建 U1 元件。单击【配线】工具栏中的【放置元件】按钮，弹出【放置元件】对话框，选择如图 3-14 所示相应的信息，单击【确认】按钮。

step 02 将 Header 5×2A 元件放置在绘图区中的适当位置，按空格键旋转元件，放置 U1 插头元件，完成创建 U1 元件，如图 3-15 所示。

图 3-14 【放置元件】对话框

图 3-15 放置插头

step 03 开始创建其他元件。单击【配线】工具栏中的【放置端口】按钮，双击端口，弹出【端口属性】对话框，修改元件信息，单击【确认】按钮，如图 3-16 所示。

step 04 将 CLK 端口元件放置在绘图区中的适当位置，如图 3-17 所示。

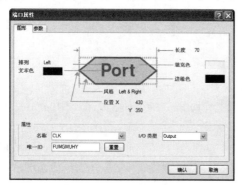

图 3-16 【端口属性】对话框

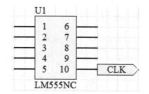

图 3-17 放置 CLK 端口

step 05 单击【配线】工具栏中的【放置元件】按钮，弹出【放置元件】对话框，选择如图 3-18 所示相应的信息，单击【确认】按钮。

step 06 将 Cap 元件放置在绘图区中的适当位置，按空格键旋转元件，放置 C1 电容元件，如图 3-19 所示。

图 3-18 【放置元件】对话框

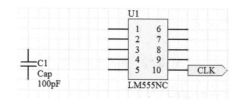

图 3-19 放置 C1 电容

step 07 单击【原理图 标准】工具栏中的【复制】按钮，选择复制的电容元件，单击【粘贴】按钮，完成 C2 电容元件的复制，如图 3-20 所示。

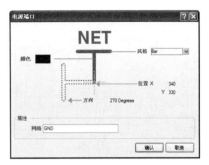

step 08 单击【实用工具】工具栏中的【电源】按钮，在下拉列表中选择"放置条形电源端口"元件，双击元件，弹出【电源端口】对话框，修改元件信息，如图 3-21 所示，单击【确认】按钮。

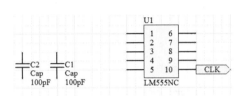

图 2-20 复制 C2 电容

图 3-21 【电源端口】对话框设置

step 09 将 GND 元件放置在绘图区中的适当位置，放置 GND 条状电源端口元件，完成支路的其他电路元件的创建，如图 3-22 所示。

step 10 开始绘制线路。单击【配线】工具栏中的【放置导线】按钮，绘制如图 3-23 所示的导线。

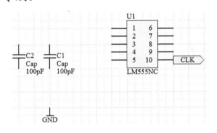

图 3-22 放置 GND 条状电源端口

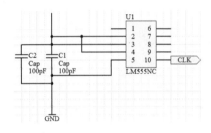

图 3-23 绘制导线

step 11 单击【配线】工具栏中的【放置元件】按钮，弹出【放置元件】对话框，选择如图 3-24 所示相应的信息，单击【确认】按钮。

step 12 将 Res2 元件放置在绘图区中的适当位置，按空格键旋转元件，放置 R1、R2 电阻元件，如图 3-25 所示。

图 3-24 【放置元件】对话框

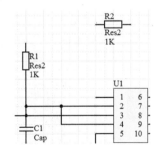

图 3-25 放置电阻

step 13 单击【配线】工具栏中的【放置导线】按钮，绘制如图 3-26 所示的导线。

step 14 单击【实用工具】工具栏中的【电源】按钮，在下拉列表中选择"放置圆形电源端口"元件，双击元件，弹出【电源端口】对话框，修改元件信息，如图 3-27 所示，最后单击【确认】按钮。

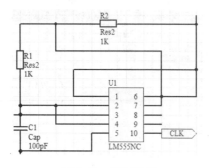

图 3-26　绘制导线

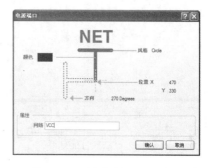

图 3-27　【电源端口】对话框

step 15 将 VCC 元件放置在绘图区中的适当位置，完成钟表电路图的绘制，如图 3-28 所示。

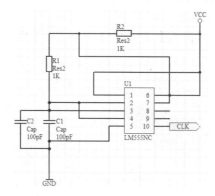

图 3-28　放置圆形电源端口

电气设计实践：灯光和音响信号只能定性地表明设备的工作状态(有电或断电)，如果想定量地知道电气设备的工作情况，还需要有各种仪表测量设备，测量线路的各种参数，如电压、电流、频率和功率的大小等，按照这些参数要求，分层设计电路，如图 3-29 所示是音响电路。

图 3-29　音响电路

第3课 2课时 多通道原理图设计

3.3.1 分析设计法

行业知识链接：电气控制原理图是电气控制系统设计的核心，为了简化电气控制电路设计的复杂过程，需要使用电路分析设计法进行电路设计。如图 3-30 所示是交直流稳压电路，适合采用分析设计法。

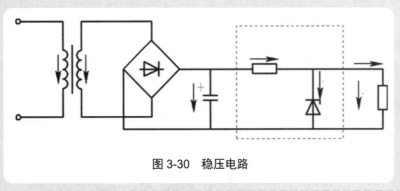

图 3-30 稳压电路

分析设计法是根据生产工艺要求，利用各种典型的电路环节，直接设计控制电路。这种设计方法比较简单，但要求设计人员必须熟悉大量的控制电路，掌握多种典型电路的设计资料，同时具有丰富的设计经验，在设计过程中往往还要反复多次地修改、试验，才能使电路符合设计的要求。即使这样，设计出来的电路也可能不是最简的，所用的电器及触头不一定最少，所得出的方案也不一定是最佳方案。

分析设计法，由于是靠经验进行设计的，因而灵活性很大，初步设计出来的电路可能有好几个，这时要加以比较分析，甚至要通过实验加以验证，才能确定比较合理的设计方案。这种设计方法没有固定模式，通常先用一些典型电路环节拼凑起来实现某些基本要求，而后再根据生产工艺要求逐步完善其功能，并加以适当的连锁与保护环节。

进行分析设计时，首先要创建原理图，选择【文件】|【创建】【原理图】菜单命令，新建原理图设计界面如图 3-31 所示。

下面以龙门刨床(或立车)横梁升降自动控制电路设计来说明使用分析设计法的设计过程。这种机构在机械传动或电力传动控制的设计中都有普遍意义，在立式车床、摇臂钻床等设备中均采用类似的结构和控制方法，如图 3-32 所示。

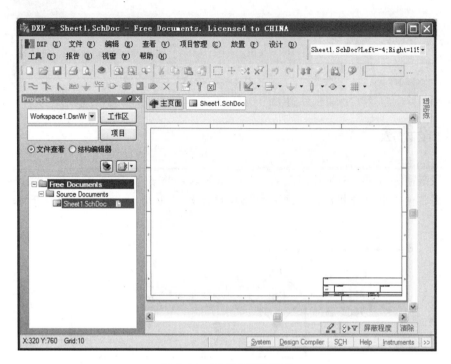

图 3-31　原理图设计界面

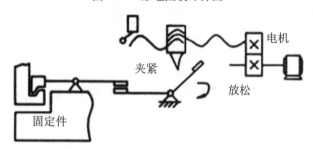

图 3-32　横梁紧松示意图

1. 横梁机构对电气控制系统提出的要求

(1)　横梁升降 M1(横梁移动电机)，点动控制。

(2)　横梁夹紧与放松 M2(横梁夹紧电机)。

(3)　横梁夹紧与横梁移动之间必须有一定的操作程序：按上升(下降)移动按钮→自动放松→横梁上升(下降)→到位后→松开按钮→横梁自动夹紧。

(4)　横梁升降具有上下行程的限位保护。

(5)　横梁夹紧与横梁移动之间及正反向运动之间具有必要的连锁。

2. 控制电路设计

1)　设计主电路

M1——横梁移动电机，KM1，KM2 控制正反转。

M2——横梁夹紧电机，KM3，KM4 控制正反转，如图 3-33 所示。

2) 设计基本控制电路

4 个接触器——4 个线圈；

2 只点动按钮，KA1 和 KA2 分别控制两条支路。根据生产对控制系统所要求的操作程序可以设计出如图 3-34 所示的草图。

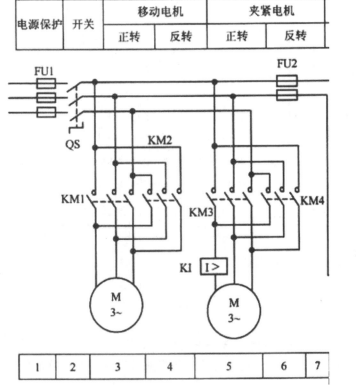

电源保护	开关	移动电机		夹紧电机	
		正转	反转	正转	反转

| 1 | 2 | 3 | 4 | 5 | 6 | 7 |

图 3-33 主电路

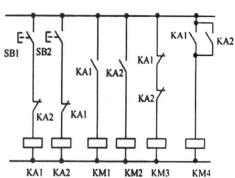

图 3-34 控制电路

但它还不能实现在横梁放松后才能自动升降，也不能在横梁夹紧后使夹紧电机自动停止，需要恰当地选择控制过程中的变化参量来实现上述自动控制要求。

3) 选择控制参量、确定控制原则

反映横梁放松的参量，可以有行程参量和时间参量。由于行程参量可以更加直接地反映放松程度，因此采用行程开关进行控制。

4) 设计连锁保护环节

互锁——KA1、KA2，M1 正反转；KM3、KM4，M1 正反转。

顺序——SQ1，实现横梁松开与移动的连锁保护。

限位保护——SQ2、SQ3 分别实现上、下限位保护。

短路保护——FU。

最后得到的图纸如图 3-35 所示。

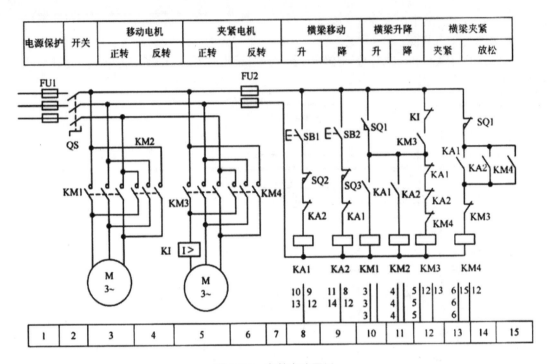

电源保护	开关	移动电机		夹紧电机		横梁移动		横梁升降		横梁夹紧	
		正转	反转	正转	反转	升	降	升	降	夹紧	放松

图 3-35　完整电路图纸

3.3.2　逻辑设计法

行业知识链接： 在电路设计的实际应用中，各种设计要求一般是用文字形式描述的，所以逻辑设计的首要任务是将文字描述的设计要求抽象为一种逻辑关系，再根据此关系进行电路的绘制。如图 3-36 所示是整流电路的一部分。

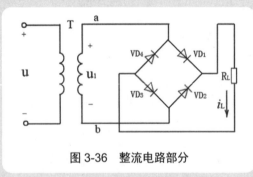

图 3-36　整流电路部分

逻辑设计法是指根据生产工艺的要求，利用逻辑代数来分析、设计电路。将执行元件需要的工作信号以及主令电器的接通与断开状态看成逻辑变量，并根据控制要求将它们之间的关系用逻辑函数关系式表达，再运用逻辑函数基本公式和运算规律进行简化，成为最简"与、或"关系式，用这种方法设计的电路比较合理，特别适合完成较复杂的生产工艺所要求的控制电路。但是相对而言，逻辑设计法的难度较大，不易掌握。

逻辑电路有两种基本类型，对应其设计方法也各不相同。一种是执行元件的输出状态，只与同一时刻控制元件的状态相关。即输出量对输入量无影响，称为组合逻辑电路，其设计方法比较简单，可以作为经验设计法的辅助和补充，用于简单控制电路的设计，或对某些局部电路进行简化，进一步节省并合理使用电气元件与触头。其设计步骤如下。

(1) 列出控制元件与执行元件的动作状态表。

(2) 根据状态表写出逻辑代数式。

(3) 利用逻辑代数基本公式化简至最简"与或"式。

(4) 根据简化了的逻辑式绘制控制电路。

另一类逻辑电路被称为时序逻辑电路，即输出量通过反馈作用，对输入状态产生影响。这种逻辑电路要设置中间记忆元件(如中间继电器等)，记忆输入信号的变化，以达到各程序两两区分的目的。其设计过程比较复杂，基本步骤如下。

(1) 根据拖动要求，先设计主电路，明确各电动机及执行元件的控制要求，并选择产生控制信号(包括主令信号与检测信号)的主令元件(如按钮、控制开关、主令控制器等)和检测元件(如行程开关、压力继电器、速度继电器、过电流继电器等)。

(2) 根据工艺要求作出工作循环图，并列出主令元件、检测元件及执行元件的状态表，写出各状态特征码(一个以二进制数表示一组状态的代码)。

(3) 为区分所有状态(重复特征码)而增设必要的中间记忆元件(中间继电器)。

(4) 根据已区分的各种状态的特征码，写出各执行元件(输出)与中间继电器、主令元件及检测元件(逻辑变量)之间的逻辑关系式。

(5) 化简逻辑式，据此绘出相应控制电路。

(6) 检查并完善设计电路。

由于这种方法设计难度较大，整个设计过程较复杂，还要涉及一些新概念，在一般的常规设计中，很少单独采用。其具体设计过程可参阅专门资料，这里不再做进一步介绍。

3.3.3 PCB多通道设计

行业知识链接： 信号回路是反映或显示设备和线路正常与非正常工作状态信息的回路，如不同颜色的信号灯，不同声响的音响设备等。信号回路一般采用多通道设计，如图3-37所示是低压供电电路，属于多通道设计。

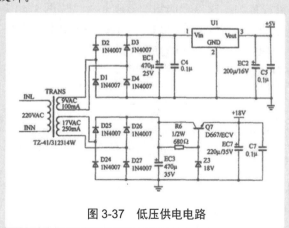

图3-37　低压供电电路

在设计原理图和 PCB 的过程中，经常会遇到多幅一模一样的电路，特别是驱动电路。下面就介绍一种专门针对这类电路的设计方法，多通道电路设计，大大提高工作效率，以上问题都可以得到很好的解决。这里有点类似我们写程序的时候，把一段经常用的代码，封装为一个函数，减少重复劳动并增加可读性。

1. 原理图设计

首先需要理解何谓多通道设计。简单来说，多通道设计就是把重复电路的原理图当成一个原件，在另一张原理图里面重复使用。如图 3-38 所示的有 4 路 IGBT 的驱动电路，如果按照常规设计，这个相同的电路不得不绘制 4 次，这样电路图必然烦琐，而且耗费时间。

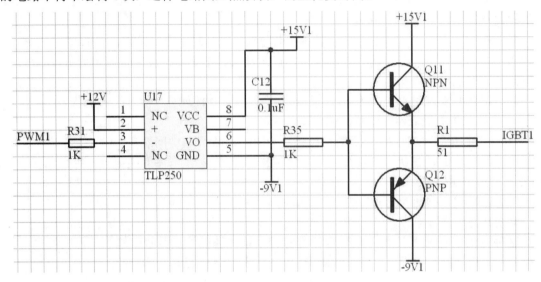

图 3-38　IGBT 驱动电路

下面用多通道设计方法进行设计。把一路 IGBT 驱动电路设计好以后保存，然后在同一个工程下面新建一个空原理图。首先选择【设计】|【根据符号建立 HDL 文件】|【根据符号建立 VHDL 文件】菜单命令，激活相应对话框，选择设计好的 IGBT 驱动电路图单击，出现如图 3-39 所示的方框图。

把绿色方框图按照需要进行复制，这里我们需要复制 3 次，如图 3-40 所示。

这个绿色块就是驱动电路的替代品了(也可以把它当作一个原件，或者一个函数入口)。4 个驱动电路需要 4 个绿色块，取 A、B、C、D 分别对应 4 个驱动电路，将每个驱动电路的节点名称对应好，添加相应的换页符，GND/POWER 可以不写。到此为止，就完成了原理图的设计。

2. PCB 设计

电路原理图的设计完毕后，把各个封装元件导入到新的电路板中。如图 3-41 所示，驱动原理图在电路板中生成了 4 个支路，每路带一个 room(支路名称)。此时 room 不能删掉，在这里起关键作用。

选择【设计】|【模板】|【更新】菜单命令，进行电路板的更新，出现一个十字光标，单击第一路 room A，接着单击还没有设计好的第二路，在弹出的对话框中确认后。导入的 4 个电路会变成一致，如图 3-42 所示。

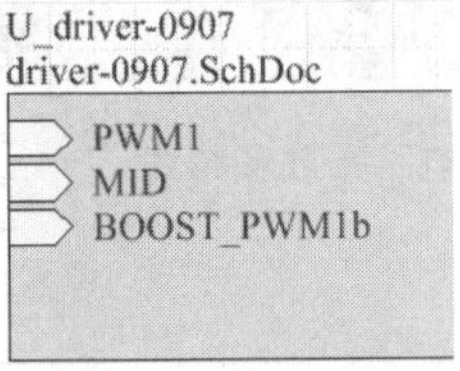

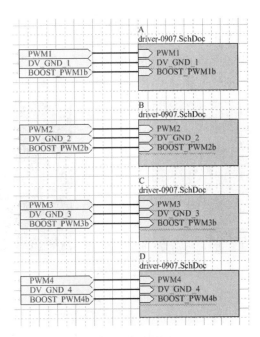

U_driver-0907
driver-0907.SchDoc
PWM1
MID
BOOST_PWM1b

图 3-39　方框图

A
driver-0907.SchDoc
PWM1
DV_GND_1
BOOST_PWM1b
PWM1
DV_GND_1
BOOST_PWM1b
B
driver-0907.SchDoc
PWM2
DV_GND_2
BOOST_PWM2b
PWM2
DV_GND_2
BOOST_PWM2b
C
driver-0907.SchDoc
PWM3
DV_GND_3
BOOST_PWM3b
PWM3
DV_GND_3
BOOST_PWM3b
D
driver-0907.SchDoc
PWM4
DV_GND_4
BOOST_PWM4b
PWM4
DV_GND_4
BOOST_PWM4b

图 3-40　复制方框图

x: 56525.000 dx: -1270.000 mil
y: 57785.000 dy: 745.000 mil
Snap: 5mil Hotspot Snap: 8mil
A
B

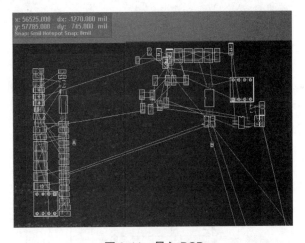

图 3-41　导入 PCB

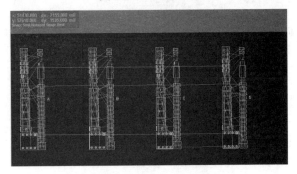

图 3-42　导入 4 个电路

4 路驱动电路全部导进来后，按照要求设计好第一路，如图 3-43 所示。

选择【设计】|【模板】|【更新】菜单命令，进行电路板的更新，出现一个十字光标，单击已经设计好的第一路电路，再单击还没有设计好的第二路。此时第二路马上变为第一路的布局和布线。如此重复，即可完成 4 个驱动电路的布局和布线工作，如图 3-44 所示。

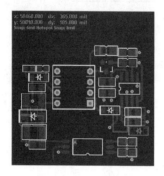

图 3-43　设计第一路

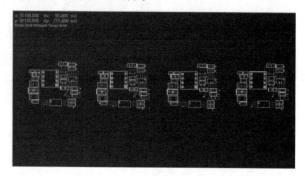

图 3-44　完成电路布局和布线

课后练习

案例文件：ywj\03\02.schdoc

视频文件：光盘\视频课堂\第 3 教学日\3.3

1. 案例分析

本节课后练习创建放大电路。放大电路用于放大电路中的信号，在绘制时要使用二极管、电容等多种元件。如图 3-45 所示是完成的放大电路图纸。

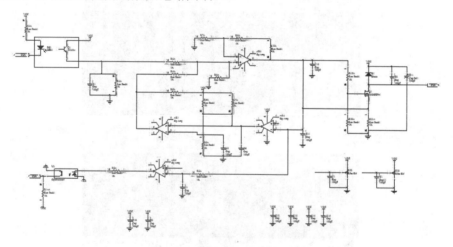

图 3-45　完成的放大电路图纸

本案例主要练习放大电路的创建。首先绘制左边电路和右边电路，之后绘制下边的电路，最后绘制小的独立分支。绘制放大电路图纸的思路和步骤如图 3-46 所示。

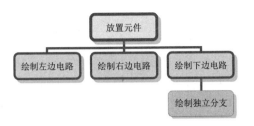

图 3-46　放大电路图纸的绘制步骤

2. 案例操作

step 01　首先绘制左边电路。单击【配线】工具栏中的【放置端口】按钮，在绘图区合适的位置单击放置端口，再双击此端口元件，弹出【端口属性】对话框，修改元件信息，如图 3-47 所示，单击【确认】按钮。

step 02　将 CLK 端口元件放置在绘图区中的适当位置，如图 3-48 所示。

step 03　单击【配线】工具栏中的【放置元件】按钮，弹出【放置元件】对话框，选择如图 3-49 所示相应的信息，单击【确认】按钮。

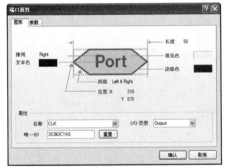

图 3-47　【端口属性】对话框　　　图 3-48　放置 CLK 端口　　图 3-49　【放置元件】对话框

step 04　将 LED0 元件放置在绘图区中的适当位置，按空格键旋转元件，放置 DS1 的发光二极管元件，如图 3-50 所示。

step 05　单击【配线】工具栏中的【放置元件】按钮，弹出【放置元件】对话框，选择如图 3-51 所示相应的信息，单击【确认】按钮。

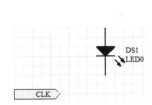

图 3-50　放置发光二极管　　　图 3-51　【放置元件】对话框

step 06　将 2N3904 元件放置在绘图区中的适当位置，按空格键旋转元件，放置 Q1 三极管元件，如图 3-52 所示。

step 07 单击【配线】工具栏中的【放置元件】按钮，弹出【放置元件】对话框，选择如图 3-53 所示相应的信息，单击【确认】按钮。

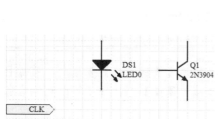

图 3-52 放置三极管

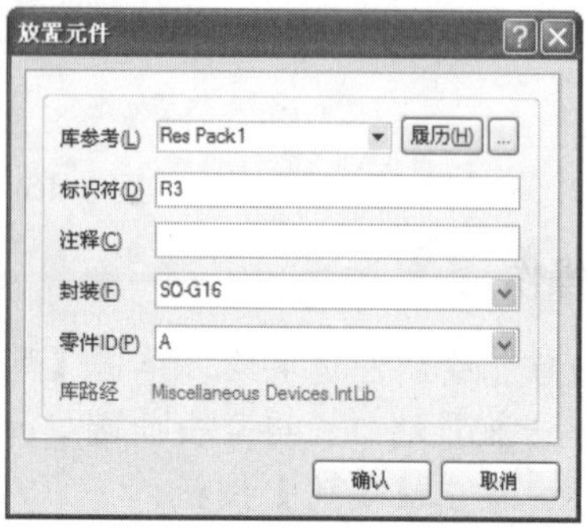

图 3-53 【放置元件】对话框

step 08 将 Res Pack1 元件放置在绘图区中的适当位置，按空格键旋转元件，放置 R3 电位器元件，如图 3-54 所示。

step 09 单击【配线】工具栏中的【VCC 电源端口】按钮，放置如图 3-55 所示的 VCC 电源端口元件。

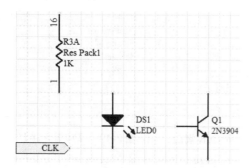

图 3-54 放置电位器

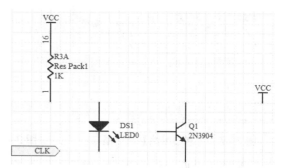

图 3-55 放置 VCC 电源端口

step 10 单击【配线】工具栏中的【放置导线】按钮，绘制如图 3-56 所示的导线。

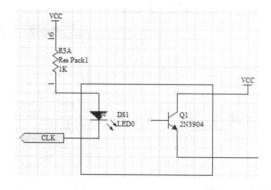

图 3-56 绘制导线

step 11 ▶ 单击【配线】工具栏中的【放置元件】按钮 ⧉，弹出【放置元件】对话框。选择如图 3-57 所示相应的信息，单击【确认】按钮。

step 12 ▶ 将 Cap 元件放置在绘图区适当的位置上，按空格键旋转元件，放置 C1 的电容元件，如图 3-58 所示。

step 13 ▶ 单击【配线】工具栏中的【放置元件】按钮 ⧉，选择 Res Pack1 元件，按空格键旋转元件，放置 R2 的电位器元件，并单击【配线】工具栏中的 GND 端口放置 GND 端口元件，如图 3-59 所示。

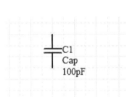

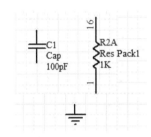

图 3-57　【放置元件】对话框　　　图 3-58　放置 C1 电容　　　图 3-59　放置电位器和 GND 端口

step 14 ▶ 单击【配线】工具栏中的【放置导线】按钮 ⧉，绘制如图 3-60 所示的导线。

step 15 ▶ 单击【配线】工具栏中的【放置元件】按钮 ⧉，选择 Res Pack1 元件，按空格键旋转元件，放置 R3、R4、R5 电位器元件，如图 3-61 所示。

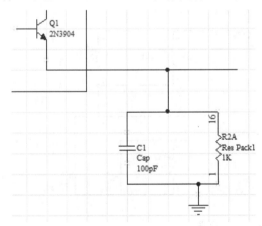

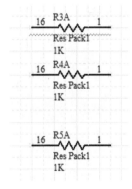

图 3-60　绘制导线　　　　　　　图 3-61　放置多个电位器

step 16 ▶ 单击【配线】工具栏中的【放置元件】按钮 ⧉，选择 Res Pack1 元件，按空格键旋转元件，放置 R6、R7、R8 电位器元件，如图 3-62 所示。

step 17 ▶ 单击【配线】工具栏中的【放置元件】按钮 ⧉，选择 Cap 元件，按空格键旋转元件，放置 C5、C6 电容元件，如图 3-63 所示。

step 18 ▶ 单击【配线】工具栏中的【放置导线】按钮 ⧉，绘制如图 3-64 所示的导线。

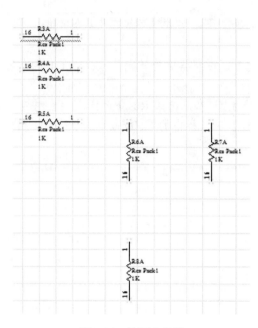

图 3-62　放置电位器

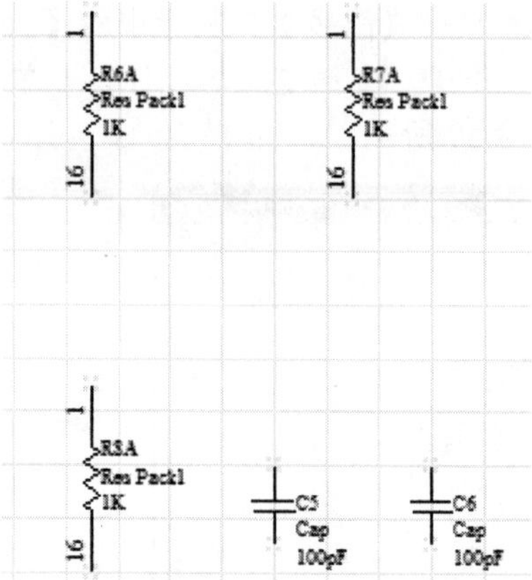

图 3-63　放置电容

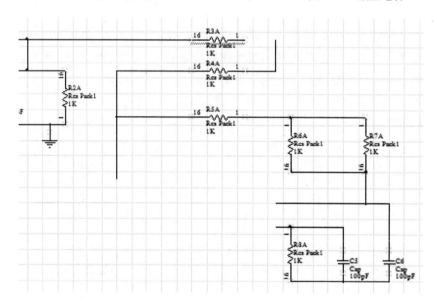

图 3-64　绘制导线

step 19 单击【配线】工具栏中的【放置元件】按钮，弹出【放置元件】对话框。选择如图 3-65 所示相应的信息，单击【确认】按钮。

step 20 将 Op Amp 元件放置在绘图区中的适当位置，按空格键旋转元件，放置 AR1、AR2 运放元件，如图 3-66 所示。

step 21 单击【配线】工具栏中的【放置导线】按钮，绘制如图 3-67 所示的导线，完成左边电路的绘制。

图 3-65 【放置元件】对话框

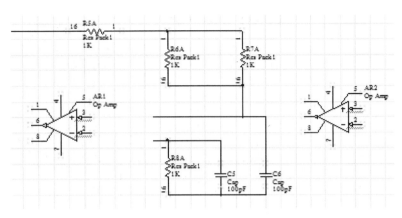

图 3-66 放置运放元件

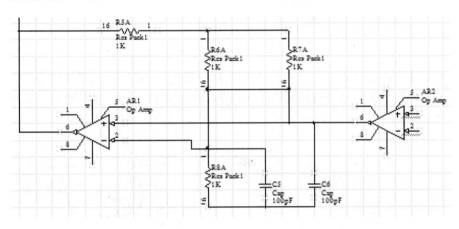

图 3-67 绘制导线

step 22 开始绘制右边电路。单击【原理图 标准】工具栏中的【复制】按钮，选择要复制的电位器和运放元件，单击【粘贴】按钮，完成如图 3-68 所示的电位器和运放元件的复制。

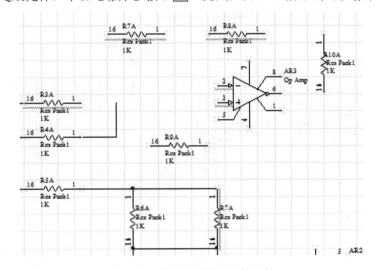

图 3-68 复制电位器和运放元件

step 23 单击【配线】工具栏中的【放置导线】按钮，绘制如图 3-69 所示的导线。

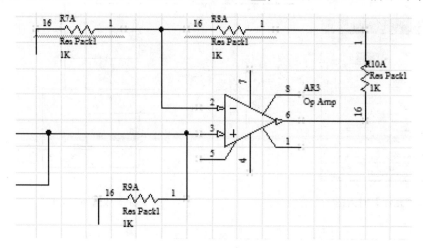

图 3-69　绘制导线

step 24 单击【实用工具】工具栏中的【电源】按钮，在下拉列表中选择"GND 端口和条状电源端口"元件，按空格键旋转元件，单击即可放置 GND 端口和条状电源端口元件，如图 3-70 所示。

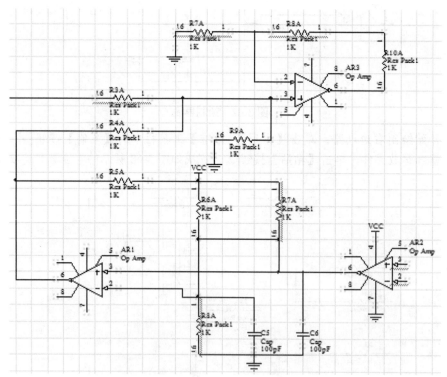

图 3-70　放置 GND 端口和条状电源端口

step 25 单击【原理图 标准】工具栏中的【复制】按钮，选择复制的 GND 端口和电容元件，单击【粘贴】按钮，完成如图 3-71 所示 GND 端口和电容元件的复制。

省略

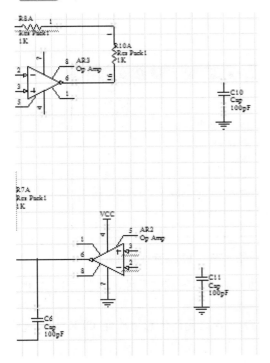

step 26 单击【配线】工具栏中的【放置导线】按钮 ，绘制如图 3-72 所示的导线。

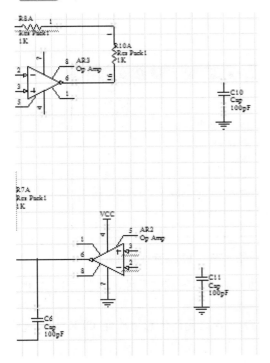

图 3-71　复制 GND 端口和电容 　　　　　　　　　　图 3-72　绘制导线

step 27 单击【配线】工具栏中的【放置元件】按钮 ，弹出【放置元件】对话框，选择如图 3-73 所示相应的信息，单击【确认】按钮。

step 28 将 Q1 元件放置在绘图区中的适当位置，按空格键旋转元件，放置 Q1 的金氧半场效晶体管元件，如图 3-74 所示。

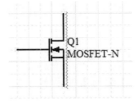

图 3-73　【放置元件】对话框 　　　　　　　　　　图 3-74　放置金氧半场效晶体管

step 29 单击【配线】工具栏中的【放置元件】按钮 ，选择 Res Pack1 元件，按空格键旋转元件，放置 R19、R20、R21 电位器元件，如图 3-75 所示。

step 30 单击【配线】工具栏中的【放置元件】按钮 ，弹出【放置元件】对话框，选择如图 3-76 所示相应的信息，单击【确认】按钮。

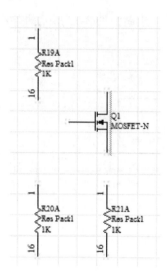

图 3-75　放置电位器　　　　　　　　　图 3-76　【放置元件】对话框

step 31　将 Cap Pol1 元件放置在绘图区中的适当位置，按空格键旋转元件，放置 C11 有极性电容元件，如图 3-77 所示。

step 32　单击【配线】工具栏中的【放置端口】按钮，修改元件信息，放置 CLK 端口元件，如图 3-78 所示。

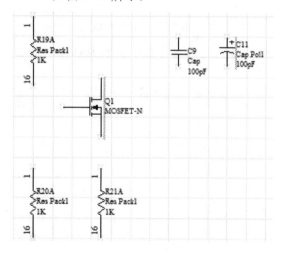

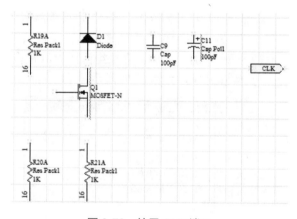

图 3-77　放置有极性电容　　　　　　　图 3-78　放置 CLK 端口

step 33　单击【配线】工具栏中的【放置导线】按钮，绘制如图 3-79 所示的导线。

step 34　单击【实用工具】工具栏中的【电源】按钮，在下拉列表中选择 "GND 端口和条状电源端口" 元件，按空格键旋转元件，放置 GND 端口和条状电源端口元件，完成右边电路的绘制，如图 3-80 所示。

step 35　开始绘制下边电路。单击【配线】工具栏中的【放置元件】按钮，弹出【放置元件】对话框，选择如图 3-81 所示相应的信息，单击【确认】按钮。

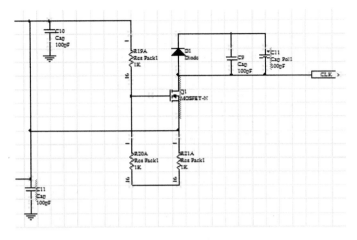

图 3-79　绘制导线

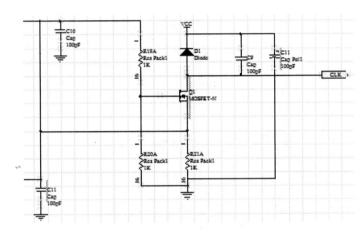

图 3-80　放置 GND 端口和条状电源端口

图 3-81　【放置元件】对话框

step 36　将 Optoisolator1 元件放置在绘图区中的适当位置，按空格键旋转元件，放置 U2 光电开
关元件，如图 3-82 所示。

step 37　单击【实用工具】工具栏中的【电源】按钮 ，在下拉列表中选择"GND 端口和条
状电源端口"元件，按空格键旋转元件，放置 GND 端口和条状电源端口元件，如图 3-83
所示。

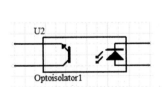

图 3-82　放置光电开关

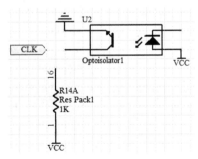

图 3-83　放置 GND 端口和条状电源端口

step 38　单击【配线】工具栏中的【放置导线】按钮，绘制如图 3-84 所示的导线。

step 39　单击【原理图 标准】工具栏中的【复制】按钮，选择复制的运放元件，单击【粘贴】按钮，完成如图 3-85 所示 AR5 运放元件的复制。

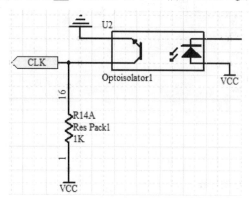

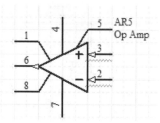

图 3-84　绘制导线　　　　　　　　图 3-85　复制运放元件

step 40　单击【原理图 标准】工具栏中的【复制】按钮，选择复制的元件，单击【粘贴】按钮，完成如图 3-86 所示元件的复制。

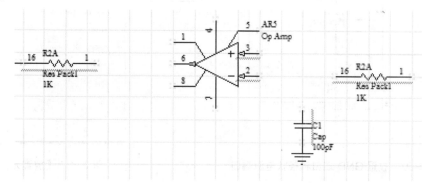

图 3-86　复制元件

step 41　单击【配线】工具栏中的【放置导线】按钮，绘制如图 3-87 所示的导线。

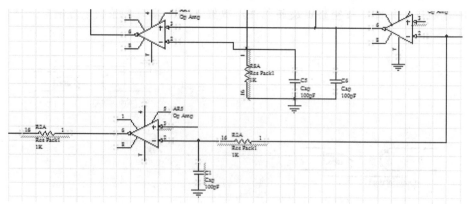

图 3-87　绘制导线

step 42 绘制完成的总线图如图 3-88 所示。

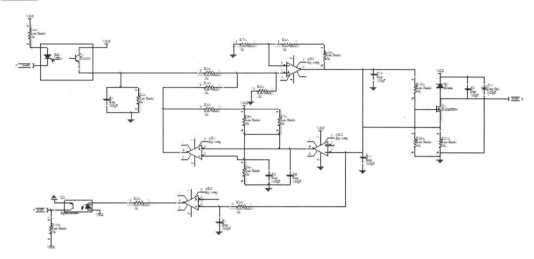

图 3-88 完成总线图

step 43 最后绘制分支电路。单击【配线】工具栏中的【放置元件】按钮，弹出【放置元件】对话框。选择如图 3-89 所示相应的信息，单击【确认】按钮。

step 44 将 RPot SM 元件放置在绘图区中的适当位置，按空格键旋转元件，放置 R22 电位器元件，如图 3-90 所示。

step 45 单击【配线】工具栏中的【放置导线】按钮，绘制如图 3-91 所示的导线。

图 3-89 【放置元件】对话框

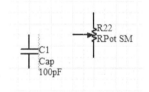

图 3-90 放置 R22 电位器

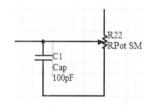

图 3-91 绘制导线

step 46 单击【实用工具】工具栏中的【电源】按钮，在下拉列表中选择"GND 端口和条状电源端口"元件，按空格键旋转元件，放置 GND 端口和条状电源端口元件，如图 3-92 所示。

step 47 单击【原理图 标准】工具栏中的【复制】按钮，选择复制的元件，单击【粘贴】按钮，完成如图 3-93 所示元件的复制。

step 48 单击【原理图 标准】工具栏中的【复制】按钮，选择复制的电容元件，单击【粘贴】按钮，完成如图 3-94 所示电容元件的复制。

step 49 单击【原理图 标准】工具栏中的【复制】按钮，选择复制的 VCC 电源端口和 GND 端口，单击【粘贴】按钮，完成如图 3-95 所示 VCC 电源端口和 GND 端口元件的复制。

step 50 单击【原理图 标准】工具栏中的【复制】按钮，选择复制的元件，单击【粘贴】按钮，完成如图3-96所示元件的复制，完成分支电路的绘制。

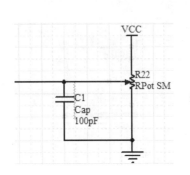

图3-92　放置GND端口和条状电源端口

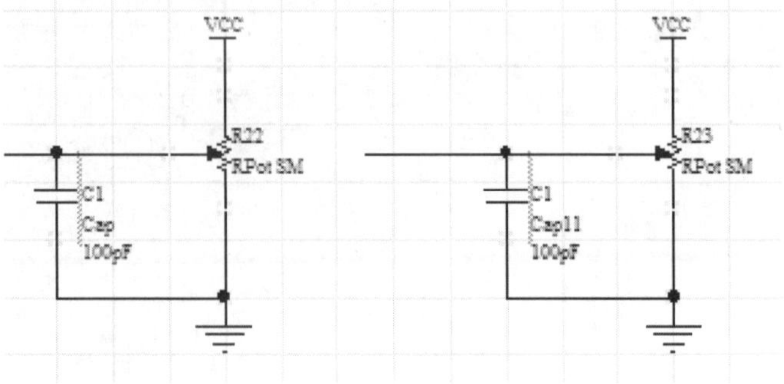

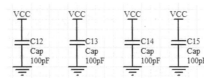

图3-93　复制元件

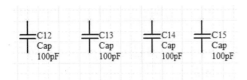

图3-94　复制电容

图3-95　复制VCC和GND电源端口

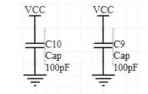

图3-96　复制元件

step 51 绘制完成的放大电路图如图3-97所示。

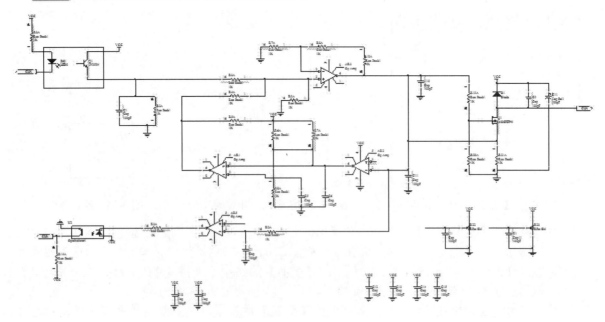

图3-97　绘制完成的放大电路图

电气设计实践: 电气系统微机保护装置的数字核心一般由 CPU、存储器、定时器/计数器、Watchdog 等组成。数字核心的主流为嵌入式微控制器(MCU),即通常所说的单片机,如图 3-98 所示是数字稳压器的设计。

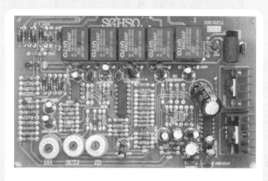

图 3-98　数字稳压器

第 4 课　2课时　原理图电气规则检查

3.4.1　电气规则及检查

行业知识链接: 为了提高电气设备的工作效率,一般都设有自检环节,但在安装、调试及紧急事故的处理中,控制线路中还需要设置手动环节,通过自动与手动命令进行检查。如图 3-99 所示为自检过的原理图。

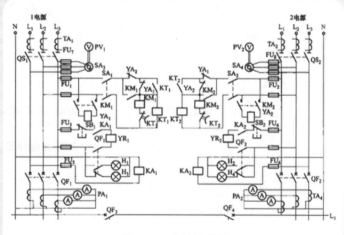

图 3-99　自检原理图

在绘制电路图的过程中，可能会出现一些人为的错误。有些错误可以忽略，有些错误却是致命的，如 VCC 和 GND 短路。Protel DXP 提供了对电路的 ERC 检查，可以利用软件测试用户设计的电路，以便找出人为的疏忽。

在原理图设计完毕以后，一般也需要进行电气规则检查以确保原理图设计的正确性。Protel DXP 提供了原理图电气规则检查器(Electrical Rule Checker)用来进行电气规则的检查，在错误的位置放置红色的错误标记，并产生报表。用户可以根据报表进行修改。

在 Protel DXP 的原理图编辑器中，通过 ERC 可以从以下两个方面来对原理图进行检查。

(1) 电气法则错误：例如输入引脚与输入引脚的连接。

(2) 原理图绘制错误：例如重复的元器件编号，或者未连接的网络标号，或者悬空的引脚等。

Protel DXP 在菜单中已经找不到 Electrical Rule Check 即 ERC 了。但实际上，其电气检查功能分为两个部分：一是在线电气检查 On-Line DRC，电路图中，元件引脚上出现的红色波浪线，就是 On-Line DRC 检查的结果；二是批次电气检查功能 Batch DRC，从 Protel DXP 起，就已经掩藏在项目编译之中了。所以画完原理图后，只需进行批次电气检查，在线电气检查在绘图过程中就已经自动进行了。

在 Protel 中，要设置原理图编辑器的检查规则，需要使用【编译器】命令，在项目面板里，右键单击要编译的项目，选择快捷菜单中的【选项】|【编译器】命令，如图 3-100 所示，弹出【优先设定】对话框，进行编译设定，完成后单击【确认】按钮，如图 3-101 所示。

图 3-100　选择【编译器】命令

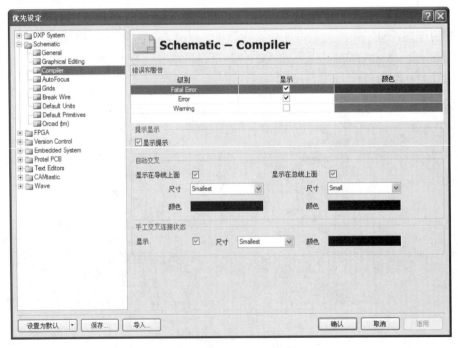

图 3-101　【优先设定】对话框

3.4.2 禁止电气法则检查

行业知识链接：电气法则检查是电路原理图设计完成后的必要步骤，如图 3-102 所示的是电路的检查结果，但有的时候并不需要检查，这时就要禁止电气法则检查。

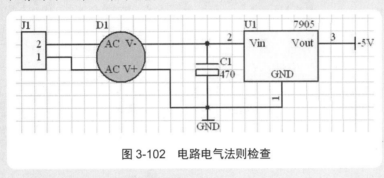

图 3-102 电路电气法则检查

对于不需要进行电气规则检查的地方，可以在引脚放置 No ERC，用以禁止电气规则检查。

放置 No ERC 的方法：选择【放置】|【指示符】|【忽略 ERC 检查】菜单命令，如图 3-103 所示，进入 "No ERC" 放置状态，在不需要进行电气规则检查的位置单击鼠标放置忽略指示符，如图 3-104 所示。

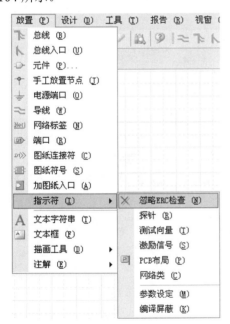

图 3-103 选择【忽略 ERC 检查】命令

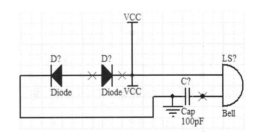

图 3-104 放置忽略指示符

3.4.3 浏览错误标记

行业知识链接：电气系统输入/输出通道包括模拟量输入/输出通道(将 CT、PT 所测量的量转换成更低的适合内部 A/D 转换的电压量，±2.5V、±5V 或 ±10V)和数字量输入/输出通道，如图 3-105 所示是某种开关电路。

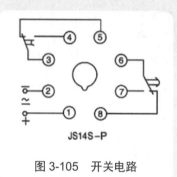

JS14S-P

图 3-105　开关电路

选择【项目管理】| Compile Document Sheet1.SchDoc 菜单命令，如图 3-106 所示，程序即可开始编译项目，包括批次电气检查。如果原理图有问题，将弹出 Messages 对话框，如图 3-107 所示，双击错误项，会弹出 Compile Errors 对话框，如图 3-108 所示。同时会在图纸上显示错误符号，记录错误与警告信息，如图 3-109 所示。

图 3-106　选择 Compile Document Sheet1.SchDoc 菜单命令

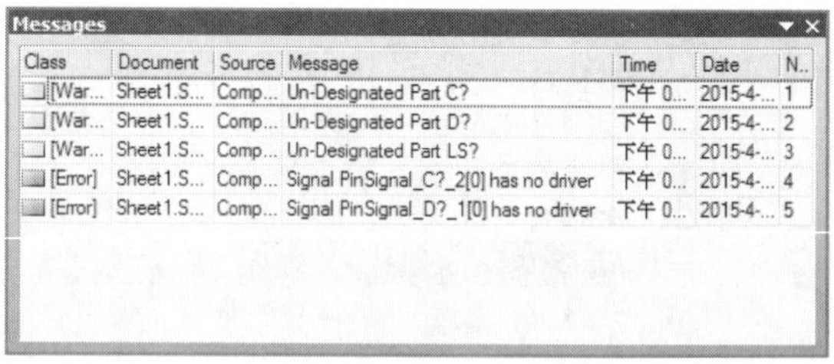

图 3-107　Messages 对话框

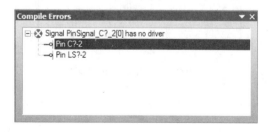

图 3-108　Compile Errors 对话框

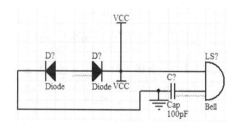

图 3-109　检查结果

原理图通过电气规则检查发现的错误，一般由以下一种或几种原因产生。

- 绘制错误：如导线和引脚连接时重叠，使用【实用工具】工具栏中的【放置直线】按钮 绘制导线、取消捕获栅格导致的导线与引脚没有连接、导线与端口重叠等。
- 语法错误：网络标号拼写错误或总线名称错误等。
- 元器件错误：自制元器件的引脚放置错误或引脚的电气类型错误(I/O、Input、Output 等)。
- 设计错误：如两个输出引脚相连。

课后练习

案例文件：ywj\03\03.schdoc
视频文件：光盘\视频课堂\第 3 教学日\3.4

1. 案例分析

本节课后练习创建计数器电路。计数是一种最简单的运算，计数器就是实现这种运算的逻辑电路。计数器在数字系统中主要是对脉冲的个数进行计数，以实现测量、计数和控制的功能，同时兼有分频功能。如图 3-110 所示是完成的计数器电路图纸。

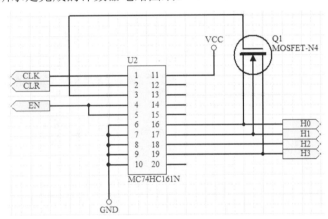

图 3-110　计数器电路图纸

本案例主要练习计数器电路的创建。首先创建封装元件，之后放置端口和电源，最后放置晶体管和导线。绘制计数器电路图纸的思路和步骤如图 3-111 所示。

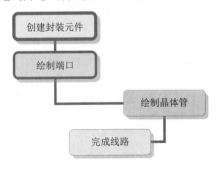

图 3-111　计数器电路图纸的创建步骤

2. 案例操作

step 01 首先创建封装元件。单击【配线】工具栏中的【放置元件】按钮，弹出【放置元件】对话框，选择如图 3-112 所示相应的信息，单击【确认】按钮。

step 02 将 Header10×2A 元件放置在绘图区中的适当位置，按空格键旋转元件，放置 U2 元件，如图 3-113 所示。

图 3-112 【放置元件】对话框

图 3-113 放置 U2 元件

step 03 单击【配线】工具栏中的【放置导线】按钮，绘制如图 3-114 所示的导线，完成创建封装元件。

step 04 开始绘制端口。单击【配线】工具栏中的【放置端口】按钮，双击端口，弹出【端口属性】对话框，修改元件信息，单击【确认】按钮，如图 3-115 所示。

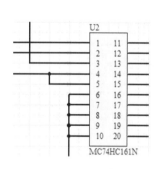

图 3-114 绘制导线

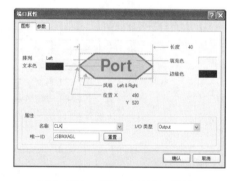

图 3-115 【端口属性】对话框

step 05 将 CLK 端口元件放置在绘图区中的适当位置，如图 3-116 所示。

step 06 单击【配线】工具栏中的【放置端口】按钮，修改元件信息，放置 CLR、EN 端口元件，如图 3-117 所示。

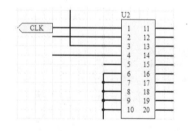

图 3-116 放置 CLK 端口

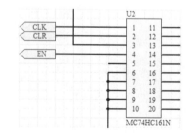

图 3-117 放置 CLR、EN 端口

step 07 单击【实用工具】工具栏中的【电源】按钮 ⏚ ，在下拉列表中选择 "放置圆形电源端口" 元件，双击元件，弹出【电源端口】对话框，修改元件信息，如图 3-118 所示，单击【确认】按钮。

step 08 将 GND 元件放置在绘图区中的适当位置，如图 3-119 所示。

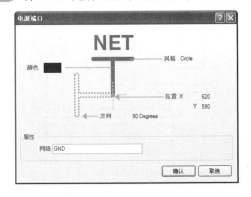

图 3-118　【电源端口】对话框

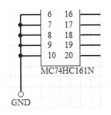

图 3-119　放置圆形电源端口

step 09 单击【配线】工具栏中的【放置导线】按钮 ≈ ，绘制如图 3-120 所示的导线。

step 10 单击【实用工具】工具栏中的【电源】按钮 ⏚ ，在下拉列表中选择 "放置圆形电源端口" 元件，修改元件信息，按空格键旋转元件，放置圆形电源端口元件，如图 3-121 所示。

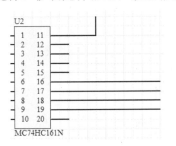

图 3-120　绘制导线

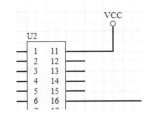

图 3-121　放置圆形电源端口

step 11 单击【配线】工具栏中的【放置端口】按钮 ⏴ ，修改元件信息，放置 H0、H1、H2、H3 端口元件，完成端口绘制，如图 3-122 所示。

step 12 开始绘制晶体管。单击【配线】工具栏中的【放置元件】按钮 ⏶ ，弹出【放置元件】对话框，选择如图 3-123 所示相应的信息，单击【确认】按钮。

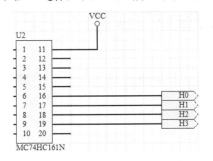

图 3-122　放置端口

图 3-123　【放置元件】对话框

step 13 将 MOSFET-N4 元件放置在绘图区中的适当位置,按空格键旋转元件,单击放置 Q1 的金氧半场效晶体管元件,完成绘制晶体管,如图 3-124 所示。

step 14 单击【配线】工具栏中的【放置导线】按钮![button],绘制导线,完成计数器电路图的绘制,如图 3-125 所示。

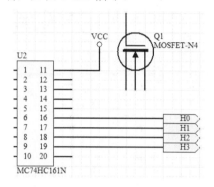

图 3-124 放置金氧半场效晶体管

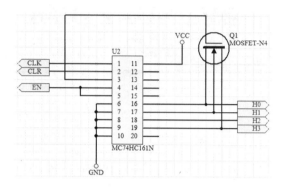

图 3-125 完成计数器电路图

电气设计实践:绘制电气元件布置图时,电动机要和被拖动的机械装置画在一起;行程开关应画在获取信息的地方;操作手柄应画在便于操作的地方。如图 3-126 所示是控制电路的一部分。

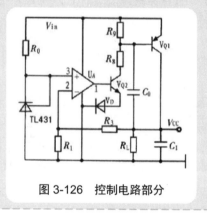

图 3-126 控制电路部分

第5课 2课时 网络表的生成和检查

原理图绘制完成后,选择【设计】|【设计项目的网络表】| Protel 菜单命令,可以生成网络表,如图 3-127 所示。

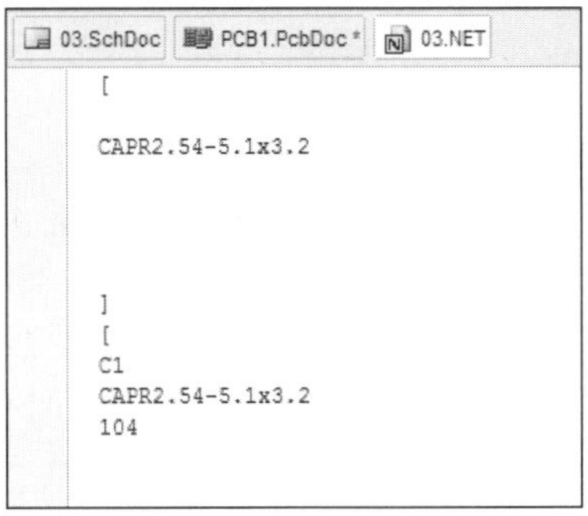

图 3-127　网络表

1. 网络表出错信息的处理

在电子电路设计过程中，通常是先完成原理图的设计，然后创建网络表。尽管在此之前我们通过电气规则检查(ERC)可以发现原理图设计中的许多错误，但这并不能保证网络表不存在问题。通常在 PCB 图的设计过程中，经常出现的问题之一就是在引入网络表的过程中，出现错误或警告信息。

实际上最常出现的错误或警告信息主要有两个：Error Net not found (网络没有找到)和 Error Component not found (元件没有找到)。特别要说明的是，通常我们按照 Protel DXP 设计教程中关于修改网络表错误的方法来解决并不总是奏效，甚至会出现越改提示的错误越多的情况，造成无法进行 PCB 自动布线。究其原因主要有以下几个方面：Protel DXP 的原理图中元件的引脚编号和 PCB 元件库中的元件封装不一致；PCB 元件库中的重名元件之间封装不一致；原理图的元件库中重名的引脚编号不一致。

Protel DXP 网络表只能严格按照一一对应的方式建立各元件之间的网络关系。Protel DXP 网络表没有模糊识别元件引脚之间相互联系的能力。例如，二极管、整流器一类元件的引脚编号在 Protel DXP 中有几种表示方式，二极管的正极用 1 或 A 表示，负极用 2 或 K 表示。如果原理图中的二极管用 1/2 表示引脚，而 PCB 图中系统查找到的二极管封装图使用 A/K 表示引脚，那么在引入网络表时最容易产生 Error Net not found 的错误。由于 Protel DXP 元件库非常庞大，而且其分类又不太适合国内电子电路设计人员的工作习惯，因此往往为了调入元件方便而在设计管理器中预先加载了很多元件库，甚至是全部元件库文件。而 Protel DXP 系统在调入网络表时，对元件封装的查找带有很大机械性，仅仅是严格地"对号入座"。这与一般的设计人员在设计中对二极管一类元件只注意是正极还是负极是不同的。

只要我们把原理图中的引脚编号与 PCB 元件封装引脚编号修改一致，重新调入网络表就会立刻发现网络表中提示的 Error Net not found 错误不见了。有时候，明明知道 PCB 元件库中有某一个元件，而网络表中就是不断地提示 Error Component not found，这除了与上述原因有关以外，还与 Protel DXP 提供的元件库编排繁杂有关。Protel DXP 所带的元件库实际上是"历史的累积"分类，并不十分合理，多数与电子厂商提供的原始资料有关，重名的元件并不一定完全一致。特别是电子元件的封装相当一部分是国外元件厂商自定的标准，相互之间存在一些差异。例如，一般设计人员在进行设计时，只关心某一元件的技术参数，而并不关心这个元件是哪一个厂商的产品。因此，从原理图设计开始就应该注意到上述问题，以保证事后网络表能"一一对应"地与 PCB 图建立网络关系。

2. 网络表错误信息的查找和修改

按照 Protel DXP 设计教程中提供的修改错误的方法，只有设计人员在确切了解了错误的真实所在，才能有效地解决问题。但实际上有时我们很难根据网络表提供的信息直接找到错误的原因。下面提供一个有效的查错办法。

首先在 PCB 图中引入网络表。根据网络表管理器对话框中提示的错误信息，单击 PCB 图中没有生成飞线的节点。这些没有生成网络飞线的元件引脚，肯定属于网络表中提示的错误信息。通过这些节点的属性，我们可以看到这些节点都是 No net。尤其是 PCB 封装中，DIODE 一类元件的错误居多。如果引脚采用 A/K 形式标注，此时可修改为 1/2 形式。反之，如果引脚采用 1/2 形式标注，此时可修改为 A/K 形式。完成修改后重新导入网络表，此时就可以看到原来提示的错误没有了，网络表管理器对话框下面提示的错误总数也减少了。从 PCB 图上就可以看到原来没有被孤立的节点已经建立了飞线。其他元件都可以采用这种办法修改错误。对于比较复杂的电路或网络表提示错误较多的情况，最好不要一次全部完成修改工作，可以分批次进行。每次修改后重新调入网络表，此时可以立刻看到修改的结果。这样可以随时掌握和避免设计或修改出错的情况。这种方法看起来可能慢了一些，但比起 Protel DXP 设计教程中提供的修改错误的方法要直观得多。设计人员可以始终做到心中有数。

3. 关于元件电源端的处理

最后要补充说明的是，为了避免网络表出错，在设计原理图时最好将 Vcc/Gnd 两个引脚显示出来并根据设计要求引到相应的电气回路上。否则，在生成 PCB 图时会自行建立一个封闭的电源回路而与整个原理图的电气回路不相连通。

4. 建立良好的设计环境是网络表正常工作的前提条件

由于 Protel DXP 网络表不具备模糊查询的能力，因此设计人员在设计工作中应建立"一一对应"的设计观念。也就是说，必须考虑到设计要达到点到点的程度。不宜过多地加载元件库文件，可以以某几个元件库为主，进行适当的补充。例如，原理图中最常用的库文件是 Miscellaneous Deviesc.lib，在 PCB 图中最常用的是 PCB Footprints.lib。我们可以在这两个库文件中进行增补，还可以建立自己的专项元件库。这样既可以加快系统的运行速度，又可以尽量避免网络表中出现错误，进而提高设计质量。总之，需要在设计实践中不断地总结经验才能熟练地掌握 Protel DXP 网络表的应用。

阶段进阶练习

层次电路图的设计是电路图设计的高级技巧和方法。对于复杂而庞大的设计项目，层次电路图是模块化设计项目、分散设计任务的最好方法。在掌握了一般电路图的设计过程后，要学会运用多通道原理图设计和电气规则、网络表检查。

绘制电气元件布置图时，各电气元件之间，上、下、左、右应保持一定的间距，并且应考虑器件的发热和散热因素，应便于布线、接线和检修。如图 3-128 所示，使用本教学日学过的各种规则来创建输出开关电源电路图纸。一般创建步骤和方法如下。

(1) 添加电阻、电容、二极管等元件。
(2) 绘制线路。
(3) 绘制电感线圈。

(4) 标注文字。

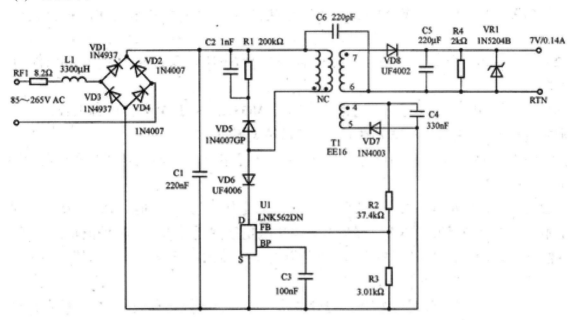

图 3-128　输出开关电源电路

设计师职业培训教程

第 4 教学日

　　本教学日概述了 PCB 设计的基础，涉及的内容主要包括：元器件的封装、PCB 板编辑器中的菜单，工具栏、工作层及属性设置等，此外还有元器件库和报表，以及 PCB 设计参数和系统参数的设计方法。在了解和熟悉元器件封装的基础之后，才能在后面的 PCB 设计中进行熟练的操作。

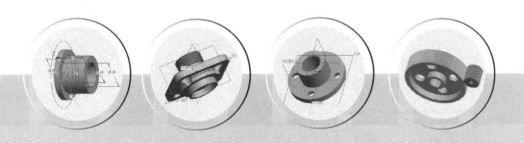

第1课 1课时 设计师职业知识——元器件封装知识

元器件封装是进行 PCB 设计时涉及的重要概念之一。所谓元器件封装，是指为了保证实际元器件能够焊接到电路板上而涉及的实际元器件的外形轮廓的投影、引脚、焊盘、元器件型号或元器件值等构成的图形符号。可见元器件封装与元器件的功能无关，它仅仅涉及的是实际元器件的外形及引脚尺寸，因此外形和引脚位置及尺寸相同的元器件，即使属于不同种类，也可以使用相同的封装；而功能相同的同一类元器件由于其外形尺寸及引脚位置的不同，也可以使用不同的封装形式。一般情况下，元器件的外形轮廓、元器件型号或元器件值标注在顶层丝印层，表面粘贴式封装的焊盘标注在顶层或底层。

元器件封装主要分为两类：直插式封装和表面粘贴式封装(STM)。直插式元器件封装的焊盘贯穿整个电路板，因此在其焊盘的板层属性必须选择多层板；而表面粘贴式封装的焊盘只能在表面板层，因此在焊盘的板层属性必须选择单层板。

元器件的封装，Protel 已经把标准的封装放置在 PCB 的元器件库中。下面主要讲述常用元器件直插式封装的封装形式。

(1) 电阻的封装形式的名称为 AXIAL0.3、AXIAL0.4、AXIAL0.5、AXIAL0.6、AXIAL0.7、AXIAL0.8、AXIAL0.9 及 AXIAL1.0。封装名称中的数字表示焊盘中心距，单位为英寸，数值越大，尺寸越大，如图4-1所示。

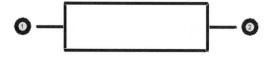

图4-1 电阻封装

(2) 电容的封装，普通电容和电解电容两种电容的封装形式不同，如图 4-2 和图 4-3 所示。普通电容的封装形式通常采用 RAD0.1、RAD0.2、RAD0.3 和 RAD0.4；电解电容的封装形式通常采用 RB.2/.4、RB.3/.6、RB.4/.8 和 RB.5/1.0。封装名称中的数字表示电容量，数值越大，电容量越大。

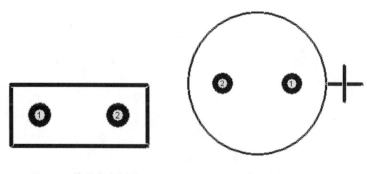

图4-2 普通电容封装   图4-3 电解电容封装

(3) 二极管封装形式的名称为 DIODE0.4 和 DIODE0.7。封装名称中的数字表示功率，数值越大表示的功率越大，如图 4-4 所示。

(4) 三极管封装形式的名称为 TO-3～TO-220 多种形式，数字表示三极管的类型，如图 4-5 所示。

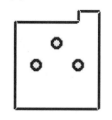

图 4-4　二极管封装　　　　　　　图 4-5　三极管封装

(5) 电位器的封装形式名称为 VR1～VR5 五种形式，名称中的数字表示管脚形状，如图 4-6 所示。

(6) 双列直插式元器件的形式，其封装名称为 DIP4～DIP64，名称中的数值表示引脚数，如图 4-7 所示。

(7) 接插件封装，主要是 DB 型插座，DB 后的数字表示针脚数，如图 4-8 所示。

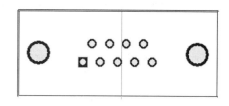

图 4-6　电位器封装　　　　　图 4-7　直插式元件封装　　　　　图 4-8　接插件封装

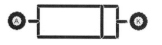

第 2 课　2 课时　元器件库编辑器

4.2.1　元器件管理器

行业知识链接： 电气系统微机保护装置是用微型计算机构成的继电保护，是电力系统继电保护的发展方向(现已基本实现，尚需发展)，它具有高可靠性，高选择性，高灵敏度。微机保护装置硬件包括微处理器(单片机)为核心，配以输入、输出通道，人机接口和通信接口等，如图 4-9 所示是稳压器集成电路的原理图元器件管理器中的符号。

图 4-9　稳压器集成电路

完成原理图工程环境设置以后，接下来的步骤是在原理图上放置元件，元件库为用户取用元件、查找元件提供了很大方便。

原理图元器件的管理主要通过元器件管理器来实现，通过元器件管理器可以对元器件库中已有的元器件进行查找、删除、放置，还可以对新绘制的元器件进行编辑、添加等。下面介绍元器件管理器的基本构成和使用方法。

1. 打开元件库管理器

Protel DXP 集成库的概念：Protel DXP 与 Protel 99 最明显的区别就是集成库。集成库是将原理图元件与 PCB 封装和信号完整性分析联系在一起的，关于某个元件的所有信息都集成在一个模块库中，所有的元件信息被保存在一起。Protel 将元件分类放置在不同的库中。放置元件的第一步就是找到元件所在的库并将该库添加到当前项目中。

在完成了原理图工作环境的设置以后，出现如图 4-10 所示的空白原理图图纸界面。由于设置工作环境的不同，菜单栏和主工具栏也可能会有所不同。

打开元件库管理器的方法主要有以下两种。

(1) 在标题栏的下方有一排工具按钮，单击【原理图 标准】工具栏中的【浏览元件库】按钮，将弹出【元件库】窗口。

(2) 选择【设计】|【浏览元件库】菜单命令，也同样弹出如图 4-11 所示的【元件库】窗格。

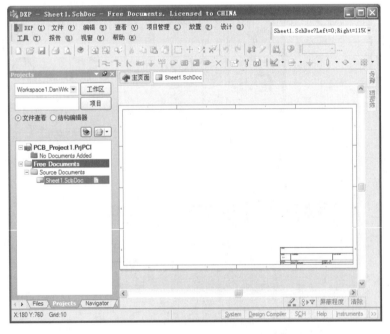

图 4-10　空白原理图图纸界面

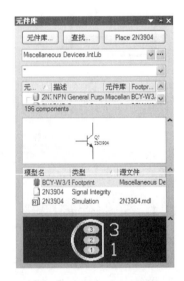

图 4-11　【元件库】窗格

2. 添加元件库

元件库管理器主要实现添加或删除元件库、在元件库中查找元件和在原理图上放置元件。单击【元件库】对话框中的【元件库】按钮，将弹出【可用元件库】对话框，如图 4-12 所示。在一般情况下，元件库文件在 Altium\library 目录下，Protel DXP 主要根据厂商来对元件进行分类。选定某个厂商，则该厂商的元件列表会被显示。

在【可用元件库】对话框中，根据原理图的需要选中希望加载的元件库。例如选中 Burr-Brown，双击该文件夹，可以看到 Burr-Brown 公司的元件分类，如图 4-13 所示，选中某一项，单击打开按钮，完成了元件库的加载。值得一提的是，Miscellaneous connectors. IntLib(杂件库)主要包括电阻、电容和接插件，在一般情况下，元件库都是必须加载的。加载了元件库和 Burr-Brown 公司的 BB Amplifier Buffer. IntLib 后的元件库管理器，如图 4-14 所示。

图 4-12 【可用元件库】对话框

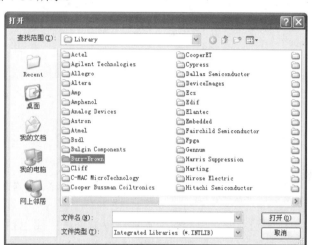

图 4-13 元件库文件

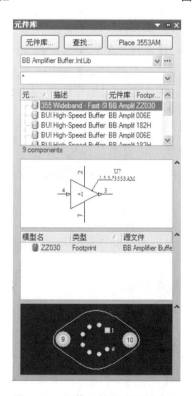

图 4-14 加载元件的【元件库】

4.2.2　查找和管理元器件

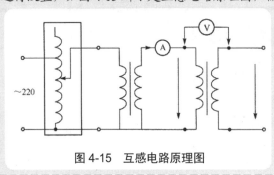

图 4-15　互感电路原理图

利用元器件管理器对元器件进行管理，主要包括以下几种操作：从原理图库文件更新原理图中的元器件、添加新元器件、编辑元器件等。

1. 元件库管理器面板

1)　【元件库】按钮

在元件库管理器中，有 3 个按钮，【元件库】、Search(查找)和 Place(放置)，如图 4-16 所示。使用【元件库】按钮，在装入的元件库中选中 BB Amplifier Buffer. IntLib，过滤器栏采用通配符设置，则在对象库元件栏中显示该库所有的元件。例如选中对象库中的元件 BUF634T，在对象元件原理图栏显示该元件的原理图符号。在元件封装和信号完整性分析栏中显示对应的该元件的封装和信号完整性分析。

2)　过滤栏的设置

过滤栏的功能是筛选元件，一般默认的设置是通配符"*"。如果在过滤栏中输入相应的元件名如"BU*"，则在对象库元件栏中显示以 BU 字母开头的元件。过滤栏下拉菜单有 3 个选项，可以选择只有一种元器件的显示状态，如图 4-17 所示。

2. 删除元件库

如果想删除已加载过的元件库，那么在元件库管理器中选择元件库，如图 4-18 所示。在元件库列表中，单击鼠标右键，在弹出的菜单中选择【追加或删除库】命令，如图 4-19 所示，弹出【可用元件库】对话框，对元件库进行追加或者删除。

3. 搜索元件

元件库管理器中 Search(查找)按钮用于在库中查找想要的元件，Protel DXP 提供很强的元件搜索功能。打开搜索元件对话框主要有两种方法：在元件管理器中，单击 Search 按钮，将弹出如图 4-20 所示的【元件库查找】对话框；选择【工具】|【查找元件】菜单命令，同样弹出【元件库查找】对话框。

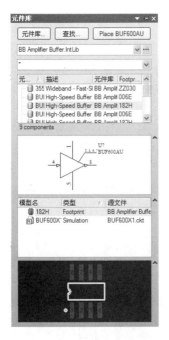

图 4-16　元件库管理器

图 4-17　过滤栏

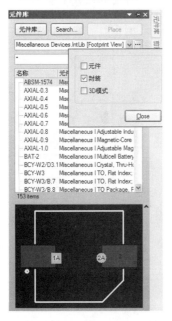

图 4-18　选择元件库

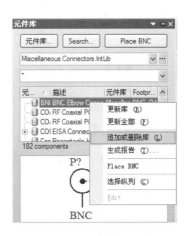

图 4-19　删除元件库

　　【元件库查找】对话框主要包括下面三个部分：【选项】、【范围】和【路径】选项组。

　　【选项】选项组主要由【查找类型】下拉列表框和【清除现有查询】复选框组成。选中【清除现有查询】复选框，则搜索路径按钮灰化。系统仅搜索 Altium/library 目录下的内容。选中【清除现有查询】复选框后，则可以确定搜索路径。

　　【路径】选项组主要由【路径】文本框和【文件屏蔽】下拉列表框组成。单击【路径】右边的打开文件按钮，将弹出浏览文件夹对话框，可以选中相应的搜索路径。【文件屏蔽】是文件过滤器的功能，默认采用通配符。如果对搜索的库文件比较了解，可以输入相应的符号减少搜索范围。

【范围】选项组主要由【可用元件库】和【路径中的库】两个单选按钮组成。

一般情况下设置元件名称进行搜索即可。例如想搜索 Motorola 公司的静态存储器 Mcm6264，那么就可以在搜索路径上设置 Altium\Library\Motorola 即可。如果不知道元件是什么公司的产品，在搜索路径中不设置公司名，仅设置 Altium\Library 即可。

设置完成后，单击【查找】按钮，系统进入搜索状态。搜索结果显示在【元件库】中。以搜索 Cap 结果为例，搜索的结果如图 4-21 所示。

图 4-20　【元件库查找】对话框

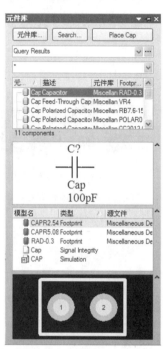

图 4-21　搜索结果

4. 利用元件库管理器放置元件

绘制原理图首要的问题是放置元件，要放置元件就必须知道元件所在的库并从中取出。放置元件主要有以下两种方法。

(1) 利用元件管理器放置元件。

(2) 利用菜单命令放置元件。

利用菜单命令放置元件之前介绍过。这里介绍利用元件库管理器放置元件。

将元件库添加到当前项目中主要采用以下三种方法。

(1) 在已知元件所在相应库的情况下，按照添加元件库中所介绍的方法将元件库添加到当前项目中。

(2) 在不知道元件属于哪个相应的元件库的情况下，按照搜索元件中介绍的方法，利用 Protel DXP 的搜索功能找到元件及其对应的元件库。并将相应的元件库加载到当前项目中。例如，可以将 Motorola Memory Static RAM.IntLib 加载到当前项目中。

（3）在上面两种方法都无法找到相应的元件库的情况下，只有采取手动方法从 Protel DXP 提供的库文件中查找或者手动创建一个元件的库文件，并将库文件添加到当前项目中。

放置元件的步骤如下。

（1）将元件库添加到当前项目中。在元件库管理器的装入元件库栏中显示已加载的元件库，如图 4-22 所示已加载的插件项目。

（2）选中相应的元件，如 Header 5×2。

（3）单击 Place 按钮，光标变成十字形，同时元件悬浮在光标上。移动光标到图纸的合适位置，单击鼠标完成元件的放置。

（4）单击装入的元件库一栏的下拉按钮，选择其他已加载的元件库，继续放置其他元件。放置完所有元件后，右键单击鼠标退出元件放置状态，光标变成箭头。放置的元件如图 4-23 所示。

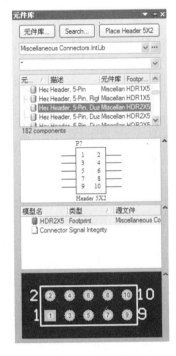

图 4-22　加载元件

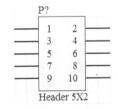

图 4-23　放置元件后

课后练习

案例文件：ywj\04\01.schdoc

视频文件：光盘\视频课堂\第 4 教学日\4.2

1. 案例分析

本节课后练习创建全自动洗衣机电气原理图，洗衣机电路一般由单片机作为 MCU，控制部分相对简单，布线也是围绕 MCU 进行的，如图 4-24 所示是完成的全自动洗衣机电路图纸。

本案例主要练习了全自动洗衣机电路的创建。首先创建 IC 控制器，之后绘制左边电路，再绘制右上边的电路，最后绘制右下边的电路。绘制全自动洗衣机电路图纸的思路和步骤如图 4-25 所示。

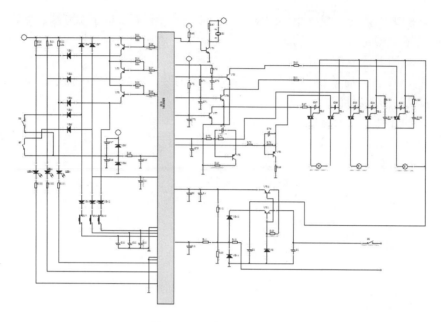

图 4-24　全自动洗衣机电路

图 4-25　全自动洗衣机电路创建步骤

2. 案例操作

step 01 首先创建 IC 控制器。单击【配线】工具栏中的【放置图纸符号】按钮，双击图纸，弹出【图纸符号】对话框，修改图纸信息，如图 4-26 所示，单击【确认】按钮。

step 02 将 IC1 图纸放置在绘图区适当的位置上，完成控制器的创建，如图 4-27 所示。

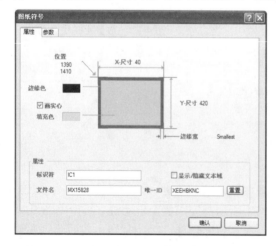

图 4-26　【图纸符号】对话框

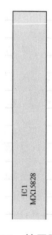

图 4-27　放置图纸符号

step 03 开始绘制左边电路。单击【实用工具】工具栏中的【数字式设备】按钮，在下拉列表中选择"电阻"元件，按空格键旋转元件，放置 R26、R27 电阻元件，如图 4-28 所示。

step 04 单击【实用工具】工具栏中的【数字式设备】按钮，在下拉列表中选择"电阻"元件，按空格键旋转元件，放置 R23～R25 电阻元件，如图 4-29 所示。

step 05 单击【配线】工具栏中的【放置元件】按钮，弹出【放置元件】对话框。选择如图 4-30 所示相应的信息，单击【确认】按钮。

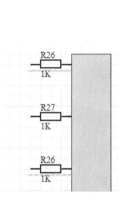

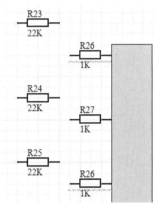

图 4-28　放置 R26、R27 电阻　　　图 4-29　放置 R23～R25 电阻　　　图 4-30　【放置元件】对话框

step 06 将 2N3904 元件放置在绘图区适当的位置上，按空格键旋转元件，放置 VT2、VT1、VT3 三极管元件，如图 4-31 所示。

step 07 单击【配线】工具栏中的【放置导线】按钮，绘制如图 4-32 所示的导线。

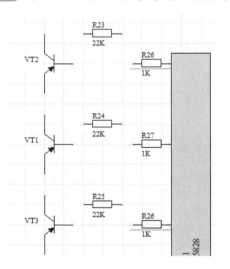

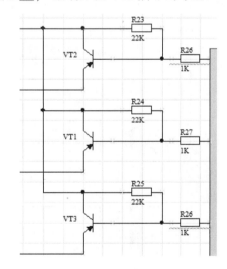

图 4-31　放置三极管　　　　　　　图 4-32　绘制导线

step 08 单击【配线】工具栏中的【放置元件】按钮，弹出【放置元件】对话框。选择如图 4-33 所示相应的信息，单击【确认】按钮。

step 09 将 Diode 元件放置在绘图区适当的位置上，按空格键旋转元件，放置如图 4-34 所示的二极管元件。

图 4-33　【放置元件】对话框

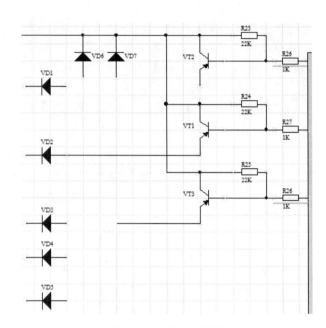

图 4-34　放置二极管

step 10 单击【实用工具】工具栏中的【数字式设备】按钮，在下拉列表中选择"电阻"元件，按空格键旋转元件，放置 R20～R22 电阻元件，并单击【放置导线】按钮，绘制导线，如图 4-35 所示。

step 11 单击【实用工具】工具栏中的【实用工具】按钮，弹出下拉列表，选择【放置椭圆】按钮，绘制如图 4-36 所示的圆。

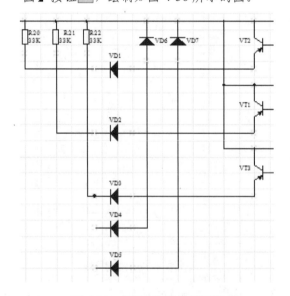

图 4-35　放置电阻并绘制导线

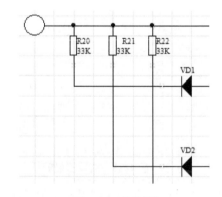

图 4-36　绘制圆

step 12 单击【配线】工具栏中的【放置元件】按钮，弹出【放置元件】对话框。选择如图 4-37 所示相应的信息，单击【确认】按钮。

step 13 将 SW-SPST 元件放置在绘图区适当的位置上，按空格键旋转元件，放置 PS、SF 单刀单掷开关元件，如图 4-38 所示。

图 4-37 【放置元件】对话框

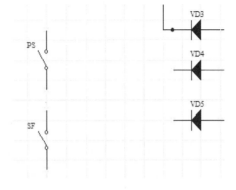

图 4-38 放置单刀单掷开关

step 14 单击【配线】工具栏中的【放置导线】按钮，绘制如图 4-39 所示的导线。

step 15 单击【实用工具】工具栏中的【数字式设备】按钮，在下拉列表中选择"电容"元件，按空格键旋转元件，放置如图 4-40 所示的电容元件。

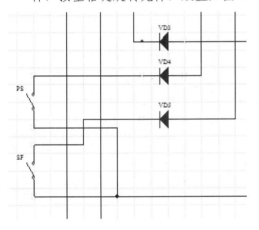

图 4-39 绘制导线

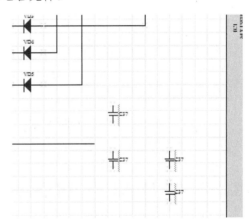

图 4-40 放置电容

step 16 单击【原理图 标准】工具栏中的【复制】按钮，选择复制的元件，单击【粘贴】按钮，完成如图 4-41 所示元件的复制。

step 17 单击【配线】工具栏中的【放置导线】按钮，绘制导线，并单击"放置条状电源端口"元件，放置条状电源端口元件，如图 4-42 所示。

step 18 单击【原理图 标准】工具栏中的【复制】按钮，选择复制的电容和二极管元件，单击【粘贴】按钮，按空格键旋转元件，完成如图 4-43 所示电容和二极管元件的复制。

step 19 单击【配线】工具栏中的【放置元件】按钮，弹出【放置元件】对话框。选择如图 4-44 所示相应的信息，单击【确认】按钮。

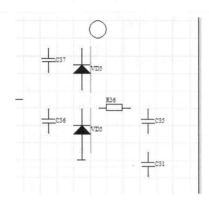

图 4-41　复制元件

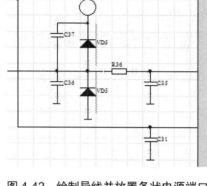

图 4-42　绘制导线并放置条状电源端口

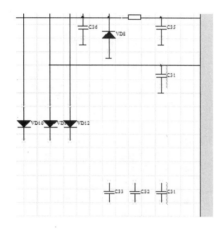

图 4-43　复制电容和二极管

图 4-44　【放置元件】对话框

step 20　将 SW-PB 元件放置在绘图区适当的位置上，按空格键旋转元件，放置 SW7、SW8、SW9 按钮元件，如图 4-45 所示。

step 21　单击【配线】工具栏中的【放置导线】按钮，绘制导线，并添加"条状电源端口"元件，放置条状电源端口元件，如图 4-46 所示。

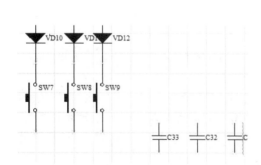

图 4-45　放置按钮

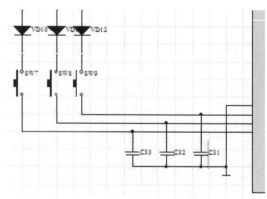

图 4-46　绘制导线并放置条状电源端口

step 22 单击【配线】工具栏中的【放置元件】按钮，弹出【放置元件】对话框。选择如图 4-47 所示相应的信息，单击【确认】按钮。

step 23 将 LED0 元件放置在绘图区适当的位置上，按空格键旋转元件，放置 LED1、LED2、LED3 发光二极管元件，如图 4-48 所示。

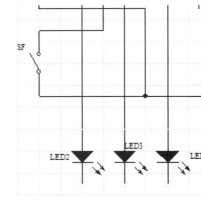

图 4-47 【放置元件】对话框　　　　　　图 4-48 放置发光二极管

step 24 单击【实用工具】工具栏中的【数字式设备】按钮，在下拉列表中选择"电阻"元件，按空格键旋转元件，放置 R193、R192、R191 电阻元件，如图 4-49 所示。

step 25 单击【配线】工具栏中的【放置导线】按钮，绘制导线，并添加"放置条状电源端口"元件，放置条状电源端口元件，完成左边电路的绘制，如图 4-50 所示。

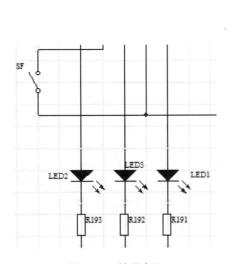

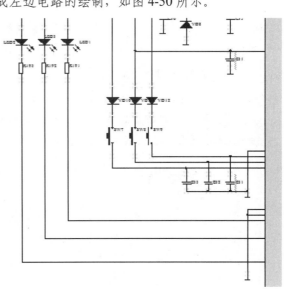

图 4-49 放置电阻　　　　　　　　　图 4-50 绘制导线并放置条状电源端口

step 26 接着绘制右上边电路。单击【配线】工具栏中的【放置元件】按钮，弹出【放置元件】对话框。选择如图 4-51 所示相应的信息，单击【确认】按钮。

step 27 将 XTAL 元件放置在绘图区适当的位置上，按空格键旋转元件，放置 BZ1 晶振元件，如图 4-52 所示。

图 4-51　【放置元件】对话框

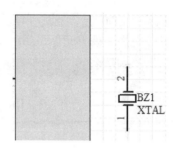

图 4-52　放置晶振

step 28 单击【原理图 标准】工具栏中的【复制】按钮，选择复制的元件，单击【粘贴】按钮，按空格键旋转元件，完成如图 4-53 所示元件的复制。

step 29 单击【配线】工具栏中的【放置导线】按钮，绘制如图 4-54 所示导线。

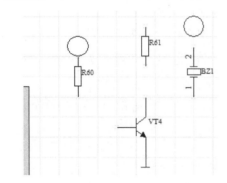

图 4-53　复制元件

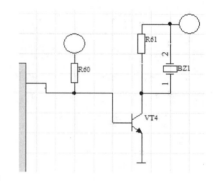

图 4-54　绘制导线

step 30 单击【原理图 标准】工具栏中的【复制】按钮，选择复制的元件，单击【粘贴】按钮，按下空格键旋转元件，完成如图 4-55 所示元件的复制。

step 31 单击【配线】工具栏中的【放置导线】按钮，绘制如图 4-56 所示的导线。

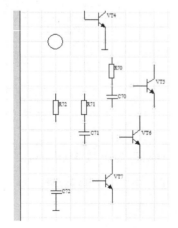

图 4-55　复制元件

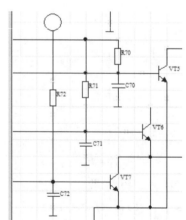

图 4-56　绘制导线

step 32 单击【原理图 标准】工具栏中的【复制】按钮📋，选择复制的电容、电阻和三极管，单击【粘贴】按钮📋，按空格键旋转元件，完成如图 4-57 所示电容、电阻和三极管元件的复制。

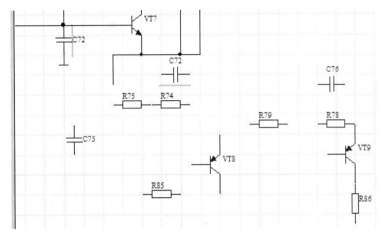

图 4-57 复制电容、电阻和三极管

step 33 单击【配线】工具栏中的【放置导线】按钮🖼，绘制导线，并添加"放置条状电源端口"元件，放置条状电源端口元件，如图 4-58 所示。

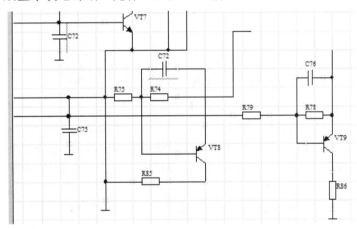

图 4-58 绘制导线并放置条状电源端口

step 34 单击【配线】工具栏中的【放置元件】按钮🔲，弹出【放置元件】对话框。选择如图 4-59 所示相应的信息，单击【确认】按钮。

step 35 将 Triac 元件放置在绘图区适当的位置上，按空格键旋转元件，放置 TR5 的三端双向可控硅元件，如图 4-60 所示。

step 36 单击【原理图 标准】工具栏中的【复制】按钮📋，选择复制的电容和三端双向可控硅元件，单击【粘贴】按钮📋，按空格键旋转元件，完成如图 4-61 所示电容和三端双向可控硅元件的复制。

图 4-59 【放置元件】对话框

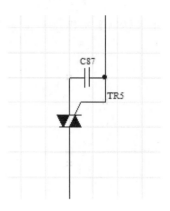

图 4-60 放置三端双向可控硅元件

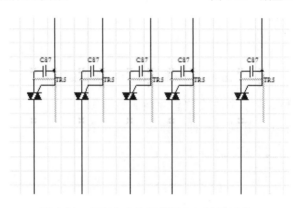

图 4-61 复制电容和三端双向可控硅元件

step 37 单击【原理图 标准】工具栏中的【复制】按钮，选择复制的电容和二极管元件，单击【粘贴】按钮，按空格键旋转元件，完成如图 4-62 所示电容和二极管元件的复制。

step 38 单击【实用工具】工具栏中的【数字式设备】按钮，在下拉列表中选择"电阻"元件，按空格键旋转元件，放置 R80、R91、R87 电阻元件，如图 4-63 所示。

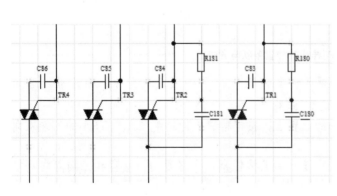

图 4-62 复制电容和二极管

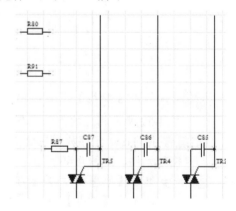

图 4-63 放置电阻

step 39 单击【配线】工具栏中的【放置导线】按钮，绘制如图 4-64 所示的导线。

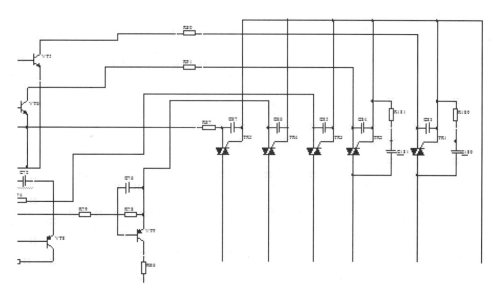

图 4-64　绘制导线

step 40　单击【配线】工具栏中的【放置元件】按钮，弹出【放置元件】对话框。选择如图 4-65 所示相应的信息，单击【确认】按钮。

step 41　将 Motor 元件放置在绘图区适当的位置上，按空格键旋转元件，放置如图 4-66 所示的马达元件，完成右上边电路的绘制。

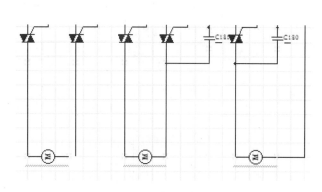

图 4-65　【放置元件】对话框　　　　　　　　图 4-66　放置马达

step 42　最后绘制右下边的电路。单击【原理图 标准】工具栏中的【复制】按钮，选择复制的元件，单击【粘贴】按钮，按空格键旋转元件，完成如图 4-67 所示元件的复制。

step 43　单击【配线】工具栏中的【放置导线】按钮，绘制导线，并添加"放置条状电源端口"元件，如图 4-68 所示。

step 44　单击【配线】工具栏中的【放置元件】按钮，将 SW-SPST 元件放置在绘图区适当的位置上，按空格键旋转元件，放置 PS 的单刀单掷开关元件，并添加"放置圆形电源端口"元件，完成右下边的电路绘制，如图 4-69 所示。

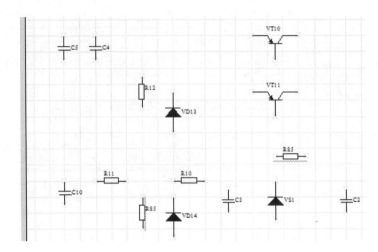

图 4-67　复制元件

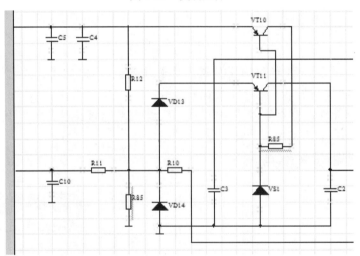

图 4-68　绘制导线并放置条状电源端口

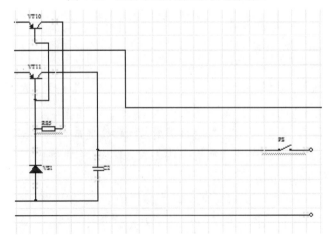

图 4-69　放置单刀单掷开关和圆形电源端口

step 45 完成全自动洗衣机电路图的绘制，如图 4-70 所示。

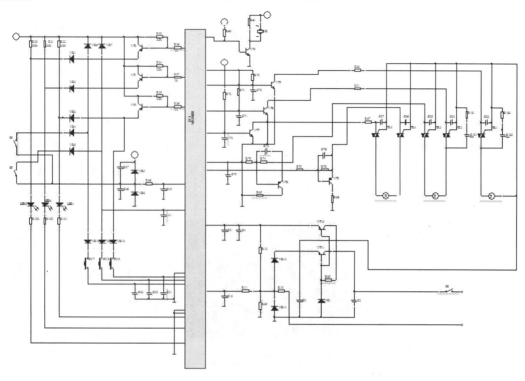

图 4-70 完成的全自动洗衣机电路图

电气设计实践：交流回路是从火线到中性线，如电流、电压回路，变压器的风冷回路。从一个回路的火线(A、B、C 相开始，按照电流的流动方向，看到中性线 N 极)为止。如图 4-71 所示是继电器接线图，继电器的添加需要重新查找元件。

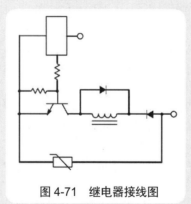

图 4-71 继电器接线图

第3课 2课时 创建元器件库和报表

4.3.1 创建元器件库

> **行业知识链接**：电气元件布置图主要是表明电气设备上所有电气元件的实际位置，为电气设备的安装及维修提供必要的资料。电气元件布置图可根据电气设备的复杂程度集中绘制或分别绘制，如图 4-72 所示是元器件布置示意图。

图 4-72　元器件布置示意图

由于在 Protel DXP 中使用的元件库为集成元件库，所以在 Protel DXP 中使用 Protel 以前版本的元件库或自己做元件库，以及在使用从 Protel 网站下载的元件库时最好将其转换生成为集成元件库后使用。因为这些元件库均为 .ddb 文件，正如前面所说的那样，我们在使用之前应该进行转换。但是这些第三方元件库有一个非常优越的条件，既包括了原理图库、PCB 封装库，有的还包括了仿真及其他功能要使用到的模型，这让我们在使用这些元件库进行转换生成集成元件库时非常容易。

在此我们以一个第三方元件库为例，创建一个集成元件库。

(1) 准备好第三方元件库。

(2) 首先将其解压，解压后为 Atmel.ddb 类型。

(3) 用 Protel 99 或 Protel 99 SE 将其打开，并将其中的每个库文件导出为 .lib 文件(其中可能有原理图库或 PCB 封装库)。

(4) 关闭 Protel 99 或 Protel 99 SE，使用 Protel DXP 打开刚才导出的 .lib 文件。在 Protel DXP 中，选择【文件】|【另存为】菜单命令，将打开的原理图库保存为 .schlib 文件，将 PCB 封装库文件保存为 .pcblib 文件。

(5) 关闭所有打开的文件。选择【文件】|【创建】|【项目】|【集成元件库】菜单命令，创建一个集成元件库项目，如图 4-73 所示。

(6) 选择【项目管理】|【追加已有文件到项目中】，打开 Choose Document to Add to Project 对话框，如图 4-74 所示，找到并选择刚才转换的 .schlib 文件，单击【打开】按钮，关闭对话框，被选择的文件已经添加到项目中了。

(7) 重复上一步，选择刚才转换的 pcb 文件，将其添加到项目中，此时的【可用元件库】对话框如图 4-75 所示。

(8) 打开【元件库】窗格，这样 Protel DXP 就将你刚才添加的库文件生成了一个集成元件库，在库列表中你所生成的库为当前库，在该列表下面，你会看到每一个元件名称都对应一个原理图符号和一个 PCB 封装，如图 4-76 所示。

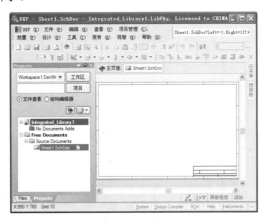

图 4-73　集成元件库项目

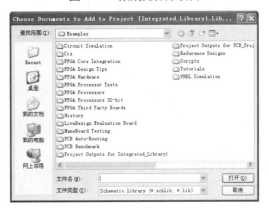

图 4-74　Choose Document to Add to Project 对话框

图 4-75　【可用元件库】对话框

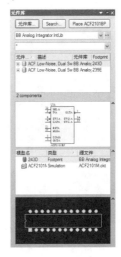

图 4-76　添加的集成元件库

当用自己做的元件库时，必须在第(5)步之前准备好.schlib 和.pcblib 文件，然后再从第(5)步开始。如果要修改元件库，必须在.schlib 或.pcblib 文件中修改后，再从第(5)步开始。这是因为在 Protel DXP 中集成元件库是不能直接修改的。

4.3.2 产生元器件报告

行业知识链接：电气元件布置图无须标注尺寸，但是各电气代号应与有关图纸和电气清单上所有的元器件代号相同，在图中往往留有 10%以上的备用面积及导线管(槽)的位置，以供改进设计时用，如图 4-77 所示是稳压电路。

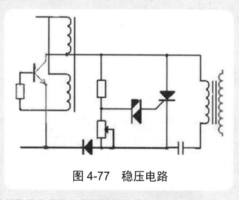

图 4-77 稳压电路

元件库中的元器件可以生成元器件报表，打开【元件库】，鼠标右键单击某一元件库，在弹出的快捷菜单中，选择【生成报告】命令，如图 4-78 所示。

之后系统弹出【元件库报告设置】对话框，如图 4-79 所示。在对话框中可以设置输出报告的名称、风格，以及电路图中的元件属性等内容，完成设置后单击【确认】按钮。

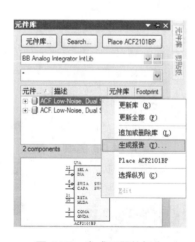

图 4-78 生成元器件报告

图 4-79 【元件库报告设置】对话框

生成的元器件报告如图 4-80 所示。每个元器件的详细信息都将显示。

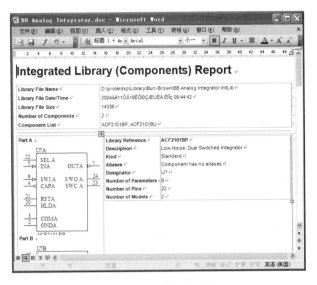

图 4-80　元器件报告

课后练习

案例文件：ywj\04\02.schdoc

视频文件：光盘\视频课堂\第 4 教学日\4.3

1. 案例分析

本节课后练习创建 MSG1080 无心磨床电气原理图。磨床是利用磨具对工件表面进行磨削加工的机床。大多数磨床是使用高速旋转的砂轮进行磨削加工，少数的是使用油石、砂带等其他磨具和游离磨料进行加工，如图 4-81 所示是完成的 MSG1080 无心磨床电路图纸。

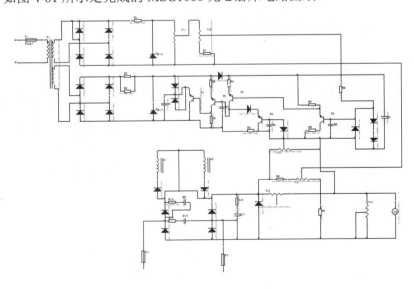

图 4-81　MSG1080 无心磨床电路

本案例主要练习了 MSG1080 无心磨床电路的创建，在创建文件后，放置线圈元件，再绘制上边的电路部分，最后绘制下边电路。绘制 MSG1080 无心磨床电路图纸的思路和步骤如图 4-82 所示。

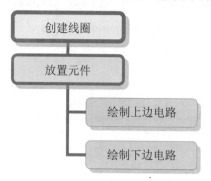

图 4-82　MSG1080 无心磨床图纸创建步骤

2. 案例操作

step 01 首先创建线圈。单击【配线】工具栏中的【放置元件】按钮，弹出【放置元件】对话框。选择如图 4-83 所示相应的信息，单击【确认】按钮。

step 02 将 Trans3 元件放置在绘图区适当的位置上，按空格键旋转元件，放置 T1 可调变压器元件，完成线圈的创建，如图 4-84 所示。

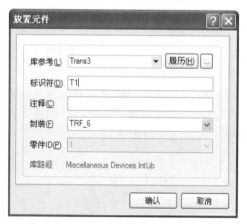

图 4-83　【放置元件】对话框

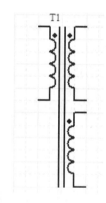

图 4-84　放置可调变压器

step 03 下面开始绘制上边电路。单击【配线】工具栏中的【放置元件】按钮，弹出【放置元件】对话框。选择如图 4-85 所示相应的信息，单击【确认】按钮。

step 04 将 Fuse1 元件放置在绘图区适当的位置上，按空格键旋转元件，放置 F1 保险丝元件，如图 4-86 所示。

step 05 单击【配线】工具栏中的【放置元件】按钮，将 Diode 元件放置在绘图区适当的位置上，按空格键旋转元件，放置如图 4-87 所示的 8 个二极管元件。

step 06 单击【配线】工具栏中的【放置导线】按钮，绘制如图 4-88 所示的导线。

图 4-85 【放置元件】对话框

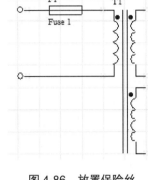

图 4-86 放置保险丝

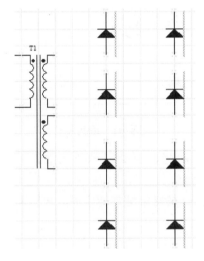

图 4-87 放置 8 个二极管

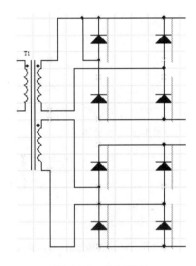

图 4-88 绘制导线

step 07 单击【配线】工具栏中的【放置元件】按钮，弹出【放置元件】对话框。选择如图 4-89 所示相应的信息，单击【确认】按钮。

图 4-89 【放置元件】对话框

step 08 将 D Zener 元件放置在绘图区适当的位置上，按空格键旋转元件，放置 D14、D13 稳压二极管元件，如图 4-90 所示。

step 09 单击【配线】工具栏中的【放置导线】按钮≋，绘制如图 4-91 所示的导线。

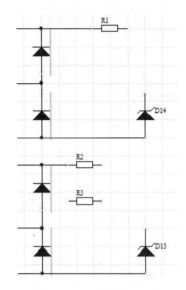

图 4-90　放置稳压二极管

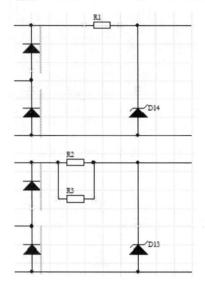

图 4-91　绘制导线

step 10 单击【配线】工具栏中的【放置元件】按钮，弹出【放置元件】对话框。选择如图 4-92 所示相应的信息，单击【确认】按钮。

step 11 将 Res Tap 元件放置在绘图区适当的位置上，按空格键旋转元件，放置 W1、W2 滑动变阻器元件，如图 4-93 所示。

图 4-92　【放置元件】对话框

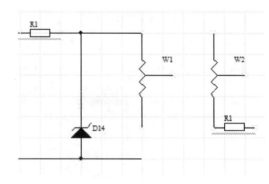

图 4-93　放置滑动变阻器

step 12 单击【配线】工具栏中的【放置导线】按钮≋，绘制如图 4-94 所示的导线。

step 13 单击【配线】工具栏中的【放置元件】按钮，将三极管、二极管、电容和电阻元件放置在绘图区适当的位置上，如图 4-95 所示。

step 14 单击【配线】工具栏中的【放置导线】按钮≋，绘制如图 4-96 所示的导线。

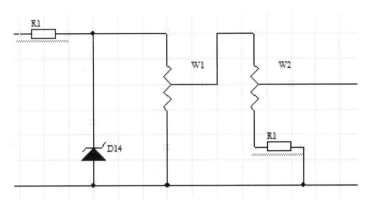

图 4-94　绘制导线

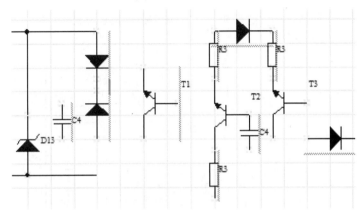

图 4-95　放置三极管、二极管、电容和电阻

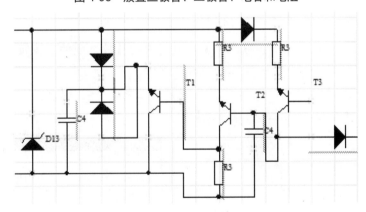

图 4-96　绘制导线

step 15 单击【配线】工具栏中的【放置元件】按钮，将 NPN、Diode、Res2 和 Cap 元件放置在绘图区适当的位置上，如图 4-97 所示。

step 16 单击【配线】工具栏中的【放置导线】按钮，绘制如图 4-98 所示的导线，完成上边电路的绘制。

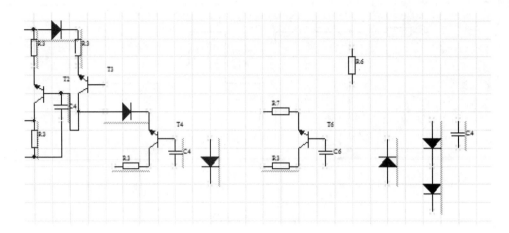

图 4-97 放置 NPN、Diode、Res2 和 Cap 元件

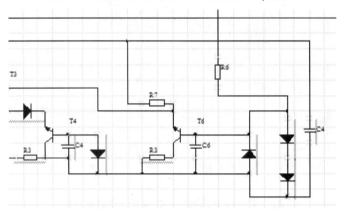

图 4-98 绘制导线

step 17 开始绘制下边电路。单击【配线】工具栏中的【放置元件】按钮，将二极管元件放置在绘图区适当的位置上，如图 4-99 所示。

step 18 单击【配线】工具栏中的【放置元件】按钮，弹出【放置元件】对话框。选择如图 4-100 所示相应的信息，单击【确认】按钮。

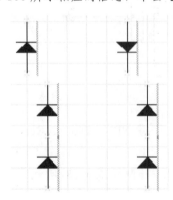

图 4-99 放置二极管

图 4-100 【放置元件】对话框

step 19 将 Inductor Iron 元件放置在绘图区适当的位置上，按空格键旋转元件，放置 L1、L2 电感元件，如图 4-101 所示。

step 20 单击【原理图 标准】工具栏中的【复制】按钮，选择复制的元件，单击【粘贴】按钮，按空格键旋转元件，完成如图 4-102 所示元件的复制。

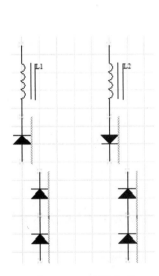

图 4-101　放置电感

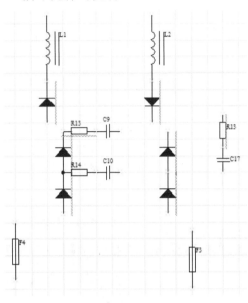

图 4-102　复制元件

step 21 单击【配线】工具栏中的【放置导线】按钮，绘制如图 4-103 所示的导线。

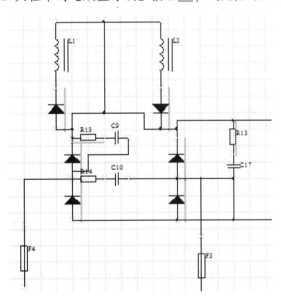

图 4-103　绘制导线

step 22 单击【原理图 标准】工具栏中的【复制】按钮，选择复制的滑动变阻器、二极管和电阻元件，单击【粘贴】按钮，完成复制，如图 4-104 所示。

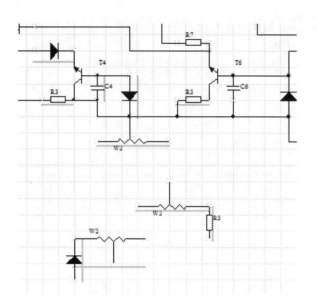

图 4-104 复制滑动变阻器、二极管和电阻

Step23 ▶ 单击【配线】工具栏中的【放置导线】按钮▨，绘制如图 4-105 所示的导线。

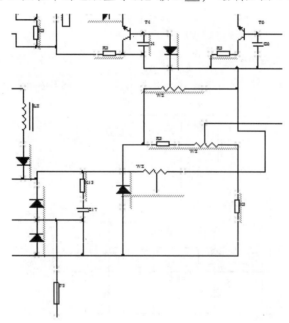

图 4-105 绘制导线

step 24 ▶ 单击【配线】工具栏中的【放置元件】按钮▨，将 Motor 元件放置在绘图区适当的位置上，按空格键旋转元件，放置如图 4-106 所示的马达元件。

step 25 ▶ 单击【配线】工具栏中的【放置导线】按钮▨，绘制如图 4-107 所示的导线，完成下边电路的绘制。

step 26 ▶ 完成 MSG1080 无心磨床电路图的绘制，如图 4-108 所示。

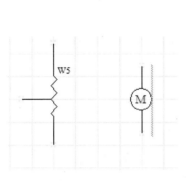

图 4-106　放置马达

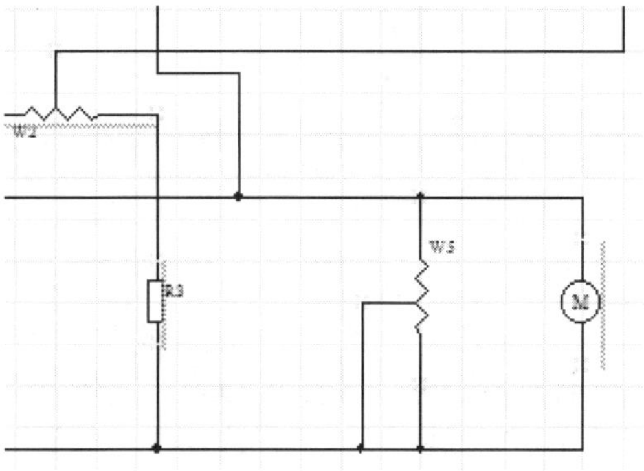

图 4-107　绘制导线

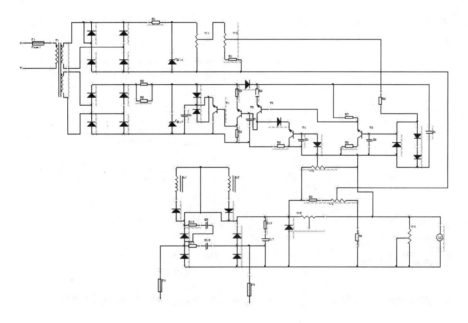

图 4-108　完成 MSG1080 无心磨床电路图

电气设计实践：元器件节点要接到控制该节点的继电器或接触器的线圈位置。线圈所在的回路是节点的控制回路，以分析节点动作的条件。线圈要找出它的所有节点，以便找出该继电器控制的所有节点(对象)。如图 4-109 所示是插头的元器件符号。

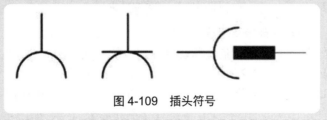

图 4-109　插头符号

第4课 1课时 创建集成元器件库

本课简单介绍如何生成一个集成元件库。从第一代 Protel DXP 开始，官方提供集成元件，即在同一个元件库中，原理图编辑环境下集成元件库是原理图库，PCB 编辑环境下集成元件库是 PCB 封装库，文件扩展名为 IntLib，我们也可以自己创建一个 INTLIB 的集成元件库。

在 Protel DXP 2004 环境下，选择【文件】|【创建】|【项目】|【集成元件库】菜单命令，在 PROJECT 下就多一个 Integrated_Library1.LibPkg 的集成元件项目文件，如图 4-110 所示。然后保存项目，在集成元件库下新增一个原理图元件库和一个封装库，命名要和集成元件库项目名称一致。

在原理图元件库编辑环境下，为符号库指定封装，然后选择【项目管理】| Compile Integrated Library ...LibPkg 菜单命令(...代表自己命名的元件库名称)，编译集成元件，如图 4-111 所示。

图 4-110 集成元件项目文件   图 4-111 选择 Compile Integrated Library ...LibPkg 命令

这时就可以在元件库保存位置上看到一个 Project Outputs for ...输出文件夹，文件夹中就有刚才编译的集成元件库了，如图 4-112 所示。

图 4-112 编译文件夹

此时就可以直接在 Protel 中直接调用这个元件库了，效果和系统的集成元件库一样。下次直接打开集成元件时，就会有如图 4-113 所示的提示选择提取源的【提取源文件或安装】对话框，你就可以在 PROJECT 中看到集成元件所有包含的原理图符号库和 PCB 封装库。

不过要注意的是，如果对元件库修改后，要记得重新编译一下，否则调不到最新增加的元件库，在【元件库】中右击元件，在弹出的快捷菜单中选择【更新库】命令，如图 4-114 所示。

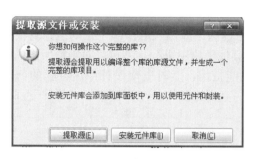

图 4-113　【提取源文件或安装】对话框

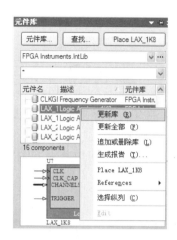

图 4-114　更新元件库

第5课 **2课时** 电路仿真基础知识和参数设置

4.5.1　电路仿真

> **行业知识链接：** 仿真激励源只有在输入信号作用下，仿真电路才会正常工作。电路电源仅表示电路连接的电源端子，而并没有真正表示在电路中添加了电源器件。如图 4-115 所示是 PLC接线图，可以进行仿真运算。

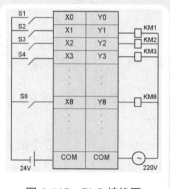

图 4-115　PLC 接线图

电路仿真的基本概念：在计算机上通过软件来模拟具体电路的实际工作过程，并计算出在给定条件下电路中各节点(中间输出节点)的输出波形。随着计算机技术的迅速发展，各种电子自动化设计(EDA)软件层出不穷。在设计过程中利用这些仿真工具构建电路、修改元器件参数、实现对具体电路随时随地进行实验仿真和功能验证，极大地方便了电子工程师的设计工作。电路仿真是电子电路设计中的一个重要环节，许多 EDA 软件都内嵌了电路仿真测试功能。Protel DXP 就是一种将所有设计工具集成于一身的 EDA 设计系统。

1. Protel DXP 电路仿真概述

基于最新的 Spice 3f5 模拟模型和 XSPICE Simcode 数字模型仿真内核，Protel DXP 内嵌一个功能强大的 A/D 混合信号仿真器，设计人员在进行原理图设计输入后，即可正确地仿真模拟和数字器件，而无须通过 A/D 转换或 D/A 转换将其转换到其他模块中进行。它可以对当前所画的原理图进行仿真，在整个设计周期都可以查看和分析电路的性能指标，及时发现设计中所存在的问题并加以改正。设计者能够准确地分析电路的工作状况，从而提高电路的设计工作效率、缩短开发周期、降低生成成本。

2. Protel DXP 电路仿真设计的一般步骤

电路仿真是指在计算机上通过软件来模拟具体电路的实际工作过程，并计算出在给定条件下电路中各节点(包括中间节点和输出节点)的输出波形。电路仿真是否成功，取决于电路原理图、元件模型的仿真属性、电路的网表结构及仿真设置等。Protel DXP 执行混合信号仿真的设计流程如图 4-116 所示。

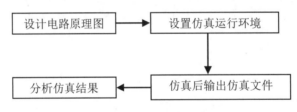

图 4-116 电路仿真流程

(1) 原理图设计。首先，新建一个原理图文件，打开编辑环境，与普通原理图大致相同；然后，打开元件库，加载必要的元器件库，添加元器件并设置参数，这里所有元器件都必须具有 Simulation 仿真属性，否则仿真时将出现错误信息，在 DXP 中假定所有元器件都是理想元器件；最后，用导线进行电气连接或网络标号，对整个电路进行编译 ERC 校验，确保整个电路没有错误。

(2) 设置仿真环境。设置仿真方式并指定要显示的数据，DXP 提供 10 种分析仿真方式，包括直流工作点、直流扫描、交流小信号、瞬态过程、Fourier、噪声、传输函数、温度扫描、参数扫描、蒙特卡罗分析等。

(3) 仿真。设置仿真环境后，系统进行电路仿真，生成一个 "*.sdf" 文件，同时打开窗口显示分析结果。

(4) 分析结果。观察电路仿真结果，分析仿真波形是否符合电路设计要求，如果不符合，则重新调整电路参数进行仿真，直到满意为止。

3. 实例仿真分析

以图 4-117 所示的分压式偏置电路放大器为例进行性能分析。

分析分两步进行：首先进行直流分析(静态分析)，求出晶体管各极的静态工作点电压和电流 IB、IC、IE、VB、VC、VE 等，使晶体管大致处于放大区中心处；然后进行交流分析(动态分析)，即在输入信号作用下求出静态工作点上叠加的各极信号电压和电流，计算放大器的性能指标，其中最基本的是电压放大倍数 Au(电压增益)、输入电阻和输出电阻等。在各种电子设备中,放大器是必不可少的组成部分。

4. Protel DXP 仿真分析

添加适当的元器件(必须具有仿真属性),设置仿真参数,设置仿真环境后进行仿真分析。

1) 静态分析

例如以工作点分析仿真方式,选择 b、c、e、q[ib]、q[ic]、q[ie]为激励信号,得到如图 4-118 所示的仿真结果。

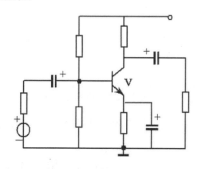

b	3.916V
c	8.769V
e	3.257V
q[ib]	12.65 μA
q[ic]	1.619mA
q[ie]	-1.632mA

图 4-117　分压式偏置电路放大器　　　　　图 4-118　静态点仿真结果

2) 动态分析

选择瞬态分析仿真方式,设置相应仿真参数,选择 in、out 为激励信号,得到如图 4-119 所示的仿真波形。

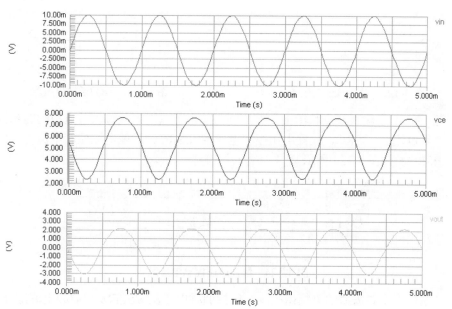

图 4-119　动态分析仿真结果

5. 常用元件简介及仿真参数设置

仿真信号源在进行电路仿真时必须放置仿真电源。标识符必须和原理图中的接地标识符相同,才能进行仿真。作用好比是信号发生器，观察其发出的标准信号经过仿真电路后的输出，从而判断仿真电路参数设置的合理性。

直流源：为电路提供不变的电压和电流输出，如图 4-120 左图所示。

直流源包括直流电压源 VSRC 和直流电流源 ISRC，如图 4-120 右图所示。

正弦信号源：具有固定频率的正弦电压或电流正弦电压源(VSIN)和正弦波形电流源(ISIN)，如图 4-121 所示。

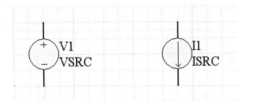

图 4-120 直流源和直流电压源 　　　　　　　　图 4-121 正弦信号源

周期脉冲源：周期性的连续脉冲电压或电流输出。包括电压脉冲源 VPULSE 和电流脉冲源 IPULSE。

分段线性源：通过设置不同时刻的电压或电流，产生仿真电路需要的任意波形的电压或电流激励源。包括分段线性电压源 VPWL 和分段线性电流源 IPWL，如图 4-122 所示。

指数激励源：上升沿或下降沿按指数规律变化的电压或电流激励源。包括指数函数电压源 VEXP 和指数函数电流源 IEXP，如图 4-123 所示。

图 4-122 分段线性电压源 　　　　　　　　图 4-123 指数函数电压源

线性受控源：有 2 个输入节点和输出节点，可在输出节点得到受输入节点控制的线性输出信号。包括线性电压控制电流源 GSRC、线性电压控制电压源 ESRC、线性电流控制电流源 FSRC、线性电流控制电压源 HSRC，如图 4-124 所示。

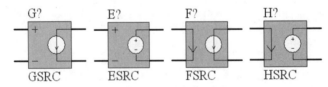

图 4-124 线性电压控制电流源

调频源：产生仿真电路需要的单频调频波。包括调频电压源 VSFFM 和调频电流源 ISFFM。

非线性受控源：可以由用户定义的函数关系表达式产生所需的激励源。包括非线性受控电压源 BVSRC 和非线性受控电流源 BISRC。

4.5.2 参数设置

行业知识链接：在进行电路仿真之前，必须在每一个需要测试的地方添加网络标号。添加方法和电路原理图中添加网络标号的方法一样。如图 4-125 所示是配电柜接线图的网络标号。

图 4-125 配电柜接线图

1. 特殊元件设置

仿真信号源元件库 Simulation Sources.IntLib 中提供了两个特别的初始状态定义符。

.NS 即 Node Set(节点设置)。

.IC 即 Initial Condition(初始条件)。

.NS 即 Node Set(节点设置)。

作用：为仿真原理图中指定的节点设置初始电压，仿真器根据这些节点电压求得直流或瞬态的初始解。

.IC 即 Initial Condition(初始条件)。

作用：为仿真原理图的瞬态分析设置初始条件，仿真器根据设置的初始条件进行具体的仿真分析。

2. 仿真类型设置

在进行电路仿真前，需要选择合适的仿真类型。选择【设计】|【仿真】| Mixed Sim 菜单命令，弹出【分析设定】对话框，选择相关分析，如图 4-126 所示。

静态工作点分析：用于计算电路的直流工作点。

瞬态/傅里叶分析：在给定激励信号的条件下计算电路的响应。

瞬态：从时间零开始到用户设定的终止时间范围内进行的，属于时域分析。系统将输出各个节点电压、电流及元件消耗功率等参数随时间变化的曲线。

傅里叶：属于频谱分析，可与瞬态分析同步，主要用来分析电路中各个非正弦波的激励和节点的频谱，以获得电路中的基频、直流分量及谐波等参数。

直流扫描分析(DC Sweep Analysis)：通过改变直流输入的幅度来得到不同的输出，继而得到电路的传输特性(即输入与输出的关系)。

交流小信号分析(AC Small Signal Analysis)：通过改变输入信号的频率，分析电路的频率响应特性(输出信号随输入信号频率变化的情况)。

传递函数分析：主要用来分析仿真电路的输入电阻和输出电阻。

图 4-126 【分析设定】对话框

温度扫描分析(Temperature Sweep)：在定义的温度范围内对应每个给定的温度对电路进行分析，产生一系列曲线。

系统以用户设定的方式对原理图进行分析后，将生成后缀为.sdf 的输出文件和后缀为.nsx 的原理图的 SPICE 模式表示文件；并在波形显示器中显示用户设定节点仿真后的输出波形，用户可根据该文件分析并完善原理图的设计。

课后练习

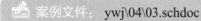

案例文件：ywj\04\03.schdoc

视频文件：光盘\视频课堂\第 4 教学日\4.5

1. 案例分析

本节课后练习创建仿真电路。电路仿真就是设计好的电路图通过仿真软件进行实时模拟，模拟出实际功能，然后通过其分析改进，从而实现电路的优化设计，是 EDA(电子设计自动化)的一部分。如图 4-127 所示是完成的仿真电路图纸。

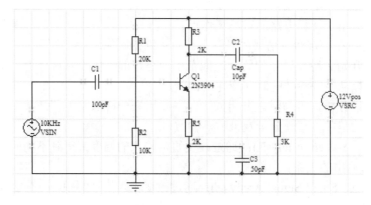

图 4-127 仿真电路

本案例主要练习了仿真电路的绘制，以及进行电路仿真，首先创建仿真电源和元件，之后进行导线布局，最后进行仿真，验证电路。绘制仿真电路图纸的思路和步骤如图 4-128 所示。

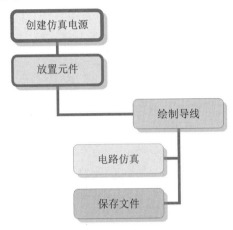

图 4-128 仿真电路图纸创建步骤

2. 案例操作

step 01 首先创建仿真电源。单击【实用工具】工具栏中的【仿真电源】按钮，在下拉列表中选择 10kHz 正弦波元件按钮，按空格键旋转元件，放置 10kHz 正弦波元件，如图 4-129 所示。

step 02 之后放置元件。单击【实用工具】工具栏中的【数字式设备】按钮，在下拉列表中选择 "电容" 元件，按空格键旋转元件，放置 C1 电容元件，如图 4-130 所示。

step 03 单击【实用工具】工具栏中的【数字式设备】按钮，在下拉列表中选择 "电阻" 元件，按空格键旋转元件，放置 R1、R2 电阻元件，如图 4-131 所示。

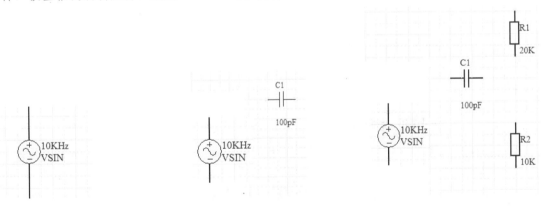

图 4-129 放置 10kHz 正弦波元件   图 4-130 放置电容   图 4-131 放置电阻

step 04 开始绘制导线。单击【配线】工具栏中的【放置导线】按钮，绘制如图 4-132 所示的导线。

step 05 单击【配线】工具栏中的【放置元件】按钮，将 NPN 和 Cap 元件放置在绘图区适当的位置上，按空格键旋转元件，放置如图 4-133 所示的三极管和电阻元件。

step 06 单击【配线】工具栏中的【放置导线】按钮 ≋，绘制导线，并添加"GND 端口"元件，放置 GND 端口元件，如图 4-134 所示。

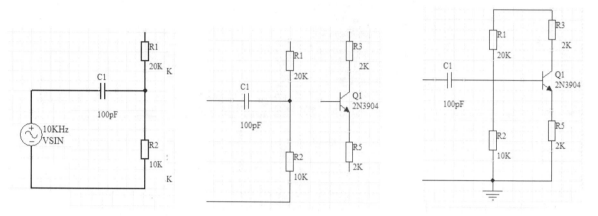

图 4-132　绘制导线　　　　　图 4-133　放置三极管和电阻　　　　图 4-134　绘制导线并放置 GND 端口

step 07 单击【配线】工具栏中的【放置元件】按钮 ▣，将 Res2 和 Cap 元件放置在绘图区适当的位置上，按空格键旋转元件，放置如图 4-135 所示的电容和电阻元件。

step 08 单击【配线】工具栏中的【放置导线】按钮 ≋，绘制如图 4-136 所示的导线。

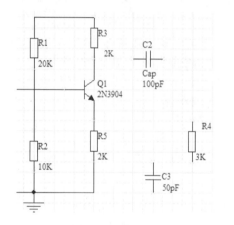 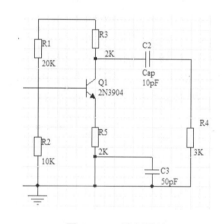

图 4-135　放置电容和电阻　　　　　　　　图 4-136　绘制导线

step 09 单击【配线】工具栏中的【放置导线】按钮 ≋，绘制如图 4-137 所示的导线，完成所有导线绘制。

step 10 单击【实用工具】工具栏中的【仿真电源】按钮 ◎·，在下拉列表中选择+12 伏电源元件按钮 ⌗，按空格键旋转元件，放置+12 伏电源元件，完成电路图绘制，如图 4-138 所示。

step 11 开始进行仿真。双击 10kHz 正弦波元件，弹出【元件属性】对话框，选择如图 4-139 所示的信息，单击【编辑】按钮。

step 12 在弹出的 Sim Model-Voltage Source/Sinusoidal 对话框，切换到【参数】选项卡，设置 Amplitude 为 170，如图 4-140 所示，单击【确认】按钮。

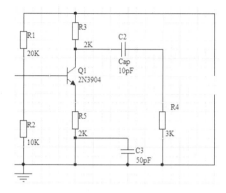

图 4-137　绘制导线

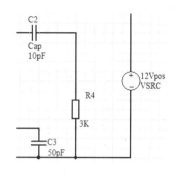

图 4-138　放置 +12 伏电源

图 4-139　【元件属性】对话框

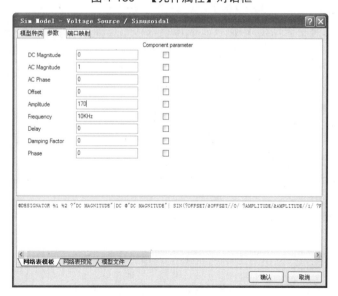

图 4-140　Sim Model-Voltage Source/Sinusoidal 对话框参数设置

step 13 选择【设计】|【仿真】| Mixed Sim 菜单命令，弹出【分析设定】对话框，单击【确认】按钮，如图 4-141 所示。

图 4-141 【分析设定】对话框

step 14 在弹出的 Messages 对话框中，查看错误信息命令，如图 4-142 所示。

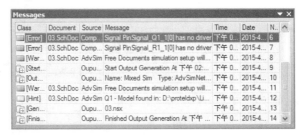

图 4-142 查看错误信息

step 15 再在仿真结果中查看仿真波形，根据结果修改电路，如图 4-143 所示。

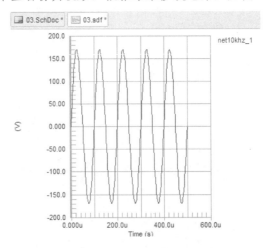

图 4-143 查看仿真结果

step 16 完成的仿真电路如图 4-144 所示。

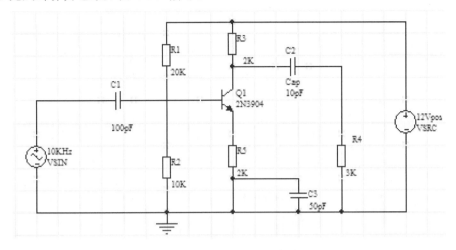

图 4-144　完成的仿真电路

电气设计实践：Protel DXP 电路仿真程序特点包括仿真器件丰富、操作简单、仿真结果直观。如图 4-145 所示是接线盒的接线示意图，放置仿真电源后可以进行仿真。

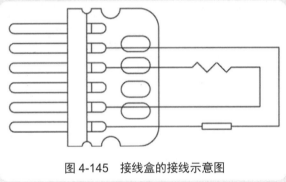

图 4-145　接线盒的接线示意图

阶段进阶练习

　　本教学日主要介绍了 PCB 设计中的元器件封装知识，以及元器件库的设置，最后介绍电路仿真。元器件封装按形式分为普通双列直插式、普通单列直插式、小型双列扁平、小型四列扁平、圆形金属、体积较大的厚膜电路等。按封装体积大小排列分：最大为厚膜电路，其次分别为双列直插式、单列直插式，金属封装、双列扁平、四列扁平为最小。

　　如图 4-146 所示，使用本教学日学过的各种知识来创建整流电路。

　　一般创建步骤和方法如下。

　　(1)　使用元件库创建普通元件。

　　(2)　创建 IC 元件。

(3) 绘制线路。

(4) 电路仿真。

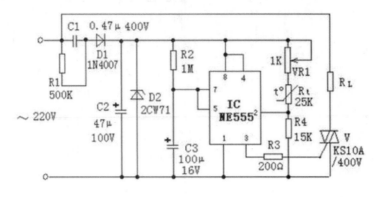

图 4-146 整流电路

第 5 教学日

简单地说，印制电路板(也称印刷电路板)是通过电路板上印制导线实现焊盘及过孔等的电气连接，它也是电子器件的载体。由于它是采用了照相制版印刷技术制作的电路板，故称为"印刷"电路板，即 Printed Circuit Board(简称 PCB 板)。

本教学日主要介绍印制电路板的设计技术，其中包括印制电路板的基础知识，元器件的添加和网络表的载入，PCB 布线和覆铜等内容。

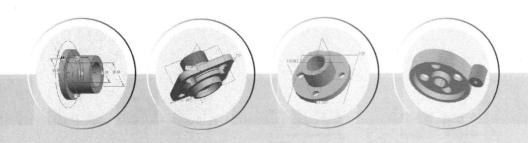

第1课 1课时 设计师职业知识——PCB 设计基础

5.1.1 PCB 分类

几乎所有电子设备都需要印制电路板的支持，因此，印制电路板在电子工业中已经占据了绝对统治的地位。在实际应用中，印制电路板的种类繁多，其应用场合也各不一样。印制电路板可以按照不同的分类方法进行分类，例如，印制电路板的结构，也可按照印制电路板的材料进行分类，还可按照印制电路板的软硬进行分类等。

1. 根据结构分类

根据印制电路板的结构大致可分为三类：单层板、双层板和多层板。

单层板是一种一面有覆铜，另一面没有覆铜的印制电路板，即在设计时，用户仅能在电路板有覆铜的一面进行布线并放置元器件，故布线难度高。单层板由于结构简单，成本较低，仅用于简单电路设计的印制电路板。一般情况建议不使用单层板。

由于单层板存在布线难度高这一弊端，出现了双层板。双层板是一种两面有覆铜，且两面均可放置元器件的印制电路板。双面板包括顶层(Top Layer)和底层(Bottom Layer)。一般在顶层放置元器件，为元器件层；底层进行元器件的焊接，为焊锡层。由于这种电路板的两面都有布线。若要使两面导线电气连通，必须要在两面间有适当的电路连接。这种电路间的"桥梁"叫作过孔(Via)。过孔是在印制电路板上，充满或涂上金属的小孔，它使两面的导线相连接。因为双面板的面积比单面板大了 1 倍，且布线可以相互交错(即可以通过过孔穿透到印制电路板另一面)，它适合用于复杂的电路，应用广泛。但由于双层板存在过孔，故制作复杂、成本高。

多层板是指具有多个工作层面的印制电路板，它不仅包含顶层和底层，还有信号层、内部电源层、中间层、丝印层等。实际上，多层板可以看作是由多个单面或双面的布线板组合而成，可增加布线面积。多层板使用数片双面板，并在每层板间放进一层绝缘层后压合。板子的层数就代表了有几层独立的布线层，通常层数都是偶数，并且包含最外侧的两层。例如，一般多层板的导电层数为 4 层、6 层、8 层、10 层等，如图 5-1 所示。由于多层板包含绝缘层等，可避免电路中的电磁干扰问题，从而提高了电路系统的可靠性；由于具有多个导电层，多层板还具有布线面积宽、布线成功率高、走线短、结构紧凑等优点。目前大多数复杂电路均采用多层板，如大部分计算机的主机板都是 4～8 层的结构。

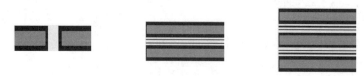

图 5-1 2 层、4 层和 6 层板

2. 根据材质分类

在印制电路板设计时，选用的材质不一样会严重影响印制电路板的机械特性和电气特性。例如，对于计算机主板选用的材质除满足低介电常数外，还应该满足高耐热性。印制电路板材料在高温下，产生软化、变形、熔融等现象，导致材料的机械强度、尺寸稳定性、黏结性等发生变化，导致印制电路板的机械特性和电气特性急剧下降。

按照不同的材质印制电路板大致可分为两类：有机印制电路板和无机印制电路板。有机材质一般为环氧树脂、PPO 树脂和氟系树脂等。各种树脂机械特性和电气特性也各不一样。就成本而言环氧树脂成本便宜，而氟系树脂最昂贵；从介电常数、介质损耗、吸水率和频率特性考虑，氟系树脂最佳，环氧树脂较差。但氟系树脂不足之处除成本高外是刚性差及热膨胀系数较大。

无机印制电路板一般选用铝、钢、陶瓷等为基材，主要利用其良好的散热性，常用于高频电子线路设计中。

5.1.2　PCB 组成

在实际电路设计时，经常将元器件放置在面包板上，并通过导线进行连接。但印制电路板主要由焊盘、过孔、铜膜导线、工作层面及元器件封装组成，它们是构成印制电路板的必要元素。

1. 工作层面

由于电子线路的元件安装密集，且由于防干扰和布线等特殊要求，很多电子产品中所用的印制电路板不仅有上下两面供走线，在板的中间还设有能被特殊加工的夹层铜箔，如计算机主板所用的导电层面多在 4 层以上。这些层因加工相对较难而大多用于设置走线较为简单的电源布线层，并常用大面积填充的办法来布线。

印制电路板的工作层面可分为 7 类：信号层、内部电源/地层、机械层、丝印层、保护层、禁止布线层和其他层。

(1) 信号层(Signal Layer)。主要用于布线、放置焊盘、过孔等元素。信号层包含顶层(Top Layer)、底层(Bottom Layer)和中间层(Mid-Layer)。一般情况下，顶层和底层可用于放置元器件、布线等。而中间层一般用于布线。Protel DXP 共有 32 个信号层，其中间层 30 个。

(2) 内部电源/地层(Internal Plane)。主要用于放置大面积的电源和地。Protel DXP 共有 16 个内部电源/地层。

(3) 机械层(Mechanical Layer)。主要用于给出印制电路板的制造和组合信息，包括物理边界、尺寸标注、布线范围设置等信息。Protel DXP 共有 16 个机械层。

(4) 丝印层(Silkscreen Overlay)。为方便印制电路板元器件的安装和维修等，在印制电路板的上下两表面印上所需要的标志图案和文字代号等，如元件标号和标称值、元件外观形状和厂家标志、生产日期等。丝印层包括顶层丝印层(Top Overlay)和底层丝印层(Bottom Overlay)。

(5) 保护层(Masks)。包括阻焊层(Solder Masks)和锡膏层(Paste Masks)。阻焊层用于放置阻焊剂，防止焊锡流动，造成短路。锡膏层主要用于将表面粘贴元件粘贴在印制电路板上。

(6) 禁止布线层(Keepout Layer)。主要用于设置放置元器件和导线的区域。不论禁止布线层是否可见，禁止布线层都是存在的。可通过在禁止布线层放置封闭曲线。定义了禁止布线层后，在布局和布线时，所有元器件和所布的具有电气特性的线不可以超出禁止布线层的边界。

(7) 其他层。在印制电路板设计中还包含了一些特殊的工作层面，如钻孔引导层(Drill Guide Layer)和钻孔图层(Drill Drawing Layer)。

2. 焊盘

焊盘(Pad)是将元器件与印制电路板中的铜膜导线进行电气连接的元素。根据焊接工艺的差异，焊盘可分为非过孔焊盘和过孔焊盘。一般来说，表明粘贴元件采用非过孔焊盘，且非过孔焊盘仅在顶层有效；而插针式元件采用过孔焊盘，且过孔焊盘在多层有效。对于非过孔焊盘和过孔焊盘，两者在印制电路板上的差异主要在于其过孔尺寸是否为 0。

根据焊盘的外观形状可分为圆形、矩形、八角形，如图 5-2 所示。

图 5-2 焊盘形式

(1) 圆形焊盘。在印制电路板设计中应用最广泛的是圆形焊盘。元器件的组装与焊接一般采用圆形焊盘。当圆形焊盘的横坐标和纵坐标不相等时，为椭圆形焊盘。对于非过孔焊盘，主要参数是焊盘尺寸。而对于过孔焊盘，主要涉及焊盘尺寸及过孔尺寸，Protel DXP 提供焊盘的默认设置是焊盘尺寸为过孔尺寸的 2 倍。

(2) 矩形焊盘。矩形焊盘主要用来标志元器件的第一引脚，也可用来作为表明粘贴元件的焊盘。当设置焊盘为非过孔焊盘时，一般需将焊盘尺寸设置略大于引脚尺寸，以保证焊接的可靠性。

(3) 八角形焊盘。一般情况较少使用。在布线时有特殊要求时常采用八角形焊盘。

在实际设计时，应综合考虑该元件的形状、大小、布置形式、振动和受热情况、受力方向等因素选择焊盘类型。有时还需自己编辑焊盘，例如对发热量较大、受力较大、电流较大的焊盘，可将焊盘设计成"泪滴状"。

3. 过孔

对于多层板，为了使各个导电层的铜膜导线电气连通，必须在各个导电层间有适当的电气连接，即过孔(Via)。过孔就是在各导电层需要连通的导线的交汇处钻的一个公共孔。工艺上在过孔的孔壁圆柱面上用化学沉积的方法镀上一层金属，用以连通中间各层需要连通的铜箔，而过孔的上下两面做成普通的焊盘形状，可直接与上下两面的线路相通，也可不连。

若在双面板上连接各导电层，过孔必穿透整个印制电路板，即穿透过孔(Thruhole Vias)；在多层板中，如果只需连接部分导电层，则穿透过孔必然会浪费一些其他线路空间。埋孔(Buried Vias)和盲孔(Blind Vias)就可避免这个问题，如图 5-3 所示。

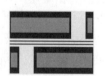

图 5-3 穿透过孔、盲孔和埋孔

(1) 穿透过孔：连接所有导电层的过孔。

(2) 盲孔：连接顶层和内部导电层或连接底层和内部导电层的过孔。

(3) 埋孔：连接内部导电层的过孔。

过孔涉及的参数主要是孔径尺寸与外径尺寸。孔径尺寸是指过孔的内径大小，与印制电路板的板厚和密度有关。孔径尺寸比插针式元器件的孔径尺寸小。过孔外径尺寸是指过孔的最小镀层宽度的两倍加上孔径尺寸。

一般来说，设计电路时对过孔的处理有以下两个原则。

(1) 尽量少用过孔，一旦选用了过孔，需处理好过孔与周围实体的间隙。

(2) 需要的载流量越大，所需的过孔尺寸越大，如电源层和地层与其他层连接所用的过孔就要大一些。

4. 铜膜导线

铜膜导线(Conductor Pattern，简称导线)是在印制电路板上用来连接电路板上各焊盘、过孔的连线。铜膜导线是电路设计中的主要组成部分之一。印制电路板的基板是由绝缘隔热、不易弯曲的材质制成。在基板上覆铜后，覆铜层按设计时的布线经过蚀刻处理而留下来的网状细小的线路，就是印制的铜膜导线。

与铜膜导线有关的参数为导线宽度和导线间距。铜膜导线的最小宽度主要由导线与绝缘基板间的粘贴强度和流过它们的电流强度决定。在进行印制电路板设计之前，设计人员应首先设置导线宽度。铜膜导线宽度的设置原则是：在保证电气连接特性的前提下，尽量设置较宽导线，尤其是电源和地线，但是过宽的铜膜导线可能导致铜膜导线受热后与基板脱离。导线间距是指两条相邻导线边缘之间的距离。在参数设置时，铜膜导线的间距必须足够宽，一方面是为了便于操作和适应生产加工条件，避免由于制造误差导致相邻铜膜导线黏合；另一方面是考虑铜膜导线之间的绝缘电阻和击穿电压。

另外，在印制电路板加载网络表后，经常会遇到一种与铜膜导线有关的连线，即飞线。飞线是在印制电路板设计初期的预拉线，用以指示印制电路板在布线时焊盘或网络之间的连接情况。飞线的主要作用有两个：给出各个焊盘与网络之间的连接信息，通过观察元器件之间的网络连接，便于合理布局；在布线时，可用于查找未布线网络、元器件焊盘等。

5.1.3 PCB 设计原则和技巧

1. 印制电路板设计的一般步骤

对于简单电路的印制电路板设计可直接在 PCB 编辑环境进行元器件封装放置、布线等。但对于一般较复杂电路的制板，一般可分为两个部分：原理图设计和印制电路板设计。原理图设计是印制电路板设计的基础，当设计人员在原理图编辑界面完成电路设计后，由电路原理图产生网络表。网络表包含了电路设计中所涉及的元器件及元器件之间的网络连接等信息。设计人员在 PCB 编辑界面通过加载网络表，获取元器件及其网络连接信息，然后进行印制电路板设计。

印制电路板设计一般步骤如下。

(1) 启动 PCB 设计环境。Protel DXP 提供的原理图设计环境与 PCB 设计环境是相互独立的。进行印制电路板设计首先应该启动 PCB 设计环境，即创建一个新的 PCB 文档。

(2) 设置 PCB 环境。启动 PCB 设计环境后，设计人员可进行 PCB 环境设置。PCB 环境设置主要包括两个方面，分别为环境参数的设置和电路板的规划。设计人员可根据个人系统修改环境参数设置，如度量单位的选择、可视栅格与捕获栅格大小设置以及编辑环境颜色设置等。而对电路板的规划主要包括电路板的结构、尺寸、接口形式及工作层面的设置。

(3) 加载网络表。网络表是连接原理图编辑环境与 PCB 设计环境的桥梁。加载网络表就是将原理图上所有元器件封装及其网络连接信息导入 PCB 设计环境，为后续元器件的布局及布线做好准备。

(4) 设置 PCB 设计规则。在进行元器件布局之前，应首先设置 PCB 设计规则，即元器件布局、布线等约束条件。例如电气规则、布局规则、布线规则等。通过设置 PCB 设计规则，可使布局、布线等满足设计要求，提高设计效率。

(5) 元器件布局。元器件布局是指分配元器件在印制电路板上的分布位置。进行元器件布局时，除考虑布局的效果美观以外，还应考虑元器件之间的电磁干扰、散热性，最后还应考虑是否能合理布线。一般情况下，元器件布局应首先考虑与电路板形状有关的元器件，然后是核心元器件及外形尺寸与重量较大元器件，最后是核心元器件的外围电路布局。Protel DXP 提供两种布局方式：自动布局和手动布局。设计人员可将自动布局和手动布局进行有效结合，使印制电路板上元器件合理分布。

(6) 布线。影响印制电路板性能的关键步骤就是布线。布线时，应分析电路中信号特征，以确保布线后信号的完整性和可靠性。Protel DXP 提供两种布线方式：自动布线和手动布线。在采用自动布线后，可修改已放置铜膜导线，加以修改，以获得良好布线效果。

(7) 检查、输出。在将设计好的印制电路板加工之前，为确保满足设计要求，需要进行检查。一般对于简单电路，可采用观察法进行检查。对于复杂电路可采用 Protel DXP 提供的设计规则检查功能：DRC。最后就是将设计的各种图纸报表进行打印输出，如图 5-4 所示。

图 5-4　PCB 一般设计步骤

2. 印制电路板设计的基本原则

印制电路板设计是一种实践经验要求较高的工作。为设计出性能优良、可靠性高、稳定性好的印制电路板，在设计中需要满足的原则较多，如印制电路板各模块之间的抗干扰要求、散热性等。以下对 PCB 板的布局、布线原则进行简单介绍。

元器件布局原则如下。

(1) 一般情况下，双面板应尽量避免元器件的两面放置，当顶层元器件排列过密时，才将部分元器件放置在底层。

(2) 元器件在印制电路板上的分布在按功能模块进行分布的条件下，应分布均匀，排列疏密有致。

(3) 在保证电气性能的前提条件下，元件放置应平行或垂直排列，例如双列直插式集成芯片、电阻等。

(4) 高低元件分开排列。

(5) 对于电位差较大的元器件或导线，应增大其间距离，避免因放电导致意外短路。

(6) 对可能产生干扰的元器件尽量分开放置，也可采取其他隔离措施。

(7) 元器件布局时，应考虑信号流向，使所布导线信号流向尽可能一致。

(8) 对于易受干扰的元器件，应加大相互之间的距离或加以屏蔽，例如，热敏电阻尽可能远离发热量大的元器件等。

(9) 对于大功率元器件应和小功率元器件分开放置。

(10) 对于可调元器件，如电位器、可变电容等，布局时应考虑整机的结构要求。若是采用机内调节，应放在印制电路板便于调节的地方，如印制电路板端部；若是机外调节，则只需要与机箱对应按钮、开关。

(11) 电路板的形状多为矩形，长宽比多为 4∶3，也可根据印制电路板在机箱内的位置、尺寸进行定义。

印制电路板布线原则如下。

(1) 为避免高频干扰，布线时，应尽可能选择短而粗的导线。

(2) 布线时，应尽可能选择 45° 折线，避免 90° 直角布线。

(3) I/O 口驱动电路应尽量靠近印制电路板边缘，使信号尽快离开印制电路板。

(4) 时钟电路应尽量靠近连接时钟电路的元器件，布线尽可能短。

(5) 布线时，应使电源线和地线加粗。当布置大面积电源线和地线时，应使用栅格状铜箔，避免因受热产生气体使铜箔脱落。

(6) 去耦电容应尽量与电源之间连接。

3. 连线精简原则

连线要精简，尽可能短，尽量少拐弯，力求线条简单明了，特别是在高频回路中。当然为了达到阻抗匹配而需要进行特殊延长的线例外，如蛇行走线等。

4. 安全载流原则

铜线的宽度应以自己所能承载的电流为基础进行设计，铜线的载流能力取决于以下因素：线宽、线厚(铜铂厚度)、允许温升等，下面给出了铜导线的宽度和导线面积及导电电流的关系(军品标准)，可以根据这个基本的关系对导线宽度进行适当的考虑。

印制导线最大允许工作电流(导线厚 50μm，允许温升 10 ℃)相关的计算公式为：$I=KT^{(0.44)}A^{(0.75)}$。其中：K 为修正系数，一般覆铜线在内层时取 0.024，在外层时取 0.048；T 为最大温升，单位为℃；A 为覆铜线的截面积，单位为 mil(注意，不是 mm)；I 为允许的最大电流，单位是 A。

5. 电磁抗干扰原则

电磁抗干扰原则涉及的知识点比较多，例如铜膜线的拐弯处应为圆角或斜角(因为高频时直角或者尖角的拐弯会影响电气性能），双面板两面的导线应互相垂直、斜交或者弯曲走线，尽量避免平行走线，减小寄生耦合等。

6. 地线的设计原则

在低频电路中，信号的工作频率小于 1MHz，它的布线和器件间的电感影响较小，而接地电路形成的环流对干扰影响较大，因而应采用一点接地。当信号工作频率大于 10MHz 时，如果采用一点接地，其地线的长度不应超过波长的 1/20，否则应采用多点接地法。数字地与模拟地分开。

若线路板上既有逻辑电路又有线性电路，应尽量使它们分开。一般数字电路的抗干扰能力比较强，例如 TTL 电路的噪声容限为 0.4～0.6V，CMOS 电路的噪声容限为电源电压的 0.3～0.45 倍，而模拟电路只要有很小的噪声就足以使其工作不正常，所以这两类电路应该分开布局布线。

接地线应尽量加粗。若接地线用很细的线条，则接地电位会随电流的变化而变化，使抗噪性能降低。因此应将地线加粗，使它能通过 3 倍于印制板上的允许电流。如有可能，接地线应在 2～3mm 以上。

接地线构成闭环路。只由数字电路组成的印制板，其接地电路布成环路大多能提高抗噪声能力。因为环形地线可以减小接地电阻，从而减小接地电位差。

7. 配置退耦电容

PCB 设计的常规做法之一是在印刷板的各个关键部位配置适当的退耦电容，退耦电容的一般配置原则如下。

(1) 电源的输入端跨接 10~100μF 的电解电容器，如果印制电路板的位置允许，采用 100μF 以上的电解电容器抗干扰效果会更好。

原则上每个集成电路芯片都应布置一个 0.01～0.1μF 的瓷片电容，如遇印制板空隙不够，可每 4～8 个芯片布置一个 1～10μF 的钽电容(最好不用电解电容，电解电容是两层薄膜卷起来的，这种卷起来的结构在高频时表现为电感，最好使用钽电容或聚碳酸酯电容)。对于抗噪能力弱、关断时电源变化大的器件，如 RAM、ROM 存储器件，应在芯片的电源线和地线之间直接接入退耦电容。电容引线不能太长，尤其是高频旁路电容不能有引线。

(2) 过孔设计。在高速 PCB 设计中，看似简单的过孔也往往会给电路的设计带来很大的负面效应，为了减小过孔的寄生效应带来的不利影响，在设计中可以尽量做到。

(3) 从成本和信号质量两个方面来考虑，选择合理尺寸的过孔大小。例如，对层的内存模块 PCB 设计来说，选用 10/20mil(钻孔/焊盘)的过孔较好，对于一些高密度的小尺寸的板子，也可以尝试使用 8/18mil 的过孔。在目前技术条件下，很难使用更小尺寸的过孔了(当孔的深度超过钻孔直径的 6 倍时，就无法保证孔壁能均匀镀铜)；对于电源或地线的过孔则可以考虑使用较大尺寸，以减小阻抗。

(4) 使用较薄的 PCB 板有利于减小过孔的两种寄生参数。

PCB 板上的信号走线尽量不换层，即尽量不要使用不必要的过孔。

电源和地的管脚要就近打过孔，过孔和管脚之间的引线越短越好。

在信号换层的过孔附近放置一些接地的过孔，以便为信号提供最近的回路。甚至可以在 PCB 板上大量放置一些多余的接地过孔。

8. 降低噪声与电磁干扰的一些经验

能用低速芯片就不用高速的，高速芯片用在关键地方。可用串一个电阻的方法，降低控制电路上下沿跳变速率。

尽量为继电器等提供某种形式的阻尼，如 RC 设置电流阻尼。

使用满足系统要求的最低频率时钟。

时钟应尽量靠近到用该时钟的器件，石英晶体振荡器的外壳要接地。

用地线将时钟区圈起来，时钟线尽量短。

石英晶体下面以及对噪声敏感的器件下面不要走线。

时钟、总线、片选信号要远离 I/O 线和接插件。

时钟线垂直于 I/O 线比平行于 I/O 线干扰小。

I/O 驱动电路尽量靠近 PCB 板边，让其尽快离开 PCB。对进入 PCB 的信号要加滤波，从高噪声区来的信号也要加滤波，同时用串终端电阻的办法，减小信号反射。

MCU 无用端要接高，或接地，或定义成输出端，集成电路上该接电源、地的端都要接，不要悬空。

闲置不用的门电路输入端不要悬空，闲置不用的运放正输入端接地，负输入端接输出端。

印制板尽量使用 45° 折线而不用 90° 折线布线，以减小高频信号对外的发射与耦合。

印制板按频率和电流开关特性分区，噪声元件与非噪声元件要距离再远一些。

单面板和双面板用单点接电源和单点接地、电源线、地线尽量粗。

模拟电压输入线、参考电压端要尽量远离数字电路信号线，特别是时钟。

对 A/D 类器件，数字部分与模拟部分不要交叉。

元件引脚尽量短，去耦电容引脚尽量短。

关键的线要尽量粗，并在两边加上保护地，高速线要短且直。

对噪声敏感的线不要与大电流、高速开关线并行。

弱信号电路，低频电路周围不要形成电流环路。

任何信号都不要形成环路，如不可避免，让环路区尽量小。

每个集成电路有一个去耦电容。每个电解电容边上都要加一个小的高频旁路电容。

用大容量的钽电容或聚酯电容而不用电解电容做电路充放电储能电容，使用管状电容时，外壳要接地。

对干扰十分敏感的信号线要设置包地，可以有效地抑制串扰。

信号在印刷板上传输，其延迟时间不应大于所有器件的标称延迟时间。

9. 环境效应原则

要注意所应用的环境，例如在一个振动或者其他容易使板子变形的环境中采用过细的铜膜导线很容易起皮拉断等。

10. 安全工作原则

要保证安全工作，例如要保证两线最小间距要承受所加电压峰值，高压线应圆滑，不得有尖锐的倒角，否则容易造成板路击穿等。

11. 组装方便、规范原则

走线设计要考虑组装是否方便，例如印制板上有大面积地线和电源线区时(面积超过 500mm^2)，应局部开窗口以方便腐蚀等。

此外还要考虑组装规范设计，例如元件的焊接点用焊盘来表示，这些焊盘(包括过孔)均会自动不上阻焊油，但是如用填充块当表贴焊盘或用线段当金手指插头，而又不做特别处理，在阻焊层画出无阻焊油的区域，阻焊油将掩盖这些焊盘和金手指，容易造成误解性错误；SMD 器件的引脚与大面积覆铜连接时，要进行热隔离处理，一般是做一个 Track 到铜箔，以防止受热不均造成的应力集中而导致虚焊；PCB 上如果有 ϕ 12 或方形 12mm 以上的过孔时，必须做一个孔盖，以防止焊锡流出等。

12. 经济原则

遵循该原则要求设计者要对加工、组装的工艺有足够的认识和了解，例如 5mil 的线做腐蚀要比 8mil 难，所以价格要高，过孔越小越贵等。

13. 热效应原则

在印制板设计时可考虑用以下几种方法：均匀分布热负载、给零件装散热器，局部或全局强迫风冷。从有利于散热的角度出发，印制板最好是直立安装，板与板的距离一般不应小于 2cm，而且器件在印制板上的排列方式应遵循一定的规则：同一印制板上的器件应尽可能按其发热量大小及散热程度分区排列，发热量小或耐热性差的器件(如小信号晶体管、小规模集成电路、电解电容等)放在冷却气流的最上(入口处)，发热量大或耐热性好的器件(如功率晶体管、大规模集成电路等)放在冷却气流最下。在水平方向上，大功率器件尽量靠近印制板的边沿布置，以便缩短传热路径；在垂直方向上，大功率器件尽量靠近印制板上方布置，以便减少这些器件在工作时对其他器件温度的影响。对温度比较敏感的器件最好安置在温度最低的区域(如设备的底部)，千万不要将它放在发热器件的正上方，多个器件最好是在水平面上交错布局。设备内印制板的散热主要依靠空气流动，所以在设计时要研究空气流动的路径，合理配置器件或印制电路板。采用合理的器件排列方式，可以有效地降低印制电路的温升。此外通过降额使用、做等温处理等方法也是热设计中经常使用的手段。

第 2 课　2课时　PCB 文档操作和参数设置

（1）　PCB 板编辑器界面是由标题栏、PCB 设计管理器窗口、菜单栏、工具栏、工作编辑区及工作层选项卡组成。PCB 设计管理器窗口位于 PCB 板编辑器界面的最左端，在进行 PCB 板设计时，通常打开该窗口，会使设计变得更方便。

PCB 信息包括网络、元件、封装库、网络组群、元件组群、犯规和规则共 7 类信息。打开【元件库】窗格，如图 5-5 所示，则此时浏览选项组与原理图设计管理器窗口的浏览选项组相同，即在信息选择下拉列表框下的文本框中显示已添加的元器件封装库，显示元件封装信息，如果选中某封装，在其下面的白色背景的图文框中同时还能显示该封装的形状。

PCB 板编辑器界面菜单中的【文件】菜单、【编辑】菜单、【查看】菜单、【视窗】菜单和【帮助】菜单与原理图编辑器相应菜单的功能相同或相似；【报告】菜单提供 PCB 报表的输出。下面主要介绍【放置】菜单、【设计】菜单、【工具】菜单和【自动布线】菜单。

PCB 板编辑器的【放置】菜单，主要用来完成 PCB 中各种对象的放置工作，在【放置】菜单中各命令与【配线】工具栏中各按钮相对应，如图 5-6 和图 5-7 所示。

在菜单栏上选择【放置】菜单命令或在 PCB 板编辑区按 P 键，就可弹出【放置】菜单中的各子命令。【放置】菜单主要有如下子命令组成：【圆弧】、【矩形填充】、【铜区域】、【直线】、

【字符串】、【焊盘】、【过孔】、【交互式布线】、【元件】、【坐标】、【尺寸】、【内嵌电路板队列】、【覆铜】、【多边形灌铜切块】、【分割覆铜平面】、【禁止布线区】。

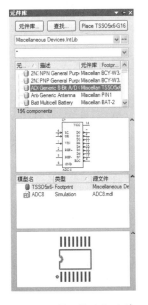

图 5-5 【元件库】窗格　　　图 5-6 【放置】菜单　　　图 5-7 【配线】工具栏

Protel DXP 有许多预置的模板，这些模板都具有各自的标题栏、参考布线规则、物理尺寸和标准边缘连接器等，还可以允许用户自定义电路板、创建和保存自己定义的模板。通过 PCB 板向导可以调用这些已设置好的模板。对初学者来说，使用系统提供的电路板向导来创建 PCB 板比较方便，也容易上手。

(2) 把元器件加载到 PCB 编辑器界面后，我们还要对各个元器件的属性进行编辑。元器件的属性主要包括元器件的标号、元器件的标称值、元器件的形式等。和原理图中元器件一样，对于 PCB 库中每个元器件，也具有自己的文字组件属性，它包括两个文字组件：元器件的标号和元器件的标称值。在对整个元器件属性进行编辑时，可以对它本身的属性(所有的属性，包括组件属性)进行编辑，也可以单独对它的文字组件的属性进行编辑。也就是说，对元器件属性的编辑，既可以对元器件进行整体属性的编辑，也可对它的某个组件进行单独编辑。

在 PCB 编辑界面，在绘图区单击鼠标右键，在快捷菜单中选择【选择项】|【PCB 板选择项】命令，如图 5-8 所示。

图 5-8 选择【PCB 板选择项】命令

在弹出的【PCB 板选择项】对话框中，设置 PCB 的单位、网格、图纸和显示等信息，如图 5-9 所示。

图 5-9　【PCB 板选择项】对话框

在放置元器件命令状态下，按 Tab 键，或用鼠标双击一个已放置的元器件，或用鼠标左键按住一个已放置的元器件不放并同时按 Tab 键，均可打开【元件】对话框，如图 5-10 所示。

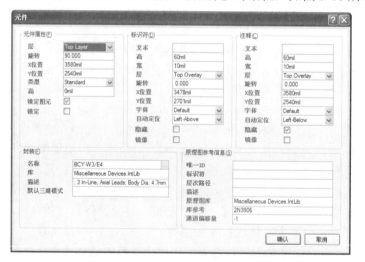

图 5-10　【元件】对话框

【元件属性】选项组：用于一般属性设置。

【封装】选项组：设置元器件的名称、库、描述等内容。

【标识符】选项组：设置元器件的标称文本属性、字体等信息。

【注释】选项组：是对元器件的标称值属性进一步描述，其中的选项和【标识符】选项组相同。

【原理图参考信息】选项组：设置原理图的 ID、标识符和路径等信息。

在某些情况下，需要对一些元器件的参数进行全部相同的编辑，例如对所有的电阻或所有的电容进行编辑。

(3) 在进入 PCB 板编辑器界面时，默认的层选项卡从左向右有如下几项：顶层、底层、机械层1、机械层 2 等，如图 5-11 所示。

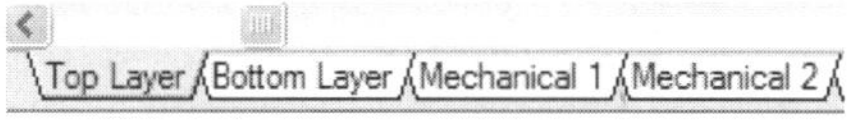

图 5-11 工作层

实际上在使用 Protel DXP 进行 PCB 板设计时，涉及的工作层还有 Signal Layer(信号层)、Internal Layer(内电层)、Mechanical Layer(机械层)、Solder Mask(阻焊层)、Paste Mask(锡膏防护层)、Silkscreen(丝印层)、Keep Out Layer(禁止布线层)、Multi Layer(复合层)、Drill Guide(导孔层)、Drill Drawing(孔位图层)、Connection(连接板层)、DRC Errors(电气错误指示层)、Pad Holes(焊盘孔层)、Via Holes(过孔层)、Visible Grid1(第一可视栅格层)和 Visible Grid2(第二可视栅格层)。

Protel DXP 能够进行多层 PCB 板的制作，Protel DXP 最多可达到 32 个信号层，即 Top Layer(顶层)、Bottom Layer(底层)及 Mid Layer1(中间层 1)～Mid Layer30(中间层 30)。其中顶层主要用于放置元器件，底层主要用于放置焊锡，中间层用于进行走线。

Protel DXP 默认的信号层只有顶层、底层两层。Protel DXP 共有 16 个内电层，即 Internal Layer1(内电层 1)～Internal Layer16(内电层 16)，在内电层上只能用于布置电源线和地线。在同一内电层上允许有多个电源或地。每个内电层都可以具有一个网络名称，PCB 编辑器自动将与其具有相同网络名称的焊盘以飞线形式连接起来。

阻焊层主要用于放置阻焊漆，除焊盘和过孔对应部分不放置阻焊漆之外，其他部分都要放置阻焊漆。阻焊层有 Top Solder Mask(顶层阻焊层)和 Bottom Solder Mask(底层阻焊层)。

丝印层有 TopOverlay(顶层丝印层)和 BottomOverlay(底层丝印层)，丝印层上主要用于放置元器件的外形轮廓、元器件序号及其他文本信息。

禁止布线层用于设定元器件放置及布线的区域，在此区域之外，禁止放置元器件及布线；复合层主要用于放置焊盘、过孔等；在手工钻孔时，在导孔层进行钻孔说明；孔位图层主要是在数控钻床加工时，放置钻孔信息；连接板层主要用来显示飞线；电气错误指示层主要用来显示进行 DRC 检查后的错误信息；焊盘孔层用于显示焊盘通孔；过孔层用于显示过孔；第一及第二可视栅格层主要用于显示第一及第二可视栅格；锡膏防护层主要用于 SMD 元器件的自动焊接。为了保证 SMD 元器件被放置在电路板上后不会移位，除焊盘以外，其他部位都要涂防锡膏，锡膏防护层也有顶层和底层两种。

第3课 2课时 创建 PCB 元件和网络表

5.3.1 创建 PCB

行业知识链接：印刷电路板是在一块绝缘板上先覆上一层金属箔，再将电路不需要的金属箔腐蚀掉，剩下的部分金属箔作为电路元器件之间的连接线，然后将电路中的元器件安装在这块绝缘板上，利用板上剩余的金属箔作为元器件之间导电的连线，完成电路的连接，如图 5-12 所示是 PCB 上的印刷线路。

图 5-12 印刷线路

1. 手动创建 PCB

在日常生活中，常常见到各种各样的印刷电路板，它们大多是通过 PCB 板编辑器设计实现的。因此，作为一个电路设计者，首先要做的工作就是确定印刷电路板的尺寸，即确定电路板的物理边界。此外，还要确定电路板的电气边界以及要使用哪些工作层。创建 PCB 板的方法有两种：一种是手动规划 PCB 板；另一种是使用向导创建 PCB 板。

选择【文件】|【创建】|【PCB 文件】菜单命令，在设计数据库新建一个 PCB 文档，在 PCB 板编辑界面下方看到板层信息，如图 5-13 所示。

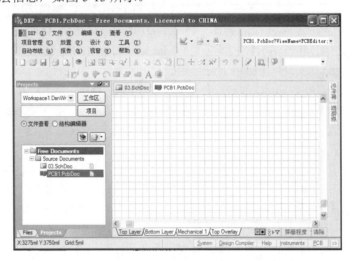

图 5-13　PCB 板编辑界面

2. 向导创建 PCB

Protel DXP 提供了 PCB 设计模板向导，图形化的操作使得 PCB 的创建变得非常简单。它提供了很多工业标准板的尺寸规格，也可以用户自定义设置。这种方法适合于各种工业制板，其操作步骤如下。

单击软件 Files 窗格中【根据模板新建】选项组下的 PCB Board Wizard 选项，如图 5-14 所示。启动的【PCB 板向导】对话框如图 5-15 所示。

图 5-14　选择 PCB Board Wizard 选项

图 5-15　【PCB 板向导】对话框

单击【下一步】按钮，出现如图 5-16 所示的对话框，要求对 PCB 板进行度量单位设置。系统提供两种度量单位，一种是英制单位，在印刷板中常用的是 inch(英寸)和 mil(千分之一英寸)；另一种单位是公制单位，常用的有 cm(厘米)和 mm(毫米)。两种度量单位转换关系为 1 inch＝25.4 mm。系统默认使用是英制度量单位。

图 5-16　选择单位

单击【下一步】按钮，出现如图 5-17 所示的对话框，要求对设计 PCB 板的尺寸类型进行指定。Protel DXP 提供了很多种工业制板的规格，用户可以根据自己的需要，选择 Custom 选项，进入自定义 PCB 板的尺寸类型模式。

图 5-17　选择尺寸类型

单击【下一步】按钮，进入下一接口，设置电路板形状和布线信号层数，如图 5-18 所示。在对话框的【轮廓形状】选项区域中，有 3 种选项可以选择设计的外观形状。常用设置如下。

【放置尺寸于此层】下拉列表框用来选择所需要的机械加工层，最多可选择 16 层机械加工层。

设计双面板只需要使用默认选项 Mechanical Layer1。

【边界导线宽度】文本框用于确定电路板设计时，从机械板的边缘到可布线之间的距离。

【角切除】复选框，选择是否要在印制板的 4 个角进行裁剪。

【内部切除】复选框用于确定是否进行印刷板内部的裁剪。

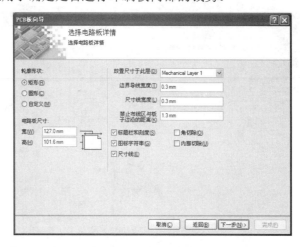

图 5-18　设置电路板详情

单击【下一步】按钮进入下一个接口，对 PCB 板的信号层和电源层数目进行设置，如图 5-19 所示。双面板信号层数就为 2。

图 5-19　设置信号层、电源层

单击【下一步】按钮进入下一个接口，设置所使用的过孔类型，过孔归为两类可供选择，一类是通孔，另一类是盲过孔和隐藏过孔，如图 5-20 所示。

单击【下一步】按钮，进入下一个接口，设置组件的类型和表面黏着组件的布局，如图 5-21 所示。如果选中【表面贴装元件】单选按钮，将会出现提示信息，询问是否在 PCB 的两面都放置表面黏着式组件。

单击【下一步】按钮，进入下一个接口，在这里可以设置导线和过孔的属性，如图 5-22 所示。对话框的导线和过孔属性设置对话框中的选项设置及功能如下。

图 5-20　设置过孔

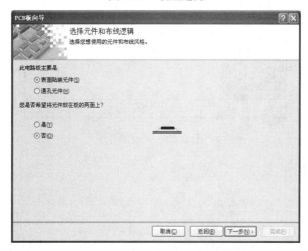

图 5-21　设置布线风格

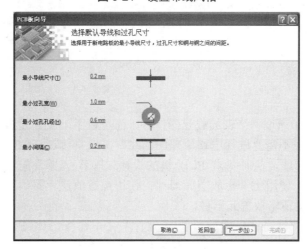

图 5-22　设置导线和过孔的属性

【最小导线尺寸】：设置导线的最小宽度。

【最小过孔宽】：设置焊盘的最小直径值。

【最小过孔孔径】：设置焊盘最小孔径。

【最小间隙】：设置相邻导线之间的最小安全距离。

这些参数可以根据实际需要进行设定，用鼠标单击相应的位置即可进行参数修改。这里均采用默认值。

单击【下一步】按钮，出现 PCB 设置完成接口，单击【完成】按钮，将启动 PCB 编辑器，至此完成了使用 PCB 向导新建 PCB 板的设计，如图 5-23 所示。

图 5-23　完成向导

5.3.2　放置 PCB 元件

行业知识链接：由于印制电路板的一面或两面覆的金属是铜皮，所以印刷电路板又叫"覆铜板"。印板图的元件分布往往和原理图中大不一样，如图 5-24 所示是印刷电路板的元件封装分布。

图 5-24　印刷电路板的封装分布

1. 使用菜单放置元件

PCB 元器件放置，除了通过网络表加载元器件外，还可以手工放置元器件。熟练的电路设计者对于比较简单的电路图，一般不需要进行电路原理图的绘制，而直接在 PCB 板上放置元器件，经过手工布局之后，再进行手工布线，从而完成 PCB 板的设计。PCB 元器件的手工放置方法通常有下面几种：使用菜单放置元器件；使用工具栏放置元器件；使用热键放置元器件；使用 PCB 设计管理器放置元器件；使用【元件库】窗格放置元器件。

使用菜单放置元器件，就是选择【放置】|【元件】菜单命令，如图 5-25 所示。弹出【放置元件】对话框，通过在该对话框中填入相应的信息之后，单击【确认】按钮，进行放置元器件的操作，如图 5-26 所示。具体的操作步骤与原理图中使用菜单放置元器件的步骤类似。

图 5-25 选择【元件】命令

图 5-26 【放置元件】对话框

2. 使用元件库放置元件

使用元件库放置元器件，就是在不知道元器件名称或只知道名称中的一部分时，通过使用元件库对已添加的库中元器件进行浏览，待找到合适的元器件后再进行放置，如图 5-27 所示。

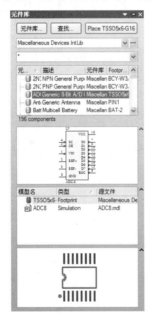

图 5-27 元件库

3. 使用热键放置元件

使用热键命令放置元器件，就是在 PCB 编辑器界面中，依次按 P 键和 C 键，就可弹出【放置元件】对话框。采用热键放置 PCB 元器件对熟悉 PCB 元器件(原理图元器件封装)的人来说操作起来比较方便。

5.3.3　网络表

　　行业知识链接： 在印刷电路板的设计中，主要考虑所有元件的分布和连接是否合理，要考虑元件体积、散热、抗干扰、抗耦合等等诸多因素，综合这些因素设计出来的印刷电路板，从外观看很难和原理图完全一致。如图 5-28 所示是实用化的小型印刷电路板。

图 5-28　小型印刷电路板

1. 网络表的生成

　　网络表分为外部网络表和内部网络表两种。从 SCH 原理图生成的供 PCB 使用的网络表就叫作外部网络表，在 PCB 内部根据所加载的外部网络表所生成表称为内部网络表，用于 PCB 组件之间飞线的连接。一般用户所使用的也就是外部网络表，所以不用将两种网络表严格区分。

　　为单个原理图文件创建网络表的步骤如下。

　　(1) 双击原理图文件，打开要创建网络表的原理图。

　　(2) 选择【设计】|【文档的网络表】| Protel 菜单命令，这里生成的网络表名称后缀即为 NET。双击网络表图标，将显示网络表的详细内容，如图 5-29 所示。

图 5-29　网络表

2. 网络表组成

　　Protel 网络表的格式由两个部分组成，一部分是组件的定义；另一部分是网络的定义。

　　1)　组件的定义

　　网络表第一部分是对所使用的组件进行定义，一个典型的组件定义如下。

　　[：组件定义开始；

　　C1：组件标志名称；

　　RAD－0.3：组件的封装；

　　10n：组件注释(就是把各种元器件表达出来)；

　　]：组件定义结束。

　　每一个组件的定义都以符号 " [" 开始，以符号 "] " 结束。第一行是组件的名称，即 Designator 信息；第二行为组件的封装，即 Footprint 信息；第三行为组件的注释。

　　2)　网络的定义

　　网络表的后半部分为电路图中所使用的网络定义。每一个网络意义就是对应电路中有电气连接关系的一个点。一个典型的网络定义如下：

　　(：网络定义开始；

　　NetC2_2：网络的名称；

　　C2-2 ：连接到此网络的所有组件的标志和引脚号；

　　X1-1：连接到此网络的组件标志和引脚号；

）：网络定义结束。

每一个网络定义的部分从符号"("开始，以符号")"结束。"("符号下第一行为网络的名称。以下几行都是连接到该网络点的所有组件的组件标识和引脚号。如 C2-2 表示电容 C2 的第 2 脚连接到网络 NetC2_2 上；X1-1 表示还有晶振 X1 的第 1 脚也连接到该网络点上。

3. 更新 PCB 板

生成网络表后，即可将网络表里的信息导入印刷电路板，为电路板的组件布局和布线做准备。Protel 提供了从原理图到 PCB 板自动转换设计的功能，它集成在 ECO 项目设计更改管理器中。启动项目设计更改管理器的方法有两种。

在原理图编辑环境下，选择【设计】| Update PCB Document...菜单命令，如图 5-30 所示。执行以上相应命令后，将弹出【工程变化订单(ECO)】对话框，如图 5-31 所示。

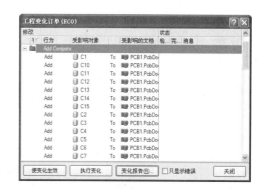

图 5-30　选择【设计】| Update PCB Document...菜单命令　　图 5-31　【工程变化订单(ECO)】对话框

【工程变化订单(ECO)】对话框中显示出当前对电路进行的修改内容，左边为修改列表，右边是对应修改的状态。主要的修改有 Add Component、Add Nets、Add Components Classes 和 Add Rooms 几类。

单击【使变化生效】按钮，系统将检查所有的更改是否都有效，如果有效，将在右边 【检查】栏对应位置打钩；如果有错误，【检查】栏中将显示红色错误标识。

一般的错误都是由于组件封装定义不正确，系统找不到给定的封装，或者设计 PCB 板时没有添加对应的集成库。此时则返回到原理图编辑环境中，对有错误的组件进行更改，直到修改完所有的错误即【检查】栏中全为正确内容为止，如图 5-32 所示。

图 5-32　检查结果

单击【执行变化】按钮，系统将执行所有的更改操作，如果执行成功，则如图 5-33 所示完成元件添加。

在【工程变化订单(ECO)】对话框中，允许将所有更改过的元件名以 Excel 格式保存。保存输出文件后，系统将返回到对话框，单击【关闭】按钮，将关闭该对话框，进入 PCB 编辑接口。此时所有的组件都已经添加到 PCB 文件中，组件之间的飞线也已经连接。

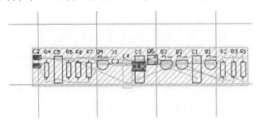

图 5-33　完成添加元件

课后练习

案例文件：ywj\05\01.schdoc
视频文件：光盘\视频课堂\第 5 教学日\5.3

1. 案例分析

本节课后练习创建移动电话电路。移动电话又称为无线电话，原本只是一种通信工具，是可以在较广范围内使用的便携式电话终端，最早是由战地移动电话机发展而来，如图 5-34 所示是完成的移动电话电路图纸。

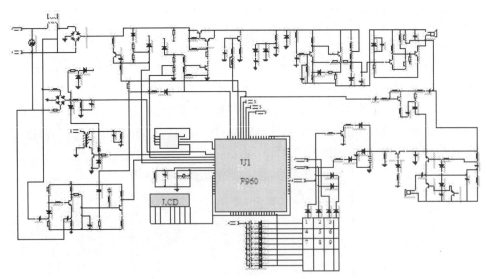

图 5-34　移动电话电路图

本案例主要练习了移动电话电路的创建，首先创建 U1 芯片，之后创建芯片周边的电路，之后创建左边电路，最后创建右边电路。绘制移动电话电路图纸的思路和步骤如图 5-35 所示。

图 5-35　移动电话图纸创建的步骤

2. 案例操作

step 01　首先添加 U1 芯片。单击【配线】工具栏中的【放置图纸符号】按钮▣，修改图纸信息，放置 U1 图纸符号，如图 5-36 所示。

step 02　开始绘制周边电路。单击【配线】工具栏中的【放置导线】按钮⬡，绘制如图 5-37 所示的导线接头。

step 03　单击【配线】工具栏中的【放置总线】按钮⬡，绘制如图 5-38 所示的总线。

图 5-36　放置 U1 图纸符号

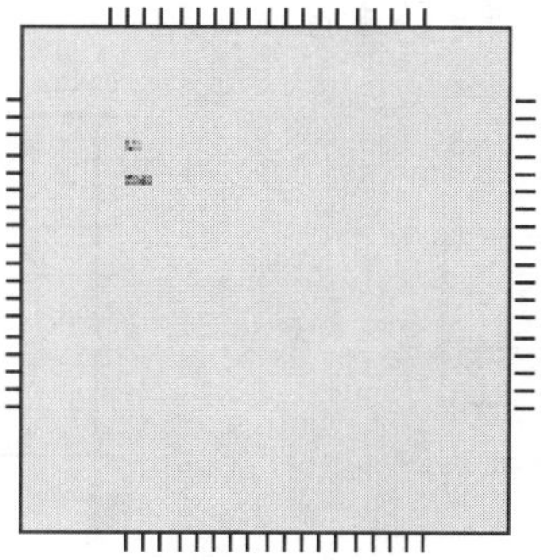

图 5-37　绘制导线接头

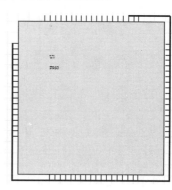

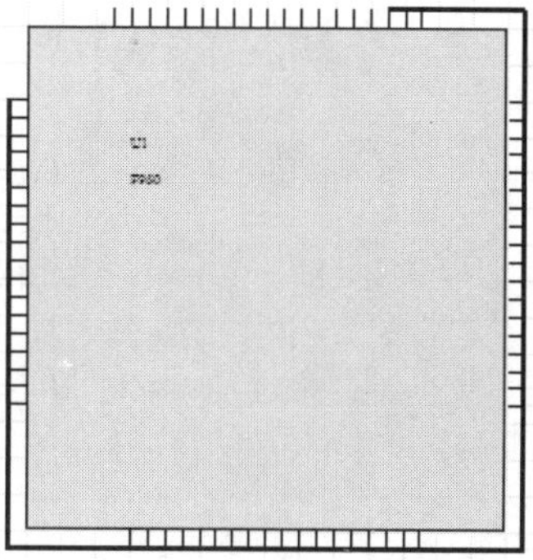

图 5-38　绘制总线

step 04　单击【配线】工具栏中的【放置图纸符号】按钮▣，修改图纸信息，放置 LCD 图纸符号，如图 5-39 所示。

step 05　单击【配线】工具栏中的【放置导线】按钮⬡，绘制导线，并单击【放置总线】按钮⬡，绘制总线，如图 5-40 所示。

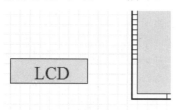

图 5-39　放置 LCD 图纸符号

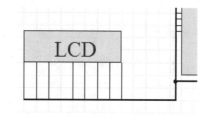

图 5-40　绘制导线和总线

step 06　单击【配线】工具栏中的【放置导线】按钮⬡，绘制导线，并单击【放置总线】按钮⬡，绘制总线，如图 5-41 所示。

step 07　单击【配线】工具栏中的【放置元件】按钮▣，选择 Diode 和 Cap 元件，按空格键旋转元件，放置如图 5-42 所示的二极管和电容元件。

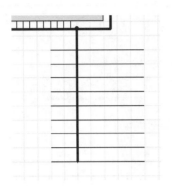

图 5-41　绘制导线和总线

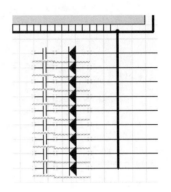

图 5-42　放置二极管和电容

step 08　单击【配线】工具栏中的【放置端口】按钮，修改元件信息，放置 CLK 端口元件，如图 5-43 所示。

step 09　单击【实用工具】工具栏中的【实用工具】按钮，弹出下拉列表，选择【放置直线】按钮，绘制如图 5-44 所示的直线表格。

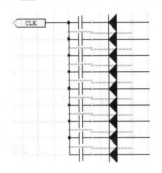

图 5-43　放置 CLK 端口

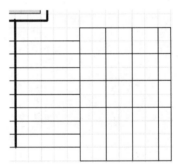

图 5-44　绘制直线表格

step 10　单击【实用工具】工具栏中的【实用工具】按钮，弹出下拉列表，选择【放置文本字符串】按钮，添加如图 5-45 所示的数字。

step 11　单击【实用工具】工具栏中的【数字式设备】按钮，在下拉列表中选择"电阻"元件，按空格键旋转元件，放置如图 5-46 所示的 6 个电阻元件。

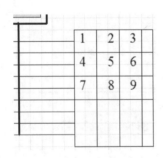

图 5-45　添加数字

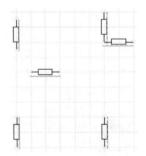

图 5-46　放置电阻

step 12　单击【配线】工具栏中的【放置元件】按钮，选择 NPN、Diode 和 Cap 元件，按空格键旋转元件，放置如图 5-47 所示的三极管、二极管和电容元件。

step 13 ▷ 单击【配线】工具栏中的【放置导线】按钮 ≈，绘制如图 5-48 所示的导线。

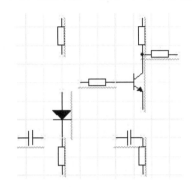

图 5-47 放置三极管、二极管和电容

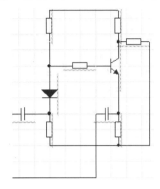

图 5-48 绘制导线

step 14 ▷ 单击【原理图 标准】工具栏中的【复制】按钮，选择元件，单击【粘贴】按钮，按空格键旋转元件，完成如图 5-49 所示二极管、三极管、电容和电阻元件的复制。

step 15 ▷ 单击【配线】工具栏中的【放置导线】按钮 ≈，绘制导线，并添加"放置条状电源端口"和"GND 端口元件"，放置条状电源端口和 GND 端口元件，如图 5-50 所示。

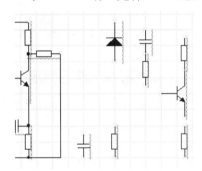

图 5-49 复制二极管、三极管、电容和电阻

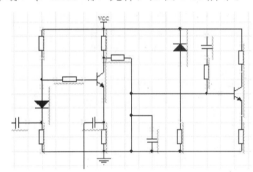

图 5-50 绘制导线并放置条状电源端口和 GND 端口

step 16 ▷ 单击【配线】工具栏中的【放置元件】按钮，选择 Res2、Cap 和 XTAL 元件，按空格键旋转元件，放置电阻、电容和晶振元件，并单击"GND 端口"元件，放置 GND 端口元件，如图 5-51 所示。

step 17 ▷ 单击【配线】工具栏中的【放置导线】按钮 ≈，绘制导线，并单击【放置总线】按钮，绘制总线，如图 5-52 所示。

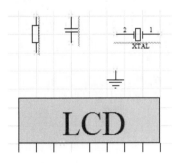

图 5-51 放置电阻、电容、晶振和 GND 端口

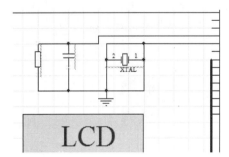

图 5-52 绘制导线和总线

step 18 ▶ 单击【实用工具】工具栏中的【实用工具】按钮，弹出下拉列表，选择【放置矩形】按钮，绘制矩形，并单击【放置导线】按钮，绘制导线，完成周边电路绘制，如图 5-53 所示。

step 19 ▶ 开始绘制左边电路。单击【配线】工具栏中的【放置元件】按钮，选择 Trans CT、NPN、Diode、Res2 和 Cap 元件，按空格键旋转元件，放置如图 5-54 所示的变压器、三极管、二极管、电阻和电容元件。

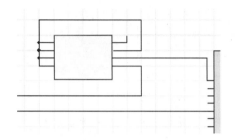

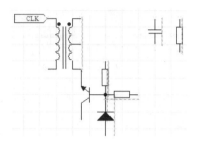

图 5-53　绘制矩形和导线　　　　　图 5-54　放置变压器、三极管、二极管、电阻和电容

step 20 ▶ 单击【配线】工具栏中的【放置导线】按钮，绘制导线，并选择"GND 端口"元件，放置 GND 端口元件，如图 5-55 所示。

step 21 ▶ 单击【配线】工具栏中的【放置元件】按钮，弹出【放置元件】对话框，选择如图 5-56 所示相应的信息，单击【确认】按钮。

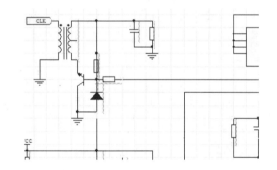

图 5-55　绘制导线并放置 GND 端口　　　　　图 5-56　【放置元件】对话框

step 22 ▶ 将 Bridge1 元件放置在绘图区适当的位置上，按空格键旋转元件，放置整流桥元件，如图 5-57 所示。

step 23 ▶ 单击【原理图 标准】工具栏中的【复制】按钮，选择元件，单击【粘贴】按钮，按空格键旋转元件，完成如图 5-58 所示二极管、电阻、电容和 GND 端口元件的复制。

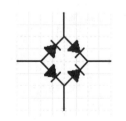

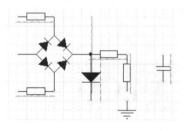

图 5-57　放置整流桥　　　　　图 5-58　复制二极管、电阻、电容和 GND 端口

step 24 ▶ 单击【配线】工具栏中的【放置导线】按钮 ≈，绘制如图 5-59 所示的导线。

step 25 ▶ 单击【配线】工具栏中的【放置元件】按钮 ▷，选择 Diode 和 Res2 元件，按空格键旋转元件，放置二极管和电阻元件，并单击【放置导线】按钮 ≈，绘制导线，如图 5-60 所示。

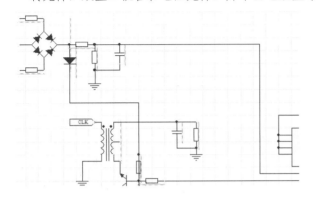

图 5-59　绘制导线

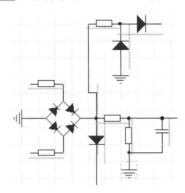

图 5-60　放置二极管、电阻并绘制导线

step 26 ▶ 单击【配线】工具栏中的【放置元件】按钮 ▷，弹出【放置元件】对话框。选择如图 5-61 所示相应的信息，单击【确认】按钮。

step 27 ▶ 将 Neon 元件放置在绘图区适当的位置上，按空格键旋转元件，放置氖气灯元件，如图 5-62 所示。

图 5-61　【放置元件】对话框

图 5-62　放置氖气灯

step 28 ▶ 单击【配线】工具栏中的【放置元件】按钮 ▷，选择 Trans 元件，按空格键旋转元件，放置变压器元件，并单击【放置端口】按钮 ▷，修改元件信息，放置 CLK 端口元件，如图 5-63 所示。

step 29 ▶ 单击【配线】工具栏中的【放置导线】按钮 ≈，绘制如图 5-64 所示的导线。

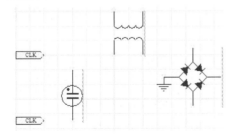

图 5-63　放置变压器和 CLK 端口

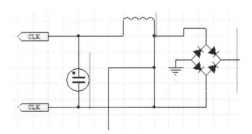

图 5-64　绘制导线

step 30 单击【配线】工具栏中的【放置导线】按钮，绘制如图 5-65 所示的导线。

step 31 单击【配线】工具栏中的【放置元件】按钮，选择 Diode 和 Res2 元件，按空格键旋转元件，放置二极管和电阻元件，并单击【放置导线】按钮，绘制导线，如图 5-66 所示。

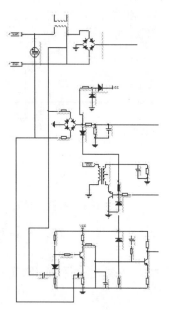

图 5-65　绘制导线

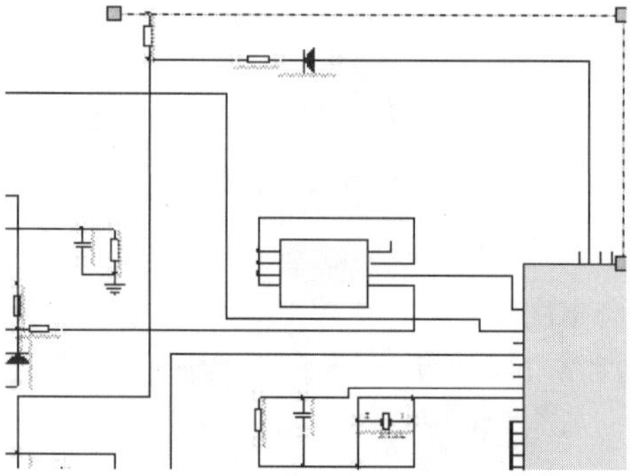

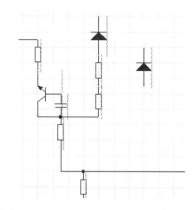

图 5-66　放置二极管、电阻并绘制导线

step 32 单击【配线】工具栏中的【放置元件】按钮，选择 NPN、Diode 和 Res2 元件，按空格键旋转元件，放置三极管、二极管和电阻元件，并单击【放置导线】按钮，绘制导线，如图 5-67 所示。

step 33 单击【配线】工具栏中的【放置元件】按钮，选择 Diode 和 Res2 元件，按空格键旋转元件，放置二极管和电阻元件，如图 5-68 所示。

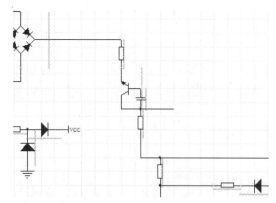

图 5-67　放置三极管、二极管和电阻并绘制导线

图 5-68　放置二极管和电阻

step 34 单击【配线】工具栏中的【放置导线】按钮，绘制如图 5-69 所示的导线。

step 35 单击【配线】工具栏中的【放置元件】按钮，选择 Diode 和 Res2 元件，按空格键旋转元件，放置二极管和电阻元件，如图 5-70 所示。

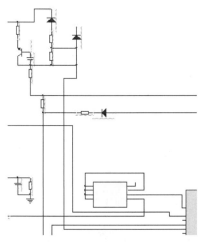

图 5-69　绘制导线

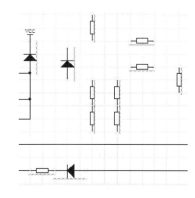

图 5-70　放置二极管和电阻

step 36　单击【配线】工具栏中的【放置导线】按钮，绘制如图 5-71 所示的导线。

step 37　单击【原理图 标准】工具栏中的【复制】按钮，选择元件，单击【粘贴】按钮，按空格键旋转元件，完成如图 5-72 所示三极管和电阻元件的复制。

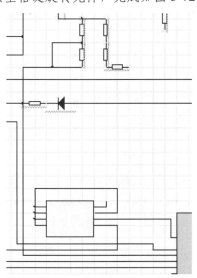

图 5-71　绘制导线

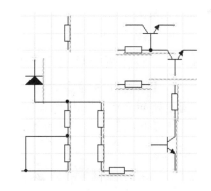

图 5-72　复制三极管和电阻

step 38　单击【配线】工具栏中的【放置导线】按钮，绘制如图 5-73 所示的导线。

step 39　单击【原理图 标准】工具栏中的【复制】按钮，选择元件，单击【粘贴】按钮，按空格键旋转元件，完成如图 5-74 所示三极管和电阻元件的复制。

step 40　单击【配线】工具栏中的【放置导线】按钮，并添加"GND 端口"元件，完成左边电路绘制，如图 5-75 所示。

step 41　开始绘制右边电路。单击【配线】工具栏中的【放置端口】按钮，修改元件信息，放置 CLK 端口元件，如图 5-76 所示。

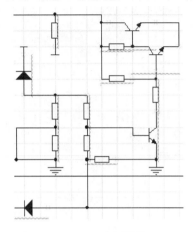

图 5-73 绘制导线

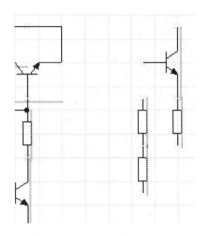

图 5-74 复制三极管和电阻

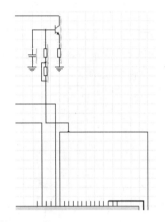

图 5-75 放置 GND 端口并绘制导线

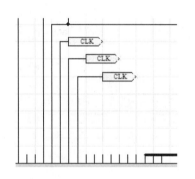

图 5-76 放置 CLK 端口

step 42 单击【原理图 标准】工具栏中的【复制】按钮，选择元件，单击【粘贴】按钮，
按空格键旋转元件，完成如图 5-77 所示二极管、电阻、电容和 GND 端口元件的复制。

step 43 单击【配线】工具栏中的【放置导线】按钮，绘制如图 5-78 所示的导线。

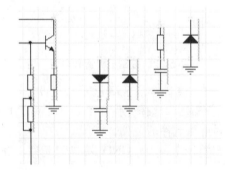

图 5-77 复制二极管、电阻、电容和 GND 端口

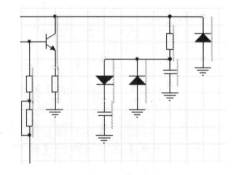

图 5-78 绘制导线

step 44 单击【原理图 标准】工具栏中的【复制】按钮，选择复制的电阻元件，单击【粘
贴】按钮，按空格键旋转元件，完成如图 5-79 所示电阻元件的复制。

step 45 单击【原理图 标准】工具栏中的【复制】按钮，选择元件，单击【粘贴】按钮，
按空格键旋转元件，完成三极管和二极管元件的复制，并绘制导线，如图 5-80 所示。

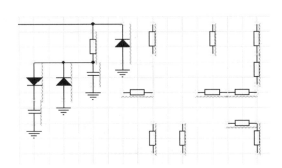

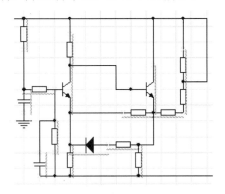

图 5-79　复制电阻　　　　　　　　图 5-80　复制三极管和二极管并绘制导线

step 46 单击【配线】工具栏中的【放置元件】按钮，选择 Speaker 元件，按空格键旋转元
件，放置喇叭元件，如图 5-81 所示。

step 47 单击【配线】工具栏中的【放置导线】按钮，绘制如图 5-82 所示的导线。

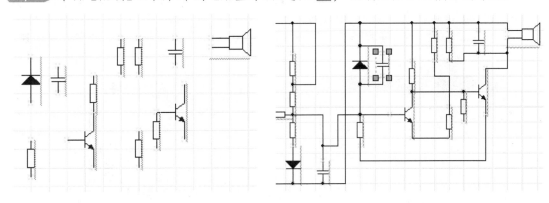

图 5-81　放置喇叭　　　　　　　　图 5-82　绘制导线

step 48 单击【原理图 标准】工具栏中的【复制】按钮，选择复制的电阻和二极管元件，单
击【粘贴】按钮，按空格键旋转元件，完成如图 5-83 所示电阻和二极管元件的复制。

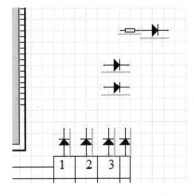

图 5-83　复制电阻和二极管

step 49 单击【配线】工具栏中的【放置导线】按钮 ，绘制导线，并单击【放置端口】按钮 ，修改元件信息，放置 CLK 端口元件，如图 5-84 所示。

step 50 单击【原理图 标准】工具栏中的【复制】按钮 ，选择元件，单击【粘贴】按钮 ，按空格键旋转元件，完成如图 5-85 所示三极管、电阻、电容、二极管和 GND 端口元件的复制。

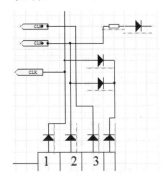

图 5-84 绘制导线并放置 CLK 端口

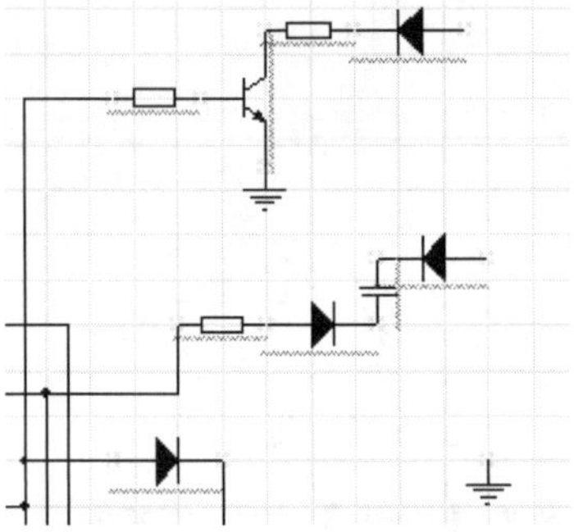

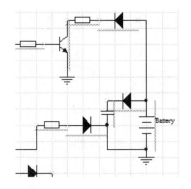

图 5-85 复制三极管、电阻、电容、二极管和 GND 端口

step 51 单击【配线】工具栏中的【放置元件】按钮 ，弹出【放置元件】对话框。选择如图 5-86 所示相应的信息，单击【确认】按钮。

step 52 将 Battery 元件放置在绘图区适当的位置上，按空格键旋转元件，放置直流电源元件，如图 5-87 所示。

图 5-86 【放置元件】对话框

图 5-87 放置直流电源

step 53 单击【原理图 标准】工具栏中的【复制】按钮 ，选择元件，单击【粘贴】按钮 ，按空格键旋转元件，完成如图 5-88 所示三极管、电阻、电容和二极管元件的复制。

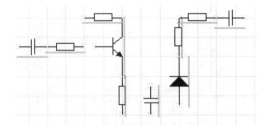

图 5-88 复制三极管、电阻、电容和二极管

step 54 ▶ 单击【配线】工具栏中的【放置导线】按钮⚡，绘制如图 5-89 所示的导线。

step 55 ▶ 单击【原理图 标准】工具栏中的【复制】按钮🗐，选择元件，单击【粘贴】按钮🗐，
按空格键旋转元件，完成如图 5-90 所示三极管、电阻、电容、二极管和 GND 端口元件的
复制。

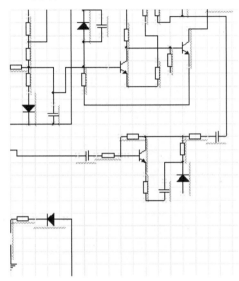

图 5-89　绘制导线

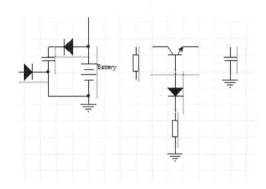

图 5-90　复制三极管、电阻、电容、二极管和 GND 端口

step 56 ▶ 单击【配线】工具栏中的【放置导线】按钮⚡，绘制如图 5-91 所示的导线。

step 57 ▶ 单击【原理图 标准】工具栏中的【复制】按钮🗐，选择复制的三极管元件，单击【粘
贴】按钮🗐，按空格键旋转元件，完成如图 5-92 所示三极管元件的复制。

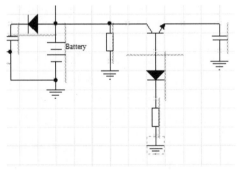

图 5-91　绘制导线

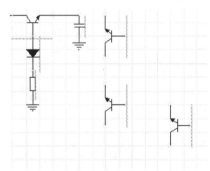

图 5-92　复制三极管

step 58 ▶ 单击【原理图 标准】工具栏中的【复制】按钮🗐，选择复制的二极管元件，单击【粘
贴】按钮🗐，按空格键旋转元件，完成如图 5-93 所示二极管元件的复制。

step 59 ▶ 单击【原理图 标准】工具栏中的【复制】按钮🗐，选择复制的电容元件，单击【粘
贴】按钮🗐，按空格键旋转元件，完成如图 5-94 所示电容元件的复制。

step 60 ▶ 单击【原理图 标准】工具栏中的【复制】按钮🗐，选择元件，单击【粘贴】按钮🗐，
按空格键旋转元件，完成如图 5-95 所示电阻和喇叭元件的复制。

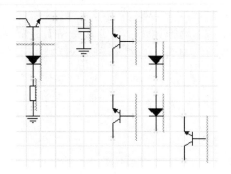

图 5-93 复制二极管

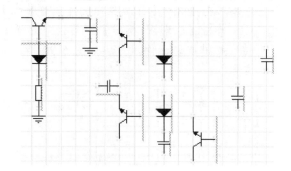

图 5-94 复制电容

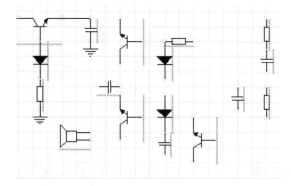

图 5-95 复制电阻和喇叭

step 61 单击【配线】工具栏中的【放置导线】按钮 ，绘制如图 5-96 所示的导线，完成右边电路的绘制。

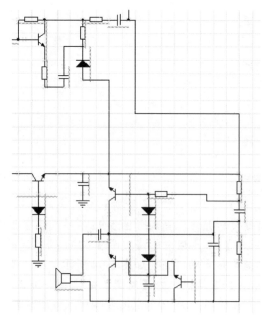

图 5-96 绘制导线

step 62 完成移动电话电路图的绘制，如图 5-97 所示。

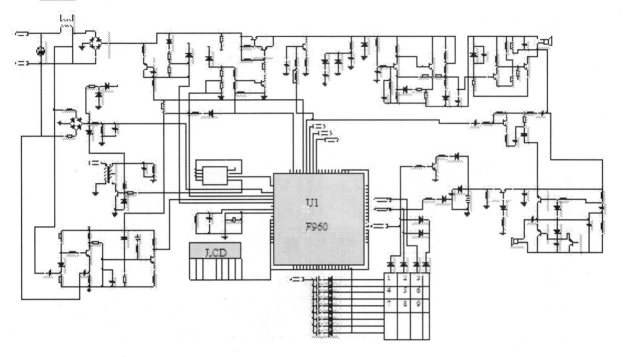

图 5-97　完成移动电话电路图

电气设计实践：正常情况下应尽量使变压器的负荷率控制在 60%左右，此时变压器的损耗较低。因此，PCB 设计时要考虑节能需求。如图 5-98 所示是半桥式电源电路。

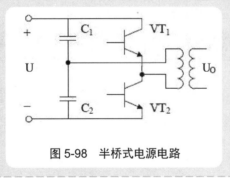

图 5-98　半桥式电源电路

第**4**课 [2课时] 放置元件和 PCB 布线

5.4.1 放置元件

> **行业知识链接**：绘制电气安装接线图时，一个元件的所有部件绘在一起，并用点划线框起来，有时将多个电气元件用点划线框起来，表示它们是安装在同一安装底板上的，如图 5-99 所示是电表接线图。
>
>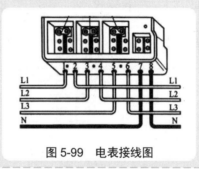
>
> 图 5-99　电表接线图

单击【配线】工具栏中的【放置元件】按钮，弹出【放置元件】对话框，如图 5-100 所示。在其中选择元件或者封装，单击【确认】按钮进行添加。

在【放置元件】对话框中单击按钮，弹出【浏览元件库】对话框，可以对元件进行选择，添加到 PCB 中，如图 5-101 所示。这些都属于手动添加元件封装。

图 5-100　【放置元件】对话框

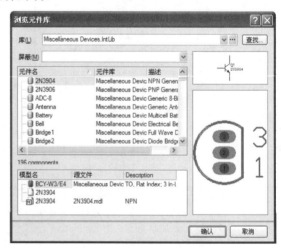

图 5-101　【浏览元件库】对话框

5.4.2 PCB 布线

行业知识链接： 绘制电气安装接线图时，安装底板内外的电气元件之间的连线通过接线端子板进行连接，安装底板上有几条接至外电路的引线，端子板上就应绘出几个线的接点，如图 5-102 所示是 PLC 外接线图。

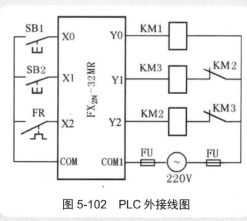

图 5-102　PLC 外接线图

1. 放置导线

导线属性的设置有两种方法，一是在放置导线过程中设置；二是当导线放置完后再进行设置。导线用于在元器件的焊盘之间构成电气连接，也可用于在机械层绘制 PCB 板的物理边界和在禁止布线层绘制 PCB 板的电气边界。放置导线可以通过单击【配线】工具栏中的【交互式布线】按钮 进行放置。

在放置导线过程中，按 Tab 键，弹出【交互式布线】对话框，如图 5-103 所示。在该对话框中可以修改当前导线所在的工作层、导线的宽度以及修改过孔直径和孔径。工作层面的切换可以通过小键盘上的 "+" 或 "-" 或 "*" 键直接切换。在放置导线过程中，若切换工作层，则在切换处系统会自动生成一个过孔。

放置完导线后，可以通过用鼠标双击已布的导线，打开【导线】对话框，来对导线属性进行修改，如图 5-104 所示。

【宽】：用于设定导线宽度。

【层】：用于设定导线所在的层。

【网络】：用于设定导线所有的网络。

【锁定】：设置导线位置是否锁定。

【开始-X】：设定导线起点的 X 轴坐标。

【开始-Y】：设定导线起点的 Y 轴坐标。

【结束-X】：设定导线终点的 X 轴坐标。

【禁止布线区】：该复选框选中后，则此导线具有电气边界特性。

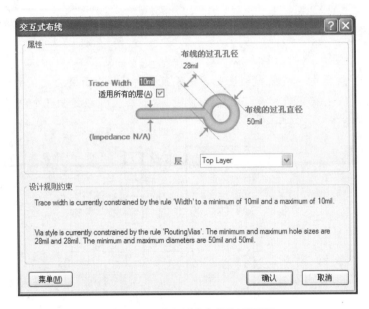

图 5-103 【交互式布线】对话框

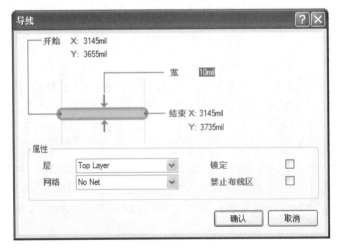

图 5-104 【导线】对话框

2. 设置布线设计规则

载入网络表和元器件封装后，下一步就涉及对元器件进行布局。元器件的布局有自动布局和手动布局两种工作方式。

在进行元器件布局前，还需要对布局规则进行设置。在【导线】对话框中，单击【菜单】按钮将弹出列表，如图 5-105 所示。选择【编辑宽度规则】或者【编辑过孔规则】选项，可对元器件布线和过孔规则进行设置，如图 5-106 和图 5-107 所示。

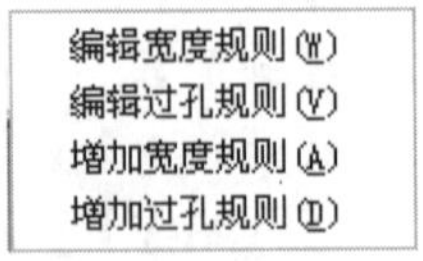

| 编辑宽度规则(W) |
| 编辑过孔规则(V) |
| 增加宽度规则(A) |
| 增加过孔规则(D) |

图 5-105 【菜单】列表

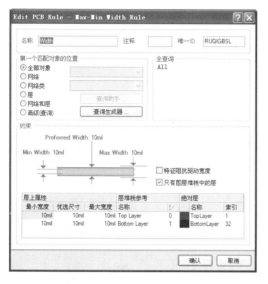

图 5-106　Edit PCB Rule...对话框

图 5-107　编辑过孔

3. 自动布线

完成元器件的自动布局工作后，此时我们看到在元器件的各个引脚之间有绿色的细线相连，这就是通常所说的飞线，它只是在逻辑上表示各元器件焊盘间的电气连接关系，还不是导线。我们通常所说的布线就是根据飞线所指示的电气连接关系来放置铜膜导线。和自动布局一样，在进行自动布线之前，也必须先对相关的参数进行设置，然后再进行布线。

自动布线包括 5 种布线方法，如图 5-108 所示。选择【自动布线】|【设定】菜单命令，弹出【Situs 布线策略】对话框，可以对布线参数进行详细设置，如图 5-109 所示。

图 5-108　【自动布线】菜单

图 5-109　【Situs 布线策略】对话框

课后练习

案例文件：ywj\05\02.schdoc

视频文件：光盘\视频课堂\第 5 教学日\5.4

1. 案例分析

本节课后练习创建信号转换电路，它可以将模拟量或连续变化的量进行量化(离散化)，转换为相应的数字量的电路。由于实现这种转换的原理和电路结构及工艺技术有所不同，因而出现各种各样的转换器，如图 5-110 所示是完成的信号转换电路图纸。

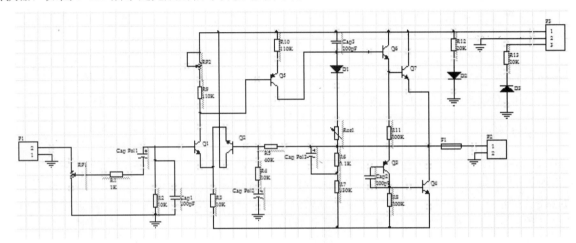

图 5-110　信号转换电路图

本案例主要练习了信号转换电路的创建，首先添加元件，之后依次创建不同部分的线路，从左向右，最后绘制右下部分的插头电路。绘制信号转换电路图纸的思路和步骤如图 5-111 所示。

图 5-111　信号转换电路创建步骤

2. 案例操作

step 01　首先绘制左边插头电路。单击【配线】工具栏中的【放置元件】按钮，弹出【放置元件】对话框。选择如图 5-112 所示相应的信息，单击【确认】按钮。

step 02　将 Header 2 元件放置在绘图区适当的位置上，按空格键旋转元件，放置 P1 的插头元件，如图 5-113 所示。

step 03　单击【配线】工具栏中的【放置元件】按钮，选择 Res2 和 RPot SM 元件，按空格键旋转元件，放置电阻和电位器元件，并单击"GND 端口"放置端口，如图 5-114 所示。

图 5-112 【放置元件】对话框

图 5-113 放置插头

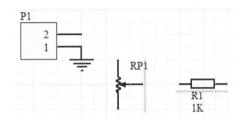

图 5-114 放置电阻、电位器和 GND 端口

step 04 单击【配线】工具栏中的【放置元件】按钮，选择 Cap、Cap2 和 Res2 元件，按空格键旋转元件，放置电容、有极性电容和电阻元件，并添加 GND 端口，如图 5-115 所示。

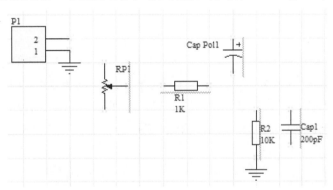

图 5-115 放置电容、有极性电容、电阻和 GND 端口

step 05 单击【配线】工具栏中的【放置导线】按钮，绘制如图 5-116 所示的导线，完成左边插头电路的绘制。

step 06 开始绘制右上边的插头电路绘制。单击【配线】工具栏中的【放置元件】按钮，选择 NPN、Cap2 和 Res2 元件，按空格键旋转元件，放置三极管、有极性电容和电阻元件，并添加 GND 端口，如图 5-117 所示。

255

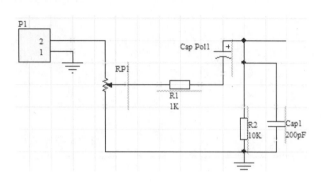

图 5-116　绘制导线

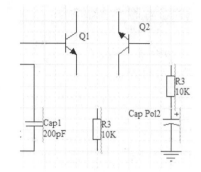

图 5-117　放置三极管、有极性电容、电阻和 GND 端口

step 07 单击【配线】工具栏中的【放置导线】按钮，绘制如图 5-118 所示的导线。

step 08 单击【配线】工具栏中的【放置元件】按钮，选择 Res Adj2、Res2 和 Cap2 元件，按空格键旋转元件，放置可变电阻、电阻和有极性电容元件，如图 5-119 所示。

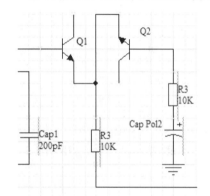

图 5-118　绘制导线

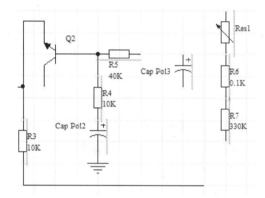

图 5-119　放置可变电阻、电阻和有极性电容

step 09 单击【原理图 标准】工具栏中的【复制】按钮，选择元件，单击【粘贴】按钮，按空格键旋转元件，完成如图 5-120 所示三极管、电容和电阻元件的复制。

step 10 单击【配线】工具栏中的【放置导线】按钮，绘制如图 5-121 所示的导线。

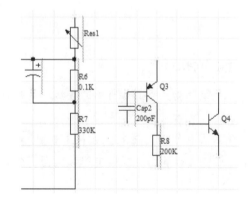

图 5-120　复制三极管、电容和电阻

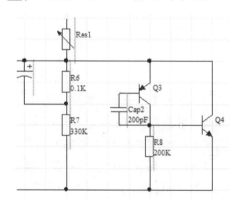

图 5-121　绘制导线

step 11 单击【配线】工具栏中的【放置元件】按钮▣，选择 Fuse1 和 Header 2 元件，按空格键旋转元件，放置保险丝和插头元件，并添加 GND 端口，完成右上边插头电路的绘制，如图 5-122 所示。

step 12 开始绘制右下边的插头电路。单击【原理图 标准】工具栏中的【复制】按钮▣，选择元件，单击【粘贴】按钮▣，按空格键旋转元件，完成如图 5-123 所示三极管、二极管和电阻元件的复制。

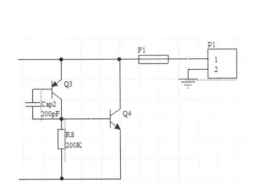

图 5-122　放置保险丝、插头和 GND 端口

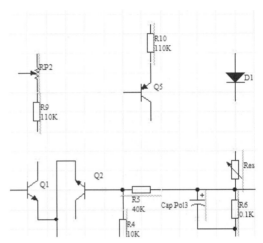

图 5-123　复制三极管、二极管和电阻

step 13 单击【配线】工具栏中的【放置导线】按钮▨，绘制如图 5-124 所示的导线。

step 14 单击【原理图 标准】工具栏中的【复制】按钮▣，选择元件，单击【粘贴】按钮▣，按空格键旋转元件，完成如图 5-125 所示三极管和电阻元件的复制。

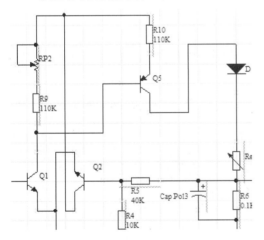

图 5-124　绘制导线

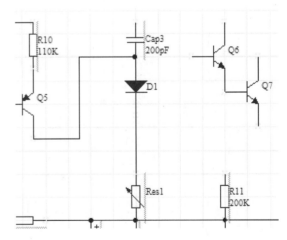

图 5-125　复制三极管和电阻

step 15 单击【配线】工具栏中的【放置导线】按钮▨，绘制如图 5-126 所示的导线。

step 16 单击【原理图 标准】工具栏中的【复制】按钮▣，选择元件，单击【粘贴】按钮▣，按空格键旋转元件，完成如图 5-127 所示二极管、电阻和 GND 端口元件的复制。

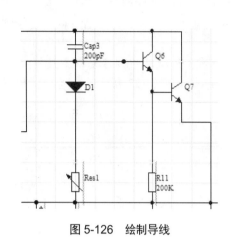

图 5-126 绘制导线

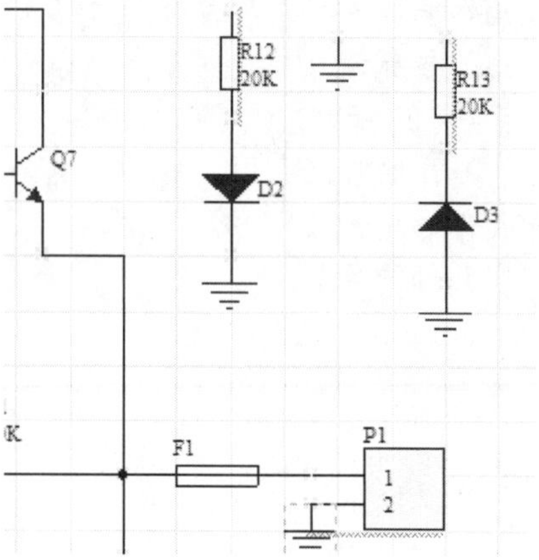

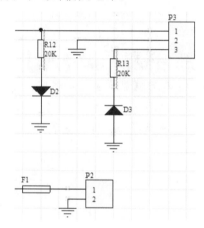

图 5-127 复制二极管、电阻和 GND 端口

step 17 单击【配线】工具栏中的【放置导线】按钮 ≈，绘制如图 5-128 所示的导线。

step 18 单击【配线】工具栏中的【放置元件】按钮 ，选择 Header 3 元件，按空格键旋转元件，放置如图 5-129 所示的 P3 插头元件，完成绘制右下边的插头电路。

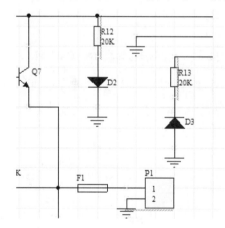

图 5-128 绘制导线

图 5-129 放置 P3 插头

step 19 完成信号转换电路图的绘制，如图 5-130 所示。

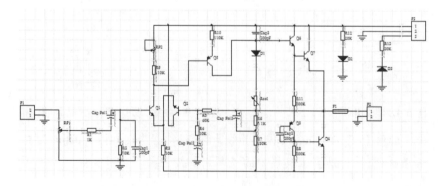

图 5-130 完成信号转换电路图

电气设计实践：绘制 PCB 图需要逐步提高读图能力，否则制作图纸将停留在原始状态，只能看到接点的分、合和继电器的是否励磁，无法与运行中设备状态的监视和操作结合起来。如图 5-131 所示是单键开关电路的布线。

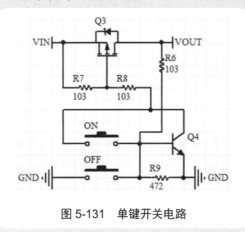

图 5-131　单键开关电路

第 ⑤ 课　2课时　PCB 覆铜及附属

5.5.1　PCB 覆铜

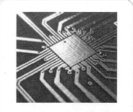

图 5-132　覆铜电路板

所谓覆铜，就是将 PCB 上闲置的空间作为基准面，然后用固体铜填充，这些铜区又称为灌铜。覆铜的意义在于，减小地线阻抗，提高抗干扰能力；降低压降，提高电源效率；还有，与地线相连，减小环路面积。如果 PCB 的地较多，有 SGND、AGND、GND 等，就要根据 PCB 板面位置的不同，分别以最主要的"地"作为基准参考来独立覆铜，数字地和模拟地分开来敷铜自不多言。

覆铜需要处理好几个问题：一是不同地的单点连接，做法是通过 0 欧电阻或者磁珠或者电感连接；二是晶振附近的覆铜，电路中的晶振为一高频发射源，做法是在环绕晶振敷铜，然后将晶振的外壳另行接地；三是孤岛(死区)问题，如果觉得很大，那就定义个地过孔添加进去。

另外，选择大面积覆铜还是网格覆铜，要看具体情况。大面积覆铜，如果过波峰焊时，板子就可能会翘起来，甚至会起泡。从这点来说，网格的散热性要好些。通常是高频电路对抗干扰要求高的大多用网格；低频电路有大电流的电路等常用完整的覆铜。

覆铜面只在已设置的前提下，才会与覆铜网络相同的焊盘和过孔连接。是不会和网络不同的导线焊盘连接的，但覆铜是 PCB 制作的后期工作，覆铜之后再对 PCB 进行修改就要注意短路问题。通常的 PCB 电路板设计中，为了提高电路板的抗干扰能力，将电路板上没有布线的空白区间铺满铜膜。一般将所铺的铜膜接地，以便于电路板能更好地抵抗外部信号的干扰。

1．敷铜的方法

选择【放置】|【覆铜】菜单命令，也可以单击【配线】工具栏中的【放置覆铜平面】按钮。进入敷铜的状态后，系统将会弹出【覆铜】对话框，如图 5-133 所示。

图 5-133　【覆铜】对话框

在【覆铜】对话框中，有如下几项设置需要介绍。

【围绕焊盘的形状】：用于设置敷铜环绕焊盘的方式。有两种方式可供选择：【弧线】和【八边形】。

【导线宽度】：用于设置敷铜使用的导线的宽度。

【影线化填充模式】：用于设置敷铜时所用导线的走线方式。可以选择 90°、45°、水平和垂直敷铜几种。

【层】：用于设置敷铜所在的布线层。

【最小图元长度】：用于设置最小敷铜线的距离。

【锁定图元】：是否将敷铜线锁定，系统默认为锁定。

【删除死铜】：用于设置是否在无法连接到指定网络的区域进行敷铜。

2．放置敷铜

设置好敷铜的属性后，鼠标变成十字光标状，将光标移动到合适的位置，单击鼠标确定放置敷铜的起始位置。再移动光标到合适位置单击，确定所选敷铜范围的各个端点。

必须保证的是，敷铜的区域必须为封闭的多边形状，比如电路板设计采用的是长方形电路板，敷铜区域最好沿长方形的四个顶角选择敷铜区域，即选中整个电路板。

敷铜区域选择好后，单击鼠标右键退出放置敷铜状态，系统自动运行敷铜并显示敷铜结果。

5.5.2　PCB 附属

> **行业知识链接：** 在开始布线时，应对地线一视同仁，走线的时候就应该把地线走好，不能在覆铜后再进行，覆铜后添加的过孔不能代替地线，这样的效果不好。如图 5-134 所示是 PCB 封装上的地线过孔设计。

图 5-134　地线过孔设计

1. 放置文字

有时在布好的印刷板上需要放置相应组件的文字标注，或者电路注释及公司的产品标志等文字。必须注意的是所有的文字都放置在丝印层上。单击【配线】工具栏中的【放置字符串】按钮**A**，可以进行文字添加。选择命令之后，鼠标指针变成十字光标状，将光标移动到合适的位置，单击鼠标就可以放置文字。系统默认的文字是 String，可以用以下的办法对其进行编辑。

(1) 在放置文字时按 Tab 键，将弹出【字符串】对话框，如图 5-135 所示。

(2) 对已经在 PCB 板上放置好的文字，直接双击文字，也可以弹出【字符串】对话框。

【字符串】对话框中可以设置的项是文字的高度、宽度、放置的角度和坐标位置。

在【属性】选项区域中，有如下几项。

【文本】：用于设置要放置的文字的内容，可根据不同设计需要而进行更改。

【层】：用于设置要放置的文字所在的层面。

【字体】：用于设置放置的文字的字体。

【锁定】：用于设定放置后是否将文字固定不动。

【镜像】：用于设置文字是否镜像放置。

图 5-135　【字符串】对话框

2. 放置过孔

当导线从一个布线层穿透到另一个布线层时，就需要放置过孔；过孔用于同板层之间导线的连接。

单击【配线】工具栏中的【放置过孔】按钮，进入放置过孔状态后，鼠标指针变成十字光标状，将光标移动到合适的位置单击，就完成了过孔的放置。

在用鼠标放置过孔时按 Tab 键，将弹出【过孔】对话框，如图 5-136 所示。对已经在 PCB 板上放置好的过孔，直接双击，也可以弹出【过孔】对话框。

【过孔】对话框中可以设置的项目如下。

【孔径】：用于设置过孔内直径的大小。

【直径】：用于设置过孔的外直径大小。

【位置】：用于设置过孔的圆心的坐标 X 和 Y 位置。

【起始层】：用于选择过孔的起始布线层。

【结束层】：用于选择过孔的终止布线层。

【网络】：用于设置过孔相连接的网络。

【测试点】：用于设置过孔是否作为测试点，注意可以做测试点的只有位于顶层的和底层的过孔。

【锁定】：用于设定放置过孔后是否将过孔固定不动。

【阻焊层扩展】：设置阻焊层。

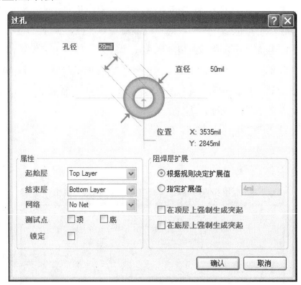

图 5-136 【过孔】对话框

3. 放置焊盘

单击【配线】工具栏中的【放置焊盘】按钮，进入放置焊盘状态后，鼠标指针变成十字光标状，将光标移动到合适的位置单击，就完成了焊盘的放置。

在用鼠标放置焊盘时按 Tab 键，将弹出【焊盘】对话框，如图 5-137 所示。对已经在 PCB 板上放置好的焊盘，直接双击，也可以弹出【焊盘】对话框。【焊盘】对话框中有如下几项。

【孔径】：用于设置焊盘的内直径大小。

【旋转】：用于设置焊盘放置的旋转角度。

【位置】：用于设置焊盘圆心的 X 和 Y 坐标的位置。

【标识符】：用于设置焊盘的序号。

【层】：用于选择焊盘放置的布线层。

【网络】：用于设置焊盘的网络。

【电气类型】：用于选择焊盘的电气特性。该下拉列表共有 3 种选择方式：节点、源点和终点。

【测试点】：用于设置焊盘是否作为测试点，可以做测试点的只有位于顶层的和底层的焊盘。

【锁定】：选中该复选框，表示焊盘放置后位置将固定不动。

【尺寸和形状】：用于设置焊盘的大小和形状。

【助焊膜扩展】：用于设置助焊层属性。

【阻焊膜扩展】：用于设置阻焊层属性。

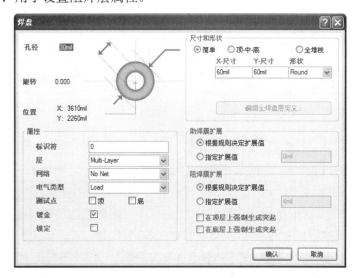

图 5-137　【焊盘】对话框

4. 放置填充

铜膜矩形填充也可以起到导线的作用，同时也稳固了焊盘。

单击【配线】工具栏中的【放置矩形填充】按钮，进入放置矩形填充状态后，鼠标指针变成十字光标状，将光标移动到合适的位置拉伸，形成矩形。

在用光标放置矩形填充时按 Tab 键，将弹出【矩形填充】对话框，如图 5-138 所示。对已经在 PCB 板上放置好的矩形填充，直接双击，也可以弹出【矩形填充】对话框。

【矩形填充】对话框中有如下几项。

【拐角1、2】：设置矩形填充的左或右下角的坐标。

【旋转】：设置矩形填充的旋转角度。

【层】：用于选择填充放置的布线层。

【网络】：用于设置填充的网络。

【锁定】：用于设定放置后是否将填充固定不动。

【禁止布线区】：用于设置是否将填充进行屏蔽。

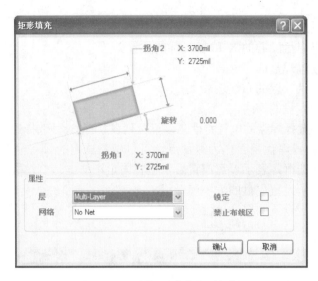

图 5-138　【矩形填充】对话框

课后练习

案例文件：ywj\05\01.schdoc、03.PcbDoc

视频文件：光盘\视频课堂\第 5 教学日\5.5

1. 案例分析

本节课后练习创建转换器电路的 PCB 模型。D/A 转换器是把数字量转换成模拟量的线性电路器件，可以做成集成芯片，如图 5-139 所示是完成的转换器 PCB。

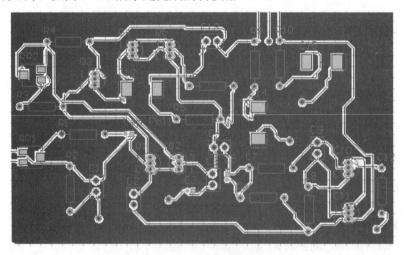

图 5-139　转换器 PCB

本案例主要练习了转换器 PCB 的创建，开始放置封装，并进行布线，最后进行覆铜操作。绘制转换器 PCB 的思路和步骤如图 5-140 所示。

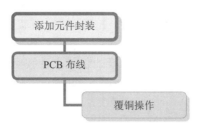

图 5-140　转换器 PCB 创建步骤

2. 案例操作

step 01　首先添加元件封装。选择【文件】|【创建】|【PCB 文件】菜单命令，单击【配线】工具栏中的【放置元件】按钮▦，弹出【放置元件】对话框，选择如图 5-141 所示相应的信息，单击【确认】按钮。

step 02　将 RPot SM 封装放置在绘图区适当的位置上，按空格键旋转元件，放置 RP1 的电位器封装，如图 5-142 所示。

图 5-141　【放置元件】对话框

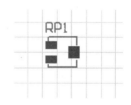

图 5-142　放置电位器封装

step 03　单击【配线】工具栏中的【放置元件】按钮▦，弹出【放置元件】对话框，选择如图 5-143 所示相应的信息，单击【确认】按钮。

step 04　将 Res2 封装放置在绘图区适当的位置上，按空格键旋转元件，放置 R1 的电阻封装，如图 5-144 所示。

图 5-143　【放置元件】对话框

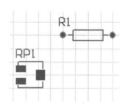

图 5-144　放置电阻封装

step 05 单击【配线】工具栏中的【放置元件】按钮▦，弹出【放置元件】对话框，选择如图 5-145 所示相应的信息，单击【确认】按钮。

step 06 将 Cap Pol1 封装放置在绘图区适当的位置上，按空格键旋转元件，放置 Cap Pol1 的有极性电容封装，完成添加元件封装，如图 5-146 所示。

图 5-145　【放置元件】对话框

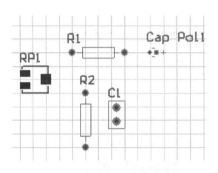

图 5-146　放置有极性电容封装

step 07 开始布线。单击【配线】工具栏中的【交互式布线】按钮▦，绘制如图 5-147 所示的布线。

step 08 单击【配线】工具栏中的【放置元件】按钮▦，选择 NPN 和 Cap 封装，按空格键旋转元件，放置如图 5-148 所示的三极管和电容封装。

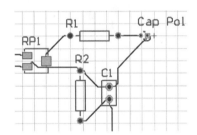

图 5-147　绘制布线

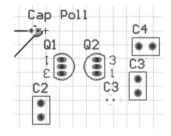

图 5-148　放置三极管和电容封装

step 09 单击【配线】工具栏中的【交互式布线】按钮▦，绘制如图 5-149 所示的布线。

step 10 单击【原理图 标准】工具栏中的【复制】按钮▦，选择封装，单击【粘贴】按钮▦，按空格键旋转元件，完成如图 5-150 所示电阻、电容和三极管封装的复制。

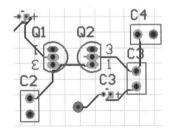

图 5-149　绘制布线

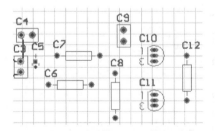

图 5-150　复制电阻、电容和三极管封装

step 11　单击【配线】工具栏中的【交互式布线】按钮，绘制如图 5-151 所示的布线。

step 12　单击【配线】工具栏中的【放置元件】按钮，选择 NPN、RPot SM 和 Res2 封装，按空格键旋转元件，放置如图 5-152 所示的三极管、电位器和电阻封装。

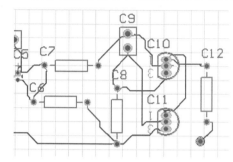

图 5-151　绘制布线

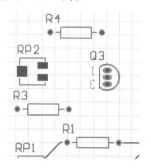

图 5-152　放置三极管、电位器和电阻封装

step 13　单击【配线】工具栏中的【交互式布线】按钮，绘制如图 5-153 所示的布线。

step 14　单击【配线】工具栏中的【放置元件】按钮，选择 NPN、Cap、LED2 和 Res2 封装，按空格键旋转元件，放置如图 5-154 所示的三极管、电容、发光二极管和电阻封装。

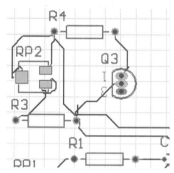

图 5-153　绘制布线

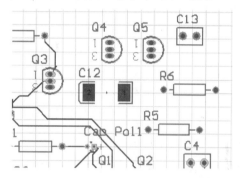

图 5-154　放置三极管、电容、发光二极管和电阻封装

step 15　单击【配线】工具栏中的【交互式布线】按钮，绘制如图 5-155 所示的布线。

step 16　单击【原理图 标准】工具栏中的【复制】按钮，选择封装，单击【粘贴】按钮，按空格键旋转元件，完成如图 5-156 所示电阻和发光二极管封装的复制。

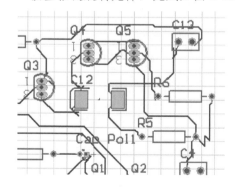

图 5-155　绘制布线

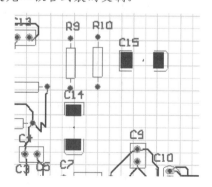

图 5-156　复制电阻和发光二极管封装

step 17 单击【配线】工具栏中的【交互式布线】按钮，绘制如图 5-157 所示的布线，完成布线。

step 18 完成如图 5-158 所示的转换器电路图的绘制。

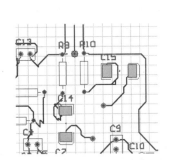

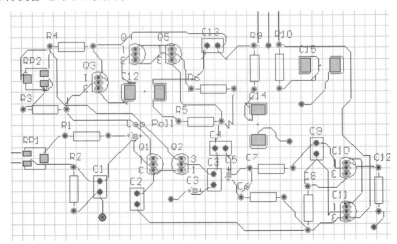

图 5-157　绘制布线　　　　　　　　　　图 5-158　完成转换器电路图绘制

step 19 最后进行覆铜操作。单击【配线】工具栏中的【放置覆铜平面】按钮，弹出【覆铜】对话框，修改信息，单击【确认】按钮，如图 5-159 所示。

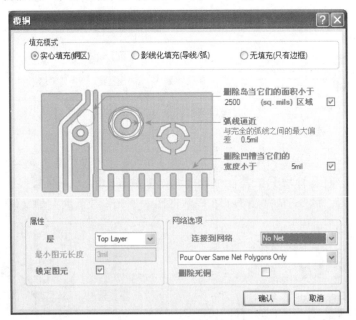

图 5-159　【覆铜】对话框

step 20 在 PCB 界面绘制矩形电路板，单击鼠标右键结束绘制，如图 5-160 所示。

step 21 完成覆铜转换器 PCB 的创建，如图 5-161 所示。

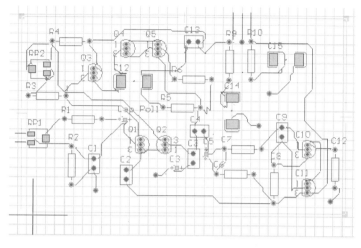

图 5-160　绘制矩形

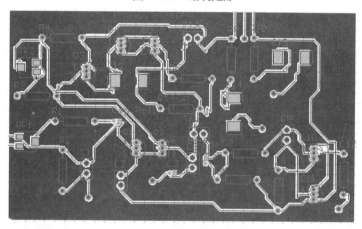

图 5-161　完成覆铜转换器 PCB

电气设计实践： PCB 的应用形式涵盖了电动设备以及控制技术、测量技术、调整技术、计算机技术，直至信息技术的各种场合。PCB 的主要研究领域为电路与系统、通信、电磁场与微波技术以及数字信号处理等。如图 5-162 所示是自激式开关电路，尝试进行 PCB 设计。

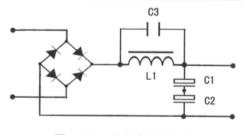

图 5-162　自激式开关电路

阶段进阶练习

本教学日主要介绍了 PCB 电路基础，包括印制电路板的基础知识，创建 PCB 板的方法，放置板上的元件和线路，加载网络表以及进行元件布局和线路布置，一般在进行 PCB 制作之前，设计原理图并加载网络表是常用步骤，对于较为简单的 PCB 板可以直接进行布局和布线。由原理图延伸下去会涉及 PCB layout，也就是 PCB 布线。当然这种布线是基于原理图来做成的，通过对原理图的分析以及电路板其他条件的限制，设计者得以确定器件的位置及电路板的层数等。

如图 5-163 所示，综合运用本教学日学过的方法来创建显示模块的 PCB。

一般创建步骤和方法如下。

(1) 绘制电路原理图。

(2) 创建网络表。

(3) 创建 PCB 元件。

(4) PCB 布线。

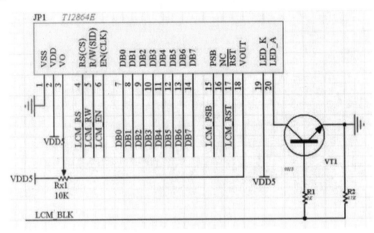

图 5-163　显示模块的 PCB 原理图

设计师职业培训教程

第6教学日

本教学日将介绍 Protel DXP 各种图表的创建和设置，包括 PCB 信息报表、元器件报表、网络表、交叉参考表等内容，最后介绍图纸的输出，即效果图打印。

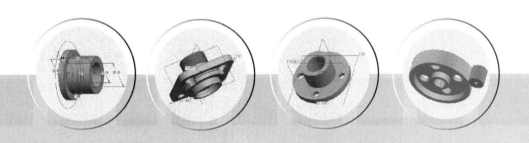

1 课时 设计师职业知识——电气元件和符号

6.1.1 电气元件

电气元件是组成电子产品的基础，了解常用的电气元件的种类、结构、性能并能正确选用是学习、掌握电子技术的基本。常用的电气元件有：电阻、电容、电感、电位器、变压器、三极管、二极管、IC 等，就安装方式而言，目前可分为传统安装(又称通孔装即 DIP)和表面安装两大类(即又称 SMT 或 SMD)。

1. 常见元件——电阻和电容

1) 电阻

电阻器简称电阻(Resistor，通常用 R 表示)是所有电子电路中使用最多的元件，如图 6-1 所示是常见类型的电阻。电阻的主要物理特征是变电能为热能，也可说它是一个耗能元件，电流经过它就产生内能。电阻在电路中通常起分压分流的作用，对信号来说，交流与直流信号都可以通过电阻。

导体对电流的阻碍作用就叫该导体的电阻。电阻小的物质称为电导体，简称导体。电阻大的物质称为电绝缘体，简称绝缘体。在物理学中，用电阻(Resistance)来表示导体对电流阻碍作用的大小。导体的电阻越大，表示导体对电流的阻碍作用越大。不同的导体，电阻一般不同，电阻是导体本身的一种性质。导体的电阻通常用字母 R 表示，电阻的单位是欧姆(ohm)，简称欧，符号是Ω。比较大的单位有千欧(kΩ)、兆欧(MΩ)。

2) 电容

电容(或称电容量)是表征电容器容纳电荷本领的物理量。我们把电容器的两极板间的电势差增加 1V 所需的电量，叫作电容器的电容。电容器从物理学上讲，它是一种静态电荷存储介质(就像一只水桶一样，你可以把电荷充存进去，在没有放电回路的情况下，刨除介质漏电自放电效应/电解电容比较明显，可能电荷会永久存在，这是它的特征)，它的用途较广，它是电子、电力领域中不可缺少的电子元件。主要用于电源滤波、信号滤波、信号耦合、谐振、隔直流等电路中。电容的符号是 C。

很多电子产品中，电容器都是必不可少的电子元器件，它在电子设备中充当整流器的平滑滤波、电源和退耦、交流信号的旁路、交直流电路的交流耦合等。由于电容器的类型和结构种类比较多，因此，使用者不仅需要了解各类电容器的性能指标和一般特性，而且还必须了解在给定用途下各种元件的优缺点、机械或环境的限制条件等，如图 6-2 所示是常见电容类型。

图 6-1 电阻

图 6-2 电容

2. 电气元件损坏的特点

1) 电阻损坏的特点

电阻是电气设备中数量最多的元件，但不是损坏率最高的元件。电阻损坏以开路最常见，阻值变大较少见，阻值变小十分少见。常见的有碳膜电阻、金属膜电阻、线绕电阻和保险电阻几种。前两种电阻应用最广，其损坏的特点一是低阻值(100Ω以下)和高阻值(100kΩ以上)的损坏率较高，中间阻值(如几百欧到几十千欧)的极少损坏；二是低阻值电阻损坏时往往是烧焦发黑，很容易发现，而高阻值电阻损坏时很少有痕迹。线绕电阻一般用作大电流限流，阻值不大。圆柱形线绕电阻烧坏时有的会发黑或表面爆皮、裂纹，有的没有痕迹。水泥电阻是线绕电阻的一种，烧坏时可能会断裂，否则也没有可见痕迹。保险电阻烧坏时有的表面会炸掉一块皮，有的也没有什么痕迹，但绝不会烧焦发黑。根据以上特点，在检查电阻时可有所侧重，快速找出损坏的电阻。

2) 电解电容损坏的特点

电解电容在电气设备中的用量很大，故障率很高。电解电容损坏有以下几种表现：一是完全失去容量或容量变小；二是轻微或严重漏电；三是失去容量或容量变小兼有漏电。查找损坏的电解电容方法如下。

(1) 看：有的电容损坏时会漏液，电容下面的电路板表面甚至电容外表都会有一层油渍，这种电容绝对不能再用；有的电容损坏后会鼓起，这种电容也不能继续使用。

(2) 摸：开机后有些漏电严重的电解电容会发热，用手指触摸时甚至会烫手，这种电容必须更换。

(3) 电解电容内部有电解液，长时间烘烤会使电解液变干，导致电容量减小，所以要重点检查散热片及大功率元器件附近的电容，离其越近，损坏的可能性就越大。

3) 二、三极管等半导体器件损坏的特点

二、三极管的损坏一般是 PN 结击穿或开路，其中以击穿短路居多。此外还有两种损坏表现：一是热稳定性变差，表现为开机时正常，工作一段时间后，发生软击穿；另一种是 PN 结的特性变差，用万用表 R×1k 测量，各 PN 结均正常，但上机后不能正常工作，如果用 R×10 或 R×1 低量程挡测量，就会发现其 PN 结正向阻值比正常值大。测量二、三极管可以用指针万用表在路测量，较准确的方法是：将万用表置 R×10 或 R×1 挡(一般用 R×10 挡，不明显时再用 R×1 挡)在路测二、三极管的 PN 结正、反向电阻，如果正向电阻不太大(相对正常值)，反向电阻足够大(相对正向值)，表明该 PN 结正常，反之就值得怀疑，需要焊下后再测。这是因为一般电路的二、三极管外围电阻大多在几百、几千欧以上，用万用表低阻值挡在路测量，可以基本忽略外围电阻对 PN 结电阻的影响。

3. 集成电路损坏的特点

集成电路内部结构复杂，功能很多，任何一部分损坏都无法正常工作。集成电路的损坏也有两种：彻底损坏、热稳定性不良。彻底损坏时，可将其拆下，与正常同型号集成电路对比测其每一引脚对地的正、反向电阻，总能找到其中一只或几只引脚阻值异常。对热稳定性差的，可以在设备工作时，用无水酒精冷却被怀疑的集成电路，如果故障发生时间推迟或不再发生故障，即可判定。通常只能更换新集成电路来排除。

4. 产业发展

随着世界电子信息产业的快速发展，作为电子信息产业基础的电子元件产业发展也异常迅速。2005 年，世界电子元件市场需求约 3000 亿美元，占世界电子产品市场的 15%，年均增长率 10%左

右，而新型电子元器件需求增长最快，约 1500 亿～1800 亿美元。

电子元件正进入以新型电子元件为主体的新一代元器件时代，它将基本上取代传统元器件。电子元器件由原来只为适应整机的小型化及其新工艺要求为主的改进，变成以满足数字技术、微电子技术发展所提出的特性要求为主，而且是成套满足的产业化发展阶段。

中国电子工业持续高速增长，带动电子元件产业的强劲发展。中国已经成为扬声器、铝电解电容器、显像管、印制电路板、半导体分立器件等电子元件的世界生产基地。

6.1.2　电气符号

常用电气设备的文字符号有：自动重合闸装置文字符号为 ARD，电容、电容器文字符号为 C，避雷器文字符号为 F，熔断器文字符号为 FU，发电机、电源文字符号为 G，指示灯、信号灯文字符号为 HL，继电器、接触器的文字符号为 K，电流继电器文字符号为 KA，中间继电器文字符号为 KM，热继电器、温度继电器文字符号为 KH，时间继电器文字符号为 KT，电动机文字符号为 M，中性线文字符号为 N，电流表文字符号 PA，保护线文字符号 PE，保护中性线文字符号 PEN，电能表文字符号 PJ，电压表文字符号 PV，电力开关文字符号为 Q，断路器文字符号为 QF，刀开关文字符号为 QK，隔离开关文字符号为 QS，电阻器文字符号为 R，启辉器文字符号为 S，按钮文字符号为 SB，变压器文字符号为 T，电流互感器文字符号为 TA，电压互感器文字符号为 TV，变流器、整流器文字符号为 U，导线、母线文字符号为 W，端子板文字符号为 X，电磁铁文字符号为 YA，跳闸线圈、脱扣器文字符号为 YR 等。

一些常用电气图形符号，如表 6-1 所示。

表 6-1　电气图形符号

序　号	图形符号	说　明
1		开关(机械式)
2		当操作器件被吸合时延时闭合的动合触点
3		当操作器件被吸合或释放时，暂时闭合的过渡动合触点
4		双绕组变压器
5		三绕组变压器
6		电阻器一般符号

续表

序　号	图形符号	说　明
7		可变电阻器 可调电阻器
8		滑动触点电位器
9		电压表
10		电流表
11		控制及信号线路(电力及照明用)
12	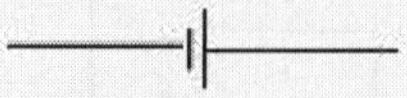	原电池或蓄电池
13	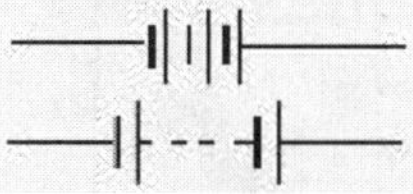	原电池组或蓄电池组
14		接地一般符号
15		接机壳或接底板
16		电铃
17		扬声器
18		发声器
19		电话机

6.1.3　电气接线图

电气接线图，是根据电气设备和电气元件的实际位置和安装情况绘制的，只用来表示电气设备和电气元件的位置、配线方式和接线方式，而不明显表示电气动作原理。主要用于安装接线、线路的检查维修和故障处理。

(1) 接线图中一般有如下内容：电气设备和电气元件的相对位置、文字符号、端子号、导线号、导线类型、导线截面、屏蔽和导线绞合等。

(2) 所有的电气设备和电气元件都按其所在的实际位置绘制在图纸上，且同一电气的各元件根据其实际结构，使用与电路图相同的图形符号画在一起，并用点划线框上，其文字符号以及接线端子的编号应与电路图中的标注一致，以便对照检查接线。

(3) 接线图中的导线有单根导线、导线组(或线扎)、电缆等之分，可用连续线和中断线来表示。凡导线走向相同的可以合并，用线束来表示，到达接线端子板或电气元件的连接点时再分别画出。在用线束表示导线组、电缆等时可用加粗的线条表示，在不引起误解的情况下也可采用部分加粗。另外，导线及套管、穿线管的型号、根数和规格应标注清楚。

电力系统的电气接线图主要显示该系统中发电机、变压器、母线、断路器、电力线路等主要电机、电气、线路之间的电气接线，如图 6-3 所示的电机接线图；由电气接线图可获得对该系统更细致的了解。

电气设备使用的电气接线图是用来组织排列电气设备中各个零部件的端口编号及该端口的导线电缆编号，同时还整理编写接线排的编号，以此来指导设备合理的接线安装以及便于日后维修电工尽快查找故障。

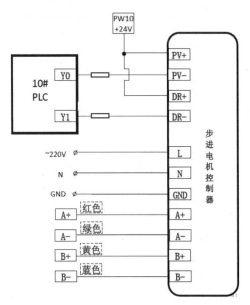

图 6-3　电机接线图

第2课　2课时　生成 PCB 信息报表

选择【报告】|【PCB 信息】菜单命令，可生成电路板信息报告，此命令可打开【PCB 信息】对话框，如图 6-4 所示。

这个对话框共有 3 个选项卡，介绍如下。

(1)　【一般】选项卡：说明了该电路板图的大小，电路板图中各种图件的数量，钻孔数目以及有无违反设计规则等。

(2)　【元件】选项卡：该选项卡如图 6-5 所示，显示了电路板图中有关元件的信息，其中，【合计】栏说明电路板图中元件的个数，【顶】和【底】分别说明电路板顶层和低层元件的个数。下方的方框中列出了电路板中所有的元件。

(3)　【网络】选项卡：该选项卡如图 6-6 所示，列出了电路板图中所有的网络名称，其中的【导入】栏说明了网络的总数。

如果需要查看电路板电源层的信息，可以单击【电源/地】按钮。如果设计者要生成一个报告，单击任何一个选项卡中的【报告】按钮，系统会弹出【电路板报告】对话框，如图6-7所示。

图 6-4　【PCB 信息】对话框

图 6-5　【元件】选项卡

图 6-6　【网络】选项卡

图 6-7　【电路板报告】对话框

若全部选择图 6-7 中的所有选项，并单击对话框下面的【报告】按钮，系统会生成*.REP 格式的电路板报告文件，如图6-8 所示。

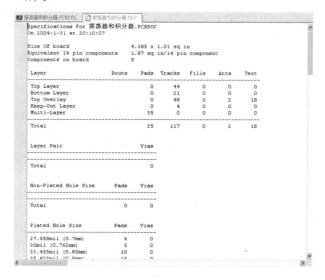

图 6-8　电路板报告

课后练习

案例文件：ywj\06\01.schdoc、02.PcbDoc

视频文件：光盘\视频课堂\第 6 教学日\6.2

1. 案例分析

本节课后练习创建单片机附属电路。单片机又称单片微控制器，它不是完成某一个逻辑功能的芯片，而是把一个计算机系统集成到一个芯片上。相当于一个微型的计算机，如图 6-9 和图 6-10 所示是完成的单片机附属电路图纸和 PCB。

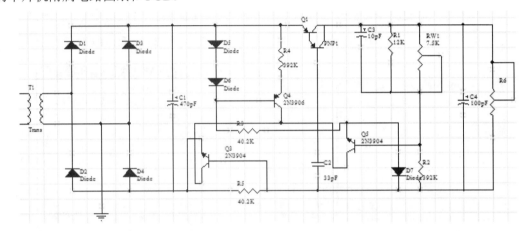

图 6-9　单片机附属电路原理图

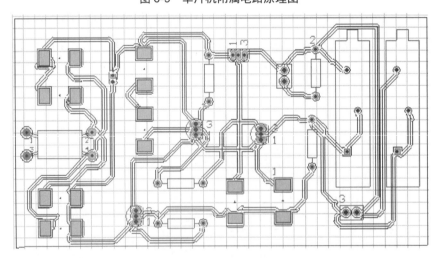

图 6-10　单片机附属电路 PCB

本案例主要练习了单片机附属原理图的绘制和 PCB 创建，首先创建原理图，放置元件后进行布线，再创建网络表并进行添加，之后创建 PCB，并进行封装添加和布线，最后进行覆铜操作和信息报表生成。绘制单片机附属电路和 PCB 的思路和步骤如图 6-11 所示。

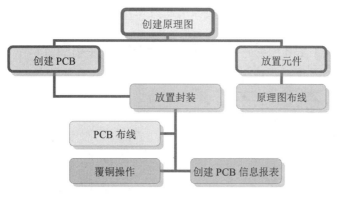

图 6-11　单片机附属电路和 PCB 创建步骤

2. 案例操作

step 01　开始创建原理图，放置元件。单击【配线】工具栏中的【放置元件】按钮▣，弹出【放置元件】对话框，选择如图 6-12 所示相应的信息，单击【确认】按钮。

step 02　将 Trans 元件放置在绘图区适当的位置上，按空格键旋转元件，放置 T1 变压器元件，如图 6-13 所示。

图 6-12　【放置元件】对话框

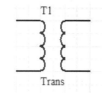

图 6-13　放置变压器

step 03　单击【配线】工具栏中的【放置元件】按钮▣，弹出【放置元件】对话框，选择如图 6-14 所示相应的信息，单击【确认】按钮。

图 6-14　【放置元件】对话框

step 04 将 Diode 元件放置在绘图区适当的位置上，按空格键旋转元件，放置二极管元件，如图 6-15 所示。

step 05 单击【配线】工具栏中的【放置导线】按钮，绘制如图 6-16 所示的导线。

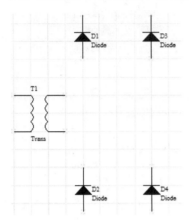

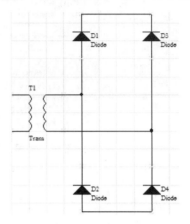

图 6-15　放置二极管　　　　　　　　　图 6-16　绘制导线

step 06 单击【配线】工具栏中的【放置元件】按钮，弹出【放置元件】对话框，选择 Cap2 元件放置在绘图区适当的位置上，放置有极性电容元件，绘制导线，放置 GND 端口，如图 6-17 所示。

step 07 单击【配线】工具栏中的【放置元件】按钮，弹出【放置元件】对话框，选择如图 6-18 所示相应的信息，单击【确认】按钮。

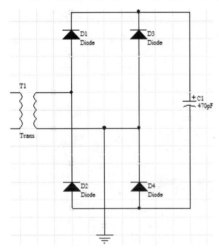

图 6-17　放置有极性电容和 GND 端口并绘制导线　　图 6-18　【放置元件】对话框

step 08 将 2N3906 元件放置在绘图区适当的位置上，按空格键旋转元件，放置 Q4 三极管元件，如图 6-19 所示。

step 09 单击【配线】工具栏中的【放置元件】按钮，弹出【放置元件】对话框，选择如图 6-20 所示相应的信息，单击【确认】按钮。

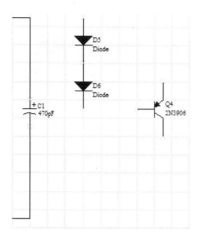

图 6-19　放置三极管　　　　　图 6-20　【放置元件】对话框

step 10　将 Res3 元件放置在绘图区适当的位置上，按空格键旋转元件，放置 R3、R4 变阻器元件，如图 6-21 所示。

step 11　单击【配线】工具栏中的【放置元件】按钮，弹出【放置元件】对话框，选择 NPN、Res3 和 Cap 元件，放置如图 6-22 所示的三极管、变阻器和电容元件。

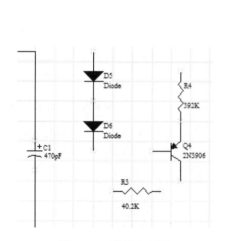
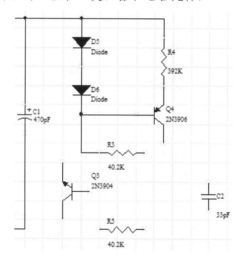

图 6-21　放置变阻器　　　　　图 6-22　放置三极管、变阻器和电容

step 12　单击【配线】工具栏中的【放置导线】按钮，绘制如图 6-23 所示的导线。

step 13　单击【配线】工具栏中的【放置元件】按钮，弹出【放置元件】对话框，选择如图 6-24 所示相应的信息，单击【确认】按钮。

step 14　将 PNP1 元件放置在绘图区适当的位置上，按空格键旋转元件，放置 Q1 三极管元件，如图 6-25 所示。

step 15　单击【配线】工具栏中的【放置元件】按钮，弹出【放置元件】对话框，选择 Cap2、Res3 和 Res Tap 元件，放置如图 6-26 所示的三极管、变阻器和滑动变阻器元件，完成元件放置。

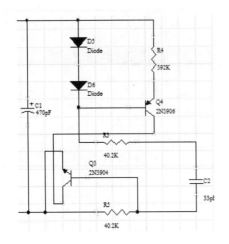

图 6-23　绘制导线

图 6-24　【放置元件】对话框

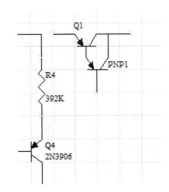

图 6-25　放置三极管

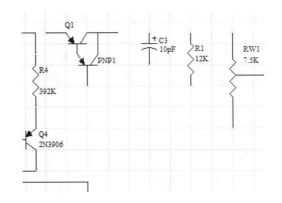

图 6-26　放置三极管、变阻器和滑动变阻器

step 16　最后进行原理图布线。单击【配线】工具栏中的【放置导线】按钮，绘制如图 6-27 所示的导线。

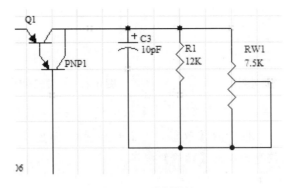

图 6-27　绘制导线

step 17　单击【原理图 标准】工具栏中的【复制】按钮，选择元件，单击【粘贴】按钮，按空格键旋转元件，完成如图 6-28 所示滑动变阻器、二极管和三极管元件的复制。

step 18　单击【配线】工具栏中的【放置导线】按钮，绘制如图 6-29 所示的导线。

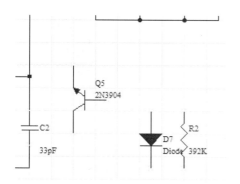
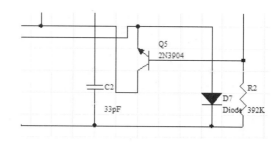

图 6-28 复制滑动变阻器、二极管和三极管　　　　图 6-29 绘制导线

step 19 单击【原理图 标准】工具栏中的【复制】按钮，选择元件，单击【粘贴】按钮，按空格键旋转元件，完成如图 6-30 所示滑动变阻器和有极性电容元件的复制。

step 20 单击【配线】工具栏中的【放置导线】按钮，绘制如图 6-31 所示的导线，完成原理图布线。

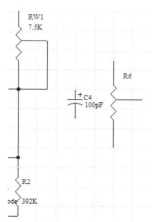
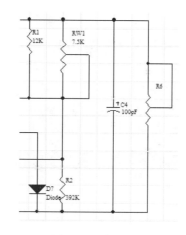

图 6-30 放置滑动变阻器和有极性电容　　　　图 6-31 绘制导线

step 21 完成如图 6-32 所示的单片机附属电路图的绘制。

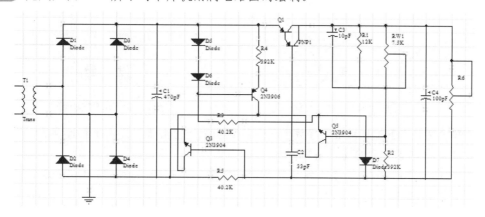

图 6-32 完成单片机附属电路图

step 22 下面创建PCB，放置元件封装。选择【文件】|【创建】|【PCB 文件】菜单命令，并单击【配线】工具栏中的【放置元件】按钮，弹出【放置元件】对话框，选择如图 6-33 所示相应的信息，单击【确认】按钮。

step 23 将 Trans 封装放置在绘图区适当的位置上，按空格键旋转元件，放置变压器封装，如图 6-34 所示。

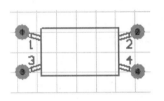

图 6-33　【放置元件】对话框　　　　　　　　图 6-34　放置变压器封装

step 24 单击【配线】工具栏中的【放置元件】按钮，弹出【放置元件】对话框，选择如图 6-35 所示相应的信息，单击【确认】按钮。

step 25 将 Diode 封装放置在绘图区适当的位置上，按空格键旋转元件，放置二极管封装，如图 6-36 所示。

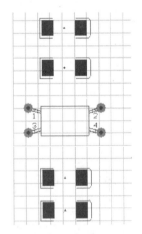

图 6-35　【放置元件】对话框　　　　　　　　图 6-36　放置二极管封装

step 26 单击【配线】工具栏中的【放置元件】按钮，弹出【放置元件】对话框，选择如图 6-37 所示相应的信息，单击【确认】按钮。

step 27 将 Cap Pol1 封装放置在绘图区适当的位置上，按空格键旋转元件，放置有极性电容封装，如图 6-38 所示。

图6-37 【放置元件】对话框

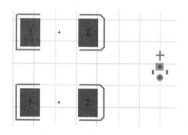

图6-38 放置有极性电容封装

单击【配线】工具栏中的【放置元件】按钮▦，弹出【放置元件】对话框，选择如图 6-39 所示相应的信息，单击【确认】按钮。

将 2N3904 封装放置在绘图区适当的位置上，按空格键旋转元件，放置三极管封装，完成封装放置，如图 6-40 所示。

图6-39 【放置元件】对话框

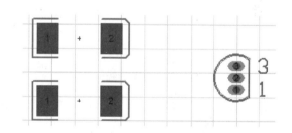

图6-40 放置三极管封装

开始 PCB 布线，单击【配线】工具栏中的【交互式布线】按钮▨，绘制如图 6-41 所示的导线。

单击【原理图 标准】工具栏中的【复制】按钮▨，选择封装，单击【粘贴】按钮▨，按空格键旋转元件，完成如图 6-42 所示二极管和三极管封装的复制。

单击【配线】工具栏中的【交互式布线】按钮▨，绘制如图 6-43 所示的导线。

单击【配线】工具栏中的【放置元件】按钮▦，弹出【放置元件】对话框，选择 Res2 封装，放置电阻封装，并单击【交互式布线】按钮▨，进行布线，如图 6-44 所示。

单击【配线】工具栏中的【放置元件】按钮▦，弹出【放置元件】对话框，选择如图 6-45 所示相应的信息，单击【确认】按钮。

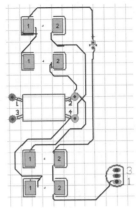

图 6-41　绘制导线

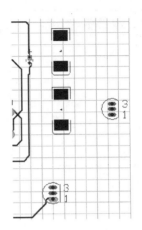

图 6-42　复制二极管和三极管封装

图 6-43　绘制导线

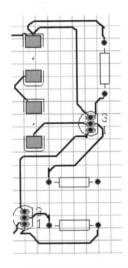

图 6-44　放置电阻封装并进行布线

step 35　将 PNP1 封装放置在绘图区适当的位置上，按空格键旋转元件，放置三极管封装，如图 6-46 所示。

图 6-45　【放置元件】对话框

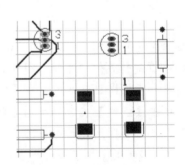

图 6-46　放置三极管封装

step 36 单击【配线】工具栏中的【交互式布线】按钮，绘制如图 6-47 所示的导线。

step 37 单击【配线】工具栏中的【放置元件】按钮，弹出【放置元件】对话框，选择 Res2、Cap 和 Res Tap 封装，放置如图 6-48 所示的电阻、电容和滑动变阻器封装。

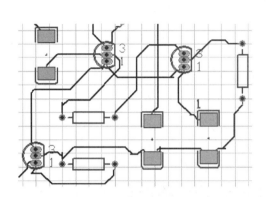

图 6-47　绘制导线

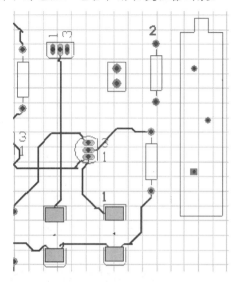

图 6-48　放置电阻、电容和滑动变阻器封装

step 38 单击【配线】工具栏中的【交互式布线】按钮，绘制如图 6-49 所示的布线。

step 39 单击【配线】工具栏中的【放置元件】按钮，弹出【放置元件】对话框，选择 Cap 和 Res Tap 封装，放置如图 6-50 所示的电容和滑动变阻器封装。

step 40 单击【配线】工具栏中的【交互式布线】按钮，绘制如图 6-51 所示的导线，完成 PCB 布线。

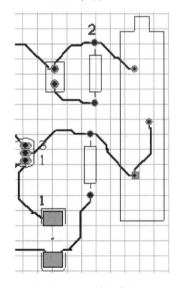

图 6-49　绘制布线

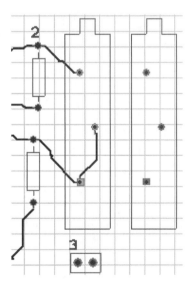

图 6-50　放置电容和滑动变阻器封装

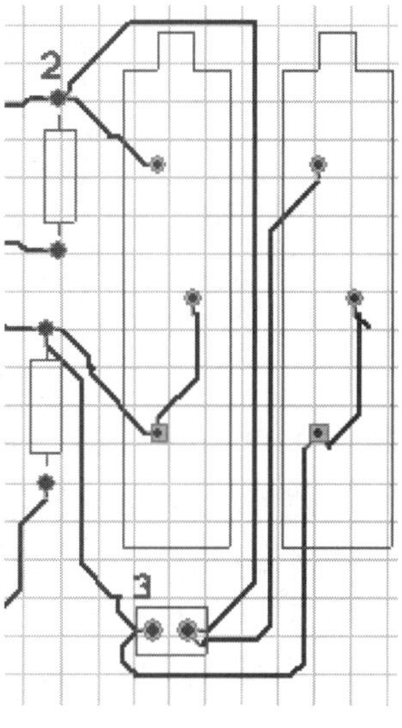

图 6-51　绘制布线

step 41 完成如图 6-52 所示的单片机附属电路图 PCB 的绘制。

step 42 接着进行覆铜。单击【配线】工具栏中的【放置覆铜平面】按钮，弹出【覆铜】对话框，修改信息，如图 6-53 所示，单击【确认】按钮。

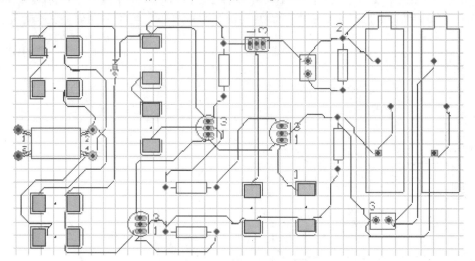

图 6-52　完成单片机附属电路图 PCB

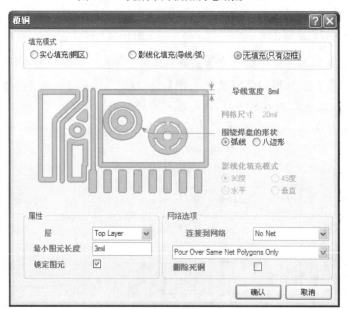

图 6-53　【覆铜】对话框

step 43 在 PCB 界面绘制矩形电路板，单击鼠标右键结束绘制，完成覆铜，如图 6-54 所示。

step 44 完成封装、布线和覆铜的单片机附属 PCB，如图 6-55 所示。

step 45 最后进行 PCB 报告的生成。选择【报告】|【PCB 板信息】菜单命令，弹出【PCB 信息】对话框，切换到【一般】选项卡，查看如图 6-56 所示的信息。

step 46 切换到【PCB 信息】对话框中的【元件】选项卡，查看如图 6-57 所示的信息，完成报告的生成。

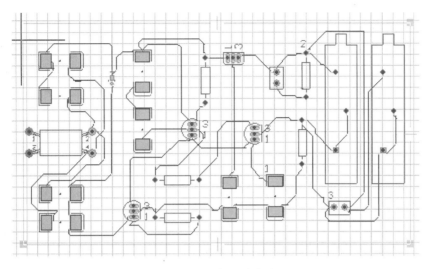

图 6-54　矩形填充

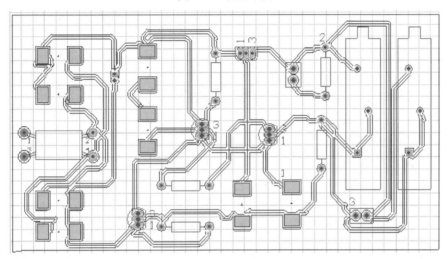

图 6-55　单片机附属 PCB

图 6-56　【PCB 信息】对话框

图 6-57　查看元件信息

电气设计实践：要弄清原理图中的部分采用方框画法设备与外部其他部分的连接，就要先查清方框画法设备的端子编号，然后利用能展示该设备内部接线图的装置说明书或厂家图，在这些图纸中找到往外部连接的端子编号，再与内部回路连接起来，然后通过往外连接的端子再与外部回路联系起来。如图 6-58 所示是掉电保护电路，创建 PCB 时注意原理图信息。

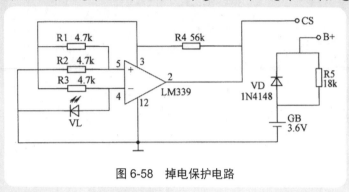

图 6-58　掉电保护电路

2课时 生成元器件报表

1. 由项目管理生成元件清单

选择【报告】| Bill of Materials 菜单命令，或者选择【报告】|【项目报告】| Bill of Materials 菜单命令，系统弹出元件清单 Bill of Materials For PCB Document 对话框，如图 6-59 所示。

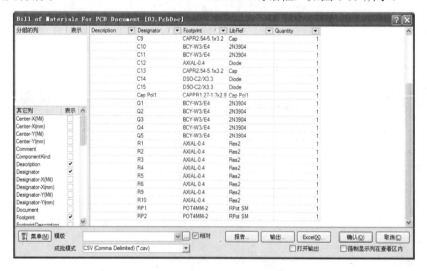

图 6-59　Bill of Materials For PCB Document 对话框

在对话框的右边区域显示元件清单的项目和内容，左边区域用于设置在右边区域要显示的项目，在【表示】列中打钩的项目将在右边显示出来。另外，在对话框中还可以设置文件输出的格式或模板等。设置完成后，单击【报告】按钮，显示生成 BOM 打印预览的【报告预览】对话框，如图 6-60 所示。单击【打印】按钮启动打印机打印元件清单，或者单击【输出】按钮，将 BOM 导出为一个其他的文件格式，如 Microsoft Excel 的.xls 等。

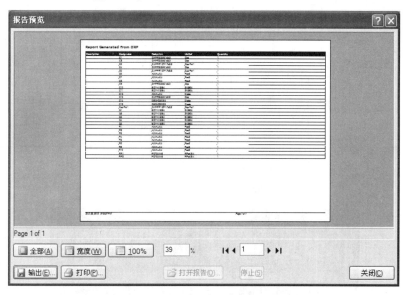

图 6-60 【报告预览】对话框

2. 由报告菜单生成元件清单

选择【报告】| Simple BOM 菜单命令，系统同时生成文件格式为*.BOM 和*.CSV 的简易元件清单，分别如图 6-61 和图 6-62 所示。

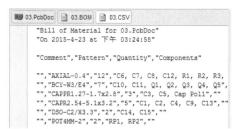

图 6-61 *.CSV 元件清单

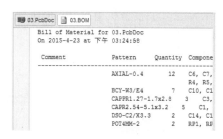

图 6-62 *.BOM 元件清单

课后练习

案例文件：ywj\06\03.schdoc、03.PrjPCB、03.PcbDoc

视频文件：光盘\视频课堂\第 6 教学日\6.3

1. 案例分析

本节课后练习创建收音机电路，收音机由机械器件、电子器件、磁铁等构造而成，用电能将电波信号转换并能收听广播电台发射音频信号的一种机器。如图 6-63 和图 6-64 所示是完成的收音机电路和 PCB。

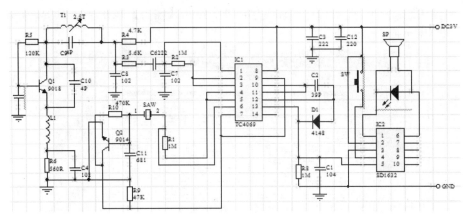

图 6-63　收音机电路图

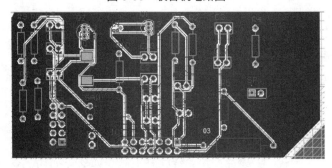

图 6-64　收音机电路 PCB

本案例主要练习了收音机电路和 PCB 的创建，首先创建原理图，放置元件后进行布线，再创建 PCB 及网络表，并进行报告分析，之后进行封装添加和布线，最后进行覆铜操作。绘制收音机电路和 PCB 的思路和步骤如图 6-65 所示。

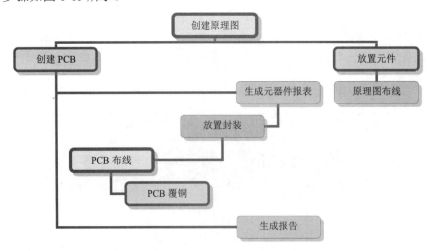

图 6-65　收音机电路和 PCB 创建步骤

2. 案例操作

step 01 首先创建原理图。开始放置元件，单击【配线】工具栏中的【放置元件】按钮 ，弹出【放置元件】对话框，选择如图 6-66 所示相应的信息，单击【确认】按钮。

step 02 将 Header 7×2A 元件放置在绘图区适当的位置上，按空格键旋转元件，放置 IC1 的插头元件，如图 6-67 所示。

图 6-66 【放置元件】对话框

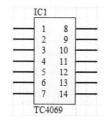

图 6-67 放置插头元件

step 03 单击【配线】工具栏中的【放置元件】按钮 ，弹出【放置元件】对话框，选择 Res2 和 Cap 元件，放置电阻和电容元件，放置 GND 端口，如图 6-68 所示。

step 04 单击【配线】工具栏中的【放置导线】按钮 ，绘制如图 6-69 所示的导线。

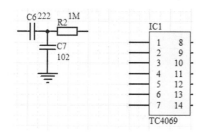

图 6-68 放置电阻、电容和 GND 端口

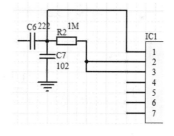

图 6-69 绘制导线

step 05 单击【原理图 标准】工具栏中的【复制】按钮 ，选择复制的元件，单击【粘贴】按钮 ，完成如图 6-70 所示元件的复制。

step 06 单击【配线】工具栏中的【放置导线】按钮 ，绘制如图 6-71 所示的导线。

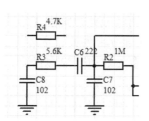

图 6-70 复制元件

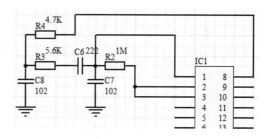

图 6-71 绘制导线

step 07 单击【配线】工具栏中的【放置元件】按钮，弹出【放置元件】对话框。选择如图 6-72 所示相应的信息，单击【确认】按钮。

step 08 将 Inductor Adj 元件放置在绘图区适当的位置上，按空格键旋转元件，放置 T1 可变电感元件，如图 6-73 所示。

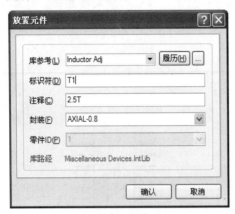

图 6-72 【放置元件】对话框

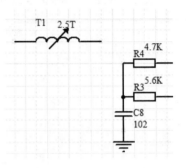

图 6-73 放置可变电感

step 09 单击【配线】工具栏中的【放置元件】按钮，弹出【放置元件】对话框，选择 Res2、Cap 和 NPN 元件，放置电阻、电容和三极管元件，如图 6-74 所示。

step 10 单击【配线】工具栏中的【放置导线】按钮，绘制如图 6-75 所示的导线。

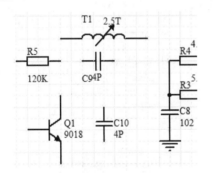

图 6-74 放置电阻、电容和三极管

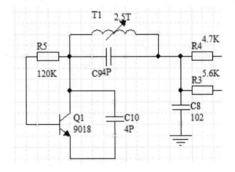

图 6-75 绘制导线

step 11 单击【配线】工具栏中的【放置元件】按钮，弹出【放置元件】对话框，选择 Res2、Cap 和 Inductor 元件，放置电阻、电容和电感元件，绘制导线，并添加 GND 端口，如图 6-76 所示。

step 12 单击【原理图 标准】工具栏中的【复制】按钮，选择元件，单击【粘贴】按钮，完成如图 6-77 所示三极管、电阻和电容元件的复制，完成部分元件的放置。

step 13 之后进行布线，单击【配线】工具栏中的【放置导线】按钮，绘制如图 6-78 所示的导线。

step 14 单击【配线】工具栏中的【放置元件】按钮，弹出【放置元件】对话框。选择如图 6-79 所示相应的信息，单击【确认】按钮。

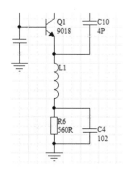

图 6-76　放置电阻、电容、电感、GND 端口、导线

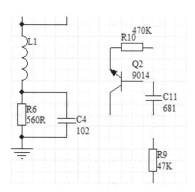

图 6-77　复制三极管、电阻和电容

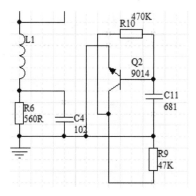

图 6-78　绘制导线

图 6-79　【放置元件】对话框

step 15 将 XTAL 元件放置在绘图区适当的位置上，按空格键旋转元件，放置 SAW 晶振元件，如图 6-80 所示。

step 16 单击【配线】工具栏中的【放置导线】按钮 ，绘制如图 6-81 所示的导线。

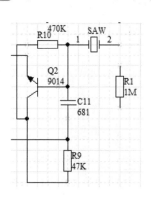

图 6-80　放置晶振元件

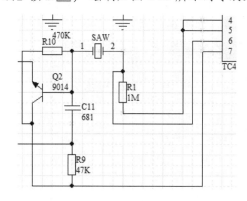

图 6-81　绘制导线

step 17 单击【配线】工具栏中的【放置元件】按钮 ，弹出【放置元件】对话框，选择 Cap 元件，放置电容元件，绘制导线，添加 GND 端口，如图 6-82 所示。

step 18 单击【配线】工具栏中的【放置元件】按钮 ，弹出【放置元件】对话框，选择 Cap 和 Diode 元件，放置电容和二极管元件，如图 6-83 所示。

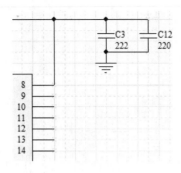

图 6-82　放置电容、GND 端口、导线

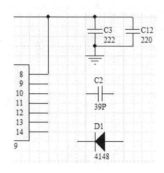

图 6-83　放置电容和二极管

step 19 单击【配线】工具栏中的【放置导线】按钮，绘制如图 6-84 所示的导线。

step 20 单击【配线】工具栏中的【放置元件】按钮，弹出【放置元件】对话框，选择 Res2 和 Cap 元件，放置电阻和电容元件，绘制导线，添加 GND 端口，如图 6-85 所示。

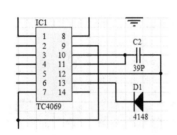

图 6-84　绘制导线

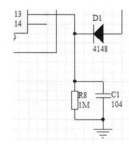

图 6-85　放置电阻、电容、GND 端口、导线

step 21 单击【配线】工具栏中的【放置元件】按钮，弹出【放置元件】对话框。选择如图 6-86 所示相应的信息，单击【确认】按钮。

step 22 将 Header 5×2A 元件放置在绘图区适当的位置上，按空格键旋转元件，放置 IC2 的插头元件，如图 6-87 所示。

图 6-86　【放置元件】对话框

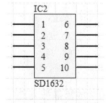

图 6-87　放置 IC2 插头

step 23 单击【配线】工具栏中的【放置元件】按钮，弹出【放置元件】对话框，选择 SW-PB 元件，放置开关按钮元件，绘制导线，添加 GND 端口，如图 6-88 所示。

step 24 单击【配线】工具栏中的【放置元件】按钮🔲，弹出【放置元件】对话框。选择如图 6-89 所示相应的信息，单击【确认】按钮。

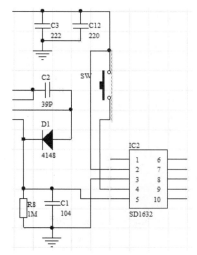

图 6-88 放置开关按钮和 GND 端口、导线　　　　　图 6-89 【放置元件】对话框

step 25 将 Speaker 和 LED0 元件放置在绘图区适当的位置上，按空格键旋转元件，放置 SP 的扬声器和光敏电阻元件，如图 6-90 所示。

step 26 单击【配线】工具栏中的【放置导线】按钮🔲，绘制如图 6-91 所示的导线，完成原理图布线。

step 27 单击【实用工具】工具栏中的【电源】按钮🔲，在下拉列表中选择"放置圆形电源端口"元件，双击元件，修改元件信息，放置 DC3V、GND 圆形电源端口元件，如图 6-92 所示。

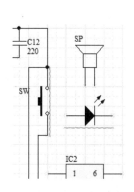

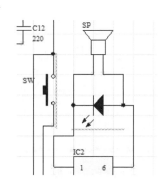

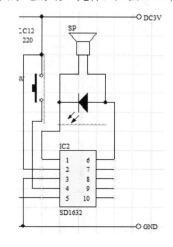

图 6-90 放置扬声器和光敏电阻　　　图 6-91 绘制导线　　　图 6-92 放置 DC3V、GND 圆形电源端口

step 28 完成如图 6-93 所示的收音机电路图的绘制。

step 29 下面开始创建 PCB。选择【文件】|【创建】|【项目】|【PCB 项目】菜单命令，在 Projects 窗口中创建新项目，将原理图添加进去，如图 6-94 所示。

step 30 选择【文件】|【创建】|【PCB 文件】菜单命令，创建 PCB，如图 6-95 所示。

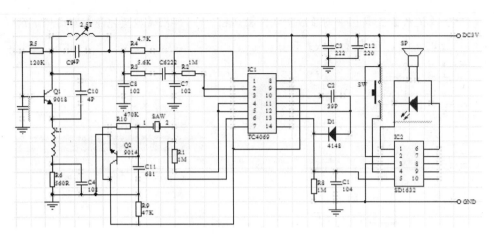

图 6-93　完成收音机电路图

图 6-94　创建新项目

图 6-95　创建 PCB

step 31　选择【设计】|【PCB 板形状】|【重定义 PCB 板形状】菜单命令，在顶层绘制方框作为 PCB 外框，如图 6-96 所示。

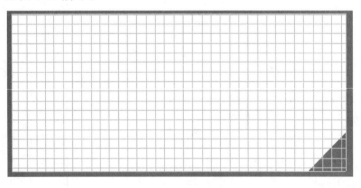

图 6-96　创建 PCB 外框

step 32　在 PCB 环境下选择【文件】|【保存】菜单命令，弹出 Save[PCB1.PcbDoc] As...对话框，单击【保存】按钮，完成 PCB 创建，如图 6-97 所示。

step 33　接着创建报告。在原理图编辑环境下选择【报告】| Bill of Materials 菜单命令，弹出检查原件封装的 Bill of Materials For Project [03.PrjPCB]对话框，如图 6-98 所示。

图 6-97 Save[PCB1.PcbDoc] As...对话框

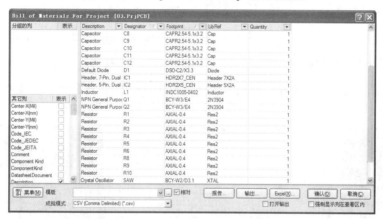

图 6-98 Bill of Materials For Project [03.PrjPCB]对话框

step 34 单击 Bill of Materials For Project [03.PrjPCB]对话框中的【报告】按钮，弹出【报告预览】对话框，查看如图 6-99 所示的报告，完成报告创建。

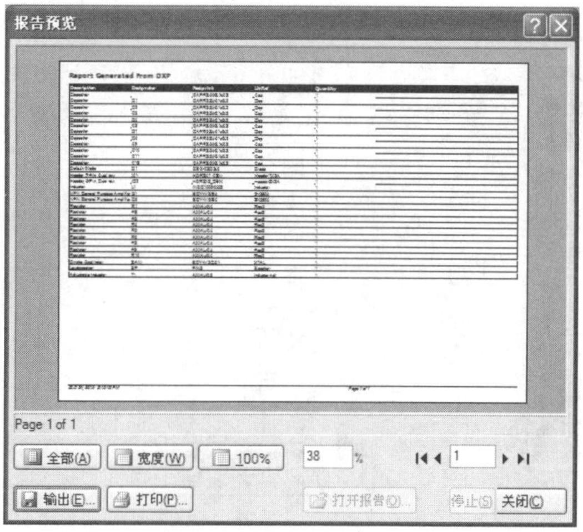

图 6-99 【报告预览】对话框

step 35 接着创建网络表。在原理图编辑环境下选择【设计】|【设计项目的网络表】| Protel 菜单命令，完成网络表创建，如图 6-100 所示。

step 36 之后进行封装布局。在原理图编辑环境下，选择【设计】| Update PCB main.PCBDOC 菜单命令，弹出【工程变化订单(ECO)】对话框，其中列出检查项，如图 6-101 所示。

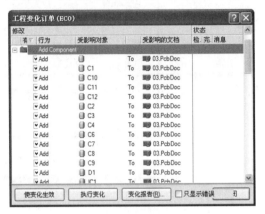

图 6-100　创建网络表　　　　　图 6-101　【工程变化订单(ECO)】对话框

step 37 单击【工程变化订单(ECO)】对话框中的【使变化生效】按钮和【执行变化】按钮，则 Protel 会一项一项执行所提交的修改，完成封装添加，如图 6-102 所示。

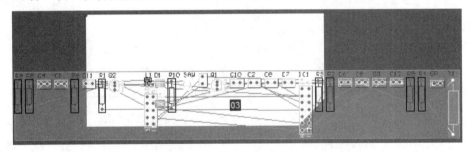

图 6-102　添加封装

step 38 手动调整封装元件位置，完成封装部件，如图 6-103 所示。

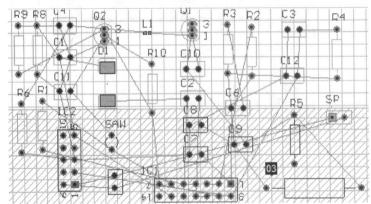

图 6-103　调整封装位置

step 39 再进行布线。选择【自动布线】|【全部对象】菜单命令，弹出【Situs 布线策略】对话框，进行布局布线，如图 6-104 所示。

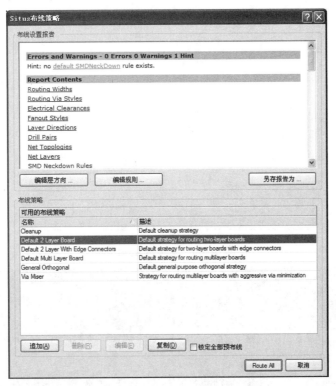

图 6-104 【Situs 布线策略】对话框

step 40 单击【Situs 布线策略】对话框中的 Route All 按钮，完成如图 6-105 所示的布线。

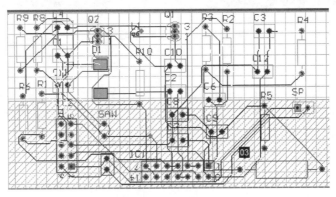

图 6-105 完成布线

step 41 最后进行覆铜。单击【配线】工具栏中的【放置覆铜平面】按钮，弹出【覆铜】对话框，修改信息，如图 6-106 所示，单击【确认】按钮。

step 42 在需要的区域进行覆铜，绘制多边形，完成覆铜操作，完成收音机电路 PCB 的创建，如图 6-107 所示。

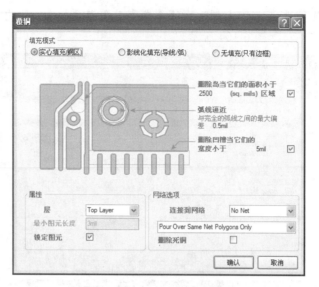

图 6-106　【覆铜】对话框

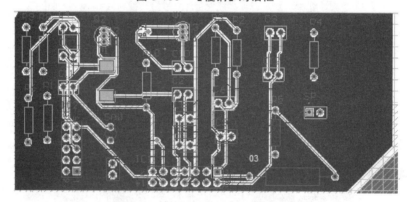

图 6-107　完成收音机电路 PCB

电气设计实践：电子工程又称"弱电技术"或"信息技术"。可进一步细分为电测量技术、调整技术及电子技术。电子工程是电气工程的一个子类，是面向电子领域的工程学。PCB 是电子工程中很小的一部分。如图 6-108 所示是一个遥控开关电路，创建 PCB 时需要自定义封装。

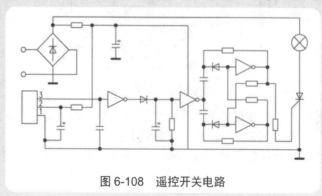

图 6-108　遥控开关电路

第4课 [2课时] 生成其他报表

6.4.1 元器件交叉参考表

行业知识链接： 核查安装图与展开图的对应关系的主要目的：第一是检查安装图是否与展开图相对应；第二是弄清展开图中各设备在现场的位置。如图6-109所示是一个CW4960电路，核查时使用各种报表十分方便。

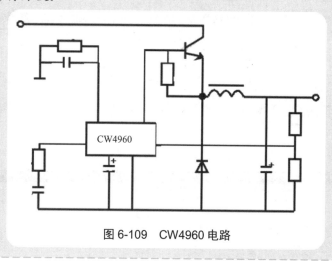

图6-109　CW4960电路

元器件交叉参考表是关于元器件编号、类型及所在原理图的位置的列表，采用了ASCII文本报表的形式。报表是与原理图同名的文件，并和原理图存放在相同的文件夹内。

元器件交叉参考表主要列出项目中各个元件的编号、名称及所在的电路图等。

选择【项目管理】|【追加新文件到项目中】| Output Job File 菜单命令，系统生成一个*.OutJob文件，如图6-110所示。双击 Report Outputs 列表中的 Component Cross Reference Report 选项，或者单击鼠标右键，在弹出的快捷菜单中选择 Run Output Generate…命令，系统弹出元器件交叉参考表设置对话框，如图6-111所示。也可以选择【报告】|【项目报告】| Component Cross Reference 菜单命令，启动元器件交叉参考表对话框。

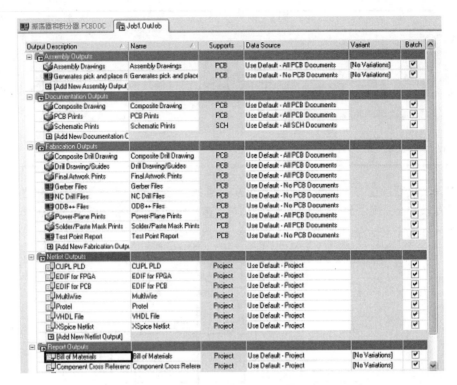

图 6-110　*.OutJob 文件

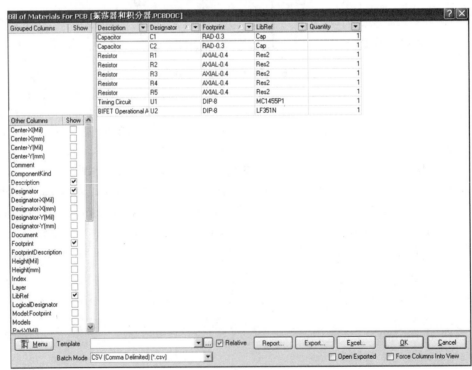

图 6-111　元器件交叉参考表

6.4.2　网络表

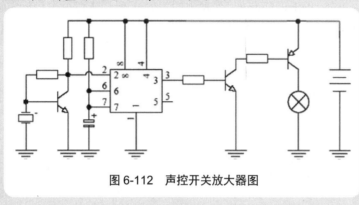

图 6-112　声控开关放大器图

网络表(Netlist)包含了电路设计中所涉及的元器件及元器件之间的网络连接等信息，Protel DXP 提供的原理图编辑界面和 PCB(印制电路板)设计界面虽是独立的，但通过网络表可以将原理图设计与印制电路板的设计联系起来。简言之，网络表是连接原理图与 PCB 版设计之间的桥梁。

用户可由电路原理图产生网络表，用以加载 PCB 设计环境，进行自动布局和自动布线；也可将从电路原理图产生的网络表与 PCB 产生的网络表进行比较，确保从 PCB 设计界面设计的电路与原理图编辑界面设计的电路是否一致。

1. 网络状态表

选择【报告】|【网络表状态】菜单命令，系统生成报表文件*.rep，如图 6-113 所示。

图 6-113　网络状态表

2. 网络表

在进行电路设计时，对于一些简单的电路，可采用在 PCB 编辑界面直接进行设计，最后再绘制电路原理图。为保证印制电路板设计的正确性，可对印制电路板图和电路原理图产生的网络表进行比较，并用报表形式给出比较结果，即网络比较表。网络比较表不仅可以给出匹配的网络表及部分匹配的网络表信息，还列出不匹配的网络表信息。

选择【项目管理】|【追加新文件到项目中】| Output Job File 菜单命令，系统生成一个*.OutJob 文件，如图 6-114 所示。双击 Netlist Outputs 列表中的 Protel 项，或者单击鼠标右键，在弹出的快捷菜单中选择 Run Output Generate…命令，系统生成网络表*.NET，并将该文件保存在项目下的 Generated Protel Netlist 文件夹中。

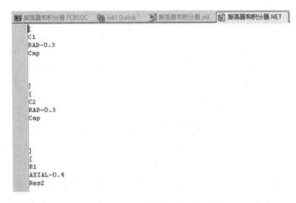

图 6-114　网络表

6.4.3　其他报表

行业知识链接：用设备的实际状态，来描述回路或继电器动作条件的方法：先以回路的接点分、合状态来描述回路的条件，然后根据接点的分、合状态与设备的状态的对应关系，替换描述(如用开关机构箱的"远/近控切换开关"在"远方"位置来代替"远/近控切换开关")在远方控制回路中的节点状态。如图 6-115 所示是脉冲整形电路，可以结合报表进行描述。

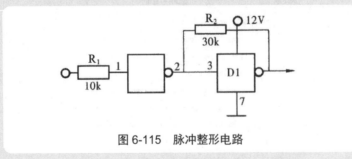

图 6-115　脉冲整形电路

1. 层次图报表

选择【项目管理】|【追加新文件到项目中】| Output Job File 菜单命令，系统生成一个*.OutJob 文

件，双击 Report Outputs 列表中的 Report Project Hierarchy 选项，或者单击鼠标右键，在弹出的快捷菜单中选择 Run Output Generate...命令，系统生成项目文件层次报表，如图 6-116 所示。

```
▦ Z80 - routed.pcbdoc      📄 Z80 Processor (stages).REP
--------------------------------------------------------------
Design Hierarchy Report for Z80 Processor (stages).PRJPCB
-- 2004-1-31
-- 21:48:57


Z80 Processor                    SCH        (Z80 Processor.SchDoc)
    CPU Clock                    SCH        (CPU Clock.SchDoc)
    CPU Section                  SCH        (CPU Section.SchDoc)
    Memory                       SCH        (Memory.SchDoc)
    Power Supply                 SCH        (Power Supply.SchDoc)
    Programmable Peripheral InterfaceSCH            (Programmable Peripheral Interface.SchI
    Serial Interface             SCH        (Serial Interface.SchDoc)
        BAUDCLK                  SCH        (Serial Baud Clock.SchDoc)
```

图 6-116　文件层次报表

也可以选择【报告】|【项目报告】| Report Project Hierarchy 菜单命令，生成如上图的项目文件层次报表。生成的报表以*.rep 为文件名自动保存在 Job Files 文件夹中。

2. 测量距离

【测量距离】命令用于测量任意两点间的距离。选择【报告】|【测量距离】菜单命令后，光标变成十字形状，将光标移动到合适位置，单击鼠标左键确定一个测量起始端，然后移动光标到另一个测量端点上，在两个端点之间出现一条直线。单击确定测量距离，系统显示测量结果，如图 6-117 所示。

图 6-117　测量距离信息

3. 测量图元

【测量图元】命令用于测量电路板上焊盘、连线和导孔间的距离。以测量焊盘间的距离为例来说明其用法。选择【报告】|【测量图元】菜单命令后，光标变成十字形状，将光标移动到一个焊盘上，将出现一个八角形，单击鼠标左键，出现图 6-118 所示的组件列表，选择第一个焊盘。此时鼠标指针又变成了十字形状光标，按照同样的方法确定第二个焊盘，单击左键后，系统显示出所选两个焊盘之间的距离，如图 6-119 所示。

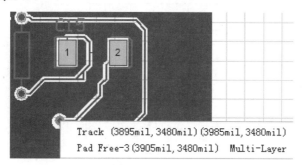

图 6-118　选择组件列表

图 6-119　测量图元信息

4. 测量选定对象

【测量选定对象】命令用于测量电路板上被选中的焊盘、连线和导孔等任意二者之间的距离。下面以测量焊盘与导线之间的距离为例来说明其用法。

(1) 选择两个测量对象，选择【报告】|【测量选定对象】菜单命令后，系统则显示出被选中的两个组件之间的距离，出现图 6-120 所示的测量结果。

(2) 如果没有选择对象，选择【报告】|【测量选定对象】菜单命令后，系统则不显示任何结果，如图 6-121 所示。

图 6-120　测量选定对象信息

图 6-121　无测量结果

课后练习

案例文件：ywj\06\04.schdoc、04.PrjPCB、04.PcbDoc

视频文件：光盘\视频课堂\第 6 教学日\6.4

1. 案例分析

本节课后练习创建计数电路。计数电路是一种随时钟输入 CP 的变化，输出按一定顺序变化的时序电路。如图 6-122 和图 6-123 所示是完成的计数电路和 PCB。

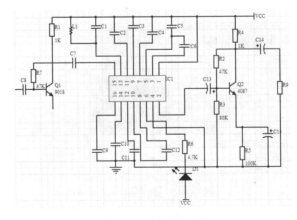

图 6-122　计数电路图

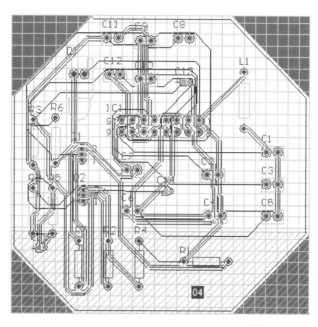

图 6-123　计数电路 PCB

本案例主要练习了计数电路和 PCB 的创建，首先创建原理图，放置元件后进行布线，再创建 PCB 及网络表，并进行报告分析，之后进行封装添加和布线，最后进行覆铜操作。绘制计数电路和 PCB 的思路和步骤如图 6-124 所示。

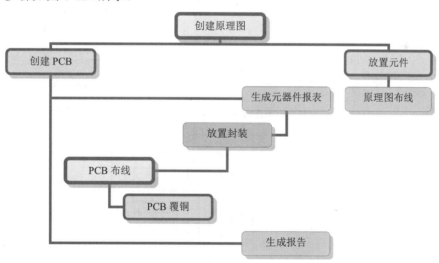

图 6-124　计数电路和 PCB 创建步骤

1. 案例操作

step 01　开始创建原理图，放置元件。单击【配线】工具栏中的【放置元件】按钮 ，弹出【放置元件】对话框。选择如图 6-125 所示相应的信息，单击【确认】按钮。

step 02　将 Header 8×2 元件放置在绘图区适当的位置上，按空格键旋转元件，放置 IC1 的插头元件，如图 6-126 所示。

图 6-125 【放置元件】对话框

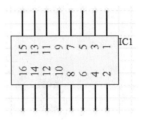

图 6-126 放置 IC1 插头

step 03 单击【配线】工具栏中的【放置元件】按钮，弹出【放置元件】对话框，选择 Res1 元件放置在绘图区适当的位置上，放置 L1 滑动电阻元件，如图 6-127 所示。

step 04 单击【配线】工具栏中的【放置元件】按钮，弹出【放置元件】对话框，选择 Cap 元件，放置电容元件，如图 6-128 所示。

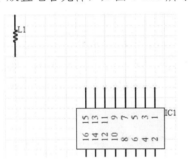

图 6-127 放置滑动电阻

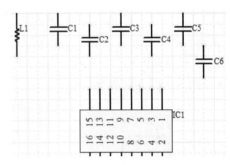

图 6-128 放置电容

step 05 单击【配线】工具栏中的【放置导线】按钮，绘制如图 6-129 所示的导线。

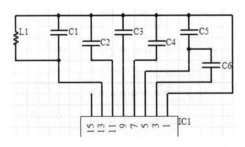

图 6-129 绘制导线

step 06 单击【配线】工具栏中的【放置元件】按钮，弹出【放置元件】对话框。选择如图 6-130 所示相应的信息，单击【确认】按钮。

step 07 将 2N3904、Cap 和 Res2 元件放置在绘图区适当的位置上，再添加 Q1 三极管、C7 和 C8 电容、R1 和 R7 电阻元件，如图 6-131 所示。

图 6-130 【放置元件】对话框

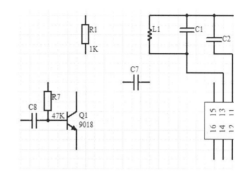

图 6-131 放置三极管、电容和电阻

step 08 单击【配线】工具栏中的【放置导线】按钮🖉，绘制如图 6-132 所示的导线。

step 09 单击【配线】工具栏中的【放置元件】按钮🖉，弹出【放置元件】对话框，选择 Cap 元件，放置电容元件，并放置 GND 端口元件，如图 6-133 所示。

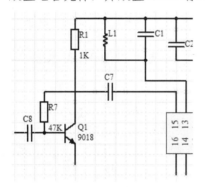

图 6-132 绘制导线

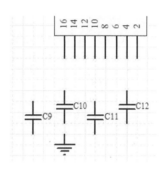

图 6-133 放置电容和 GND 端口

step 10 单击【配线】工具栏中的【放置导线】按钮🖉，绘制如图 6-134 所示的导线。

step 11 单击【配线】工具栏中的【放置元件】按钮🖉，弹出【放置元件】对话框，选择 Res2 和 LED0 元件，放置电阻和光敏电阻元件，并放置 VCC 条状电源端口元件，如图 6-135 所示。

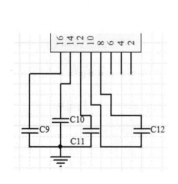

图 6-134 绘制导线

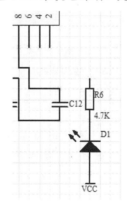

图 6-135 放置电阻、光敏电阻和 VCC 条状电源端口

step 12 单击【配线】工具栏中的【放置导线】按钮🖉，绘制如图 6-136 所示的导线。

step 13 ▶ 单击【配线】工具栏中的【放置元件】按钮⬜，弹出【放置元件】对话框，选择 Res2
和 Cap2 元件，放置电阻和有极性电容元件，完成部分元件放置，如图 6-137 所示。

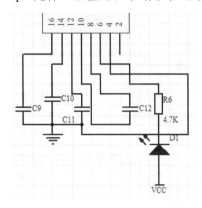

图 6-136　绘制导线

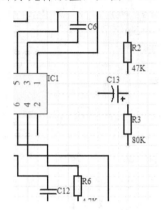

图 6-137　放置电阻和有极性电容

step 14 ▶ 接着进行布线。单击【配线】工具栏中的【放置导线】按钮≈，绘制如图 6-138 所示的
导线。

step 15 ▶ 单击【配线】工具栏中的【放置元件】按钮⬜，选择 2N3904 和 Res2 元件，放置三极
管和电阻元件，如图 6-139 所示。

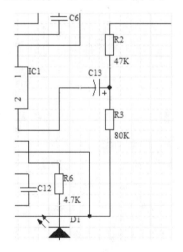

图 6-138　绘制导线

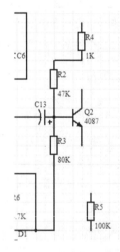

图 6-139　放置三极管和电阻

step 16 ▶ 单击【配线】工具栏中的【放置导线】按钮≈，绘制导线，并放置 VCC 条状电源端口
元件，如图 6-140 所示。

step 17 ▶ 单击【配线】工具栏中的【放置元件】按钮⬜，弹出【放置元件】对话框，选择 Res2
和 Cap2 元件，放置电阻和有极性电容元件，如图 6-141 所示。

step 18 ▶ 单击【配线】工具栏中的【放置导线】按钮≈，绘制如图 6-142 所示的导线，完成原理
图布线。

step 19 ▶ 完成如图 6-143 所示的计数电路图的绘制。

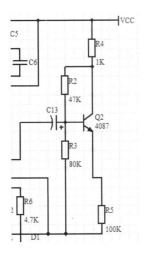

图 6-140　绘制导线并放置 VCC 条状电源端口

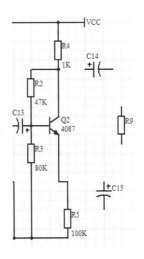

图 6-141　放置电阻和有极性电容

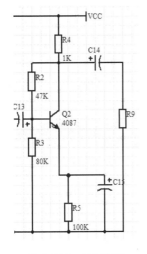

图 6-142　绘制导线

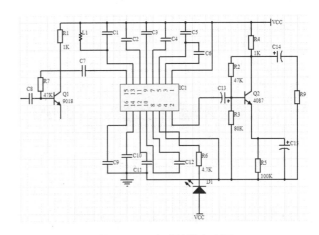

图 6-143　完成计数电路图

step 20 下面开始创建 PCB。选择【文件】|【创建】|【项目】|【PCB 项目】菜单命令，在 Projects 窗格创建新项目，如图 6-144 所示。

step 21 选择【文件】|【创建】|【PCB 文件】菜单命令，创建 PCB，如图 6-145 所示。

图 6-144　创建新项目

图 6-145　创建 PCB

step 22 选择【设计】|【PCB 板形状】|【重定义 PCB 板形状】菜单命令，在顶层绘制六边形框作为 PCB 外框，如图 6-146 所示。

step 23 在 PCB 环境下选择【文件】|【保存】菜单命令，弹出 Save[04.PcbDoc] As…对话框，单击【保存】按钮，完成 PCB 创建，如图 6-147 所示。

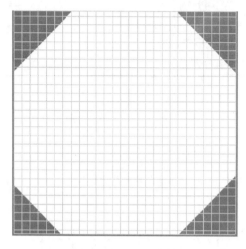

图 6-146 PCB 外框

图 6-147 Save[04.PcbDoc]As…对话框

step 24 接着生成报告。在原理图编辑环境下选择【报告】| Bill of Materials 菜单命令，弹出检查原件封装的 Bill of Materials For Project[04.PrjPCB]对话框，查看选项，如图 6-148 所示。

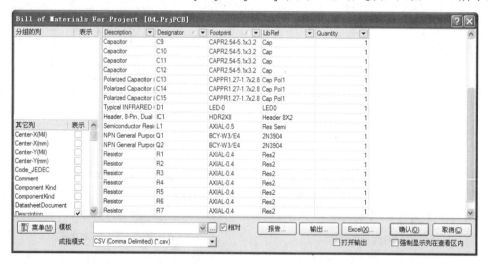

图 6-148 Bill of Materials For Project[04.PrjPCB]对话框

step 25 单击 Bill of Materials For Project[04.PrjPCB]对话框中的【报告】按钮，弹出【报告预览】对话框，完成报告创建，查看如图 6-149 所示的报告。

step 26 继续创建网络表。在原理图编辑环境下选择【设计】|【设计项目的网络表】| Protel 菜单命令，完成网络表创建，如图 6-150 所示。

图 6-149　【报告预览】对话框

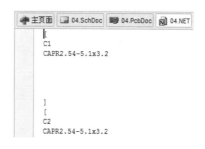

图 6-150　创建网络表

step 27 开始元件封装布局。在原理图编辑环境下，选择【设计】| Update PCB main. PCBDOC 菜单命令，弹出【工程变化订单(ECO)】对话框，其中列出即将进行修改的内容，如图 6-151 所示。

图 6-151　【工程变化订单(ECO)】对话框

step 28 单击【工程变化订单(ECO)】对话框中的【使变化生效】按钮和【执行变化】按钮，则 Protel 会一项一项执行所提交的修改，添加封装，如图 6-152 所示。

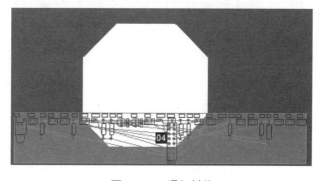

图 6-152　添加封装

step 29 手动布置元件封装，完成封装布局，如图 6-153 所示。

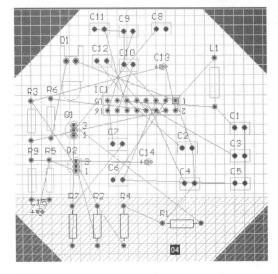

图 6-153　布置封装

step 30 之后进行布线。选择【自动布线】|【全部对象】菜单命令，弹出【Situs 布线策略】对话框，进行布局布线，如图 6-154 所示。

图 6-154　【Situs 布线策略】对话框

step 31 单击【Situs 布线策略】对话框中的 Route All 按钮，完成如图 6-155 所示的布线。

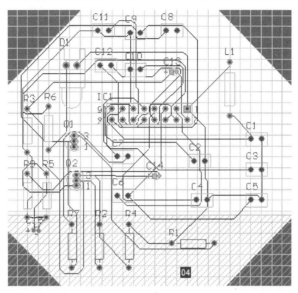

图 6-155 完成布线

step 32 最后进行覆铜。单击【配线】工具栏中的【放置覆铜平面】按钮，弹出【覆铜】对话框，修改信息，如图 6-156 所示，单击【确认】按钮。

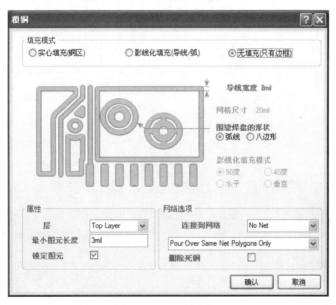

图 6-156 【覆铜】对话框

step 33 绘制覆铜范围，单击鼠标右键，完成覆铜，计数电路 PCB 如图 6-157 所示。

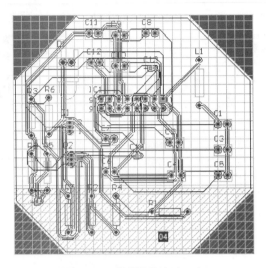

图 6-157　完成计数电路 PCB

电气设计实践：PCB 创建完成后可以进行图纸输出，一般的要进行打印设置。此前创建的报表也可以进行输出，以便进行核对和检查。如图 6-158 所示是一个反激电路原理图，创建网络表后才能创建 PCB。

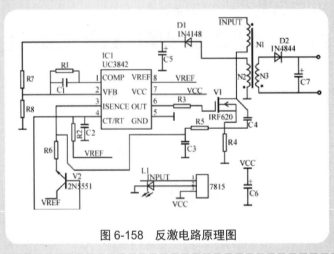

图 6-158　反激电路原理图

第5课 ⏱1课时 效果图输出

当要考虑打印一张原理图时，可以选择打印机打印或者进行 PDF 等形式的输出，另外打印 PCB 时首先要知道电路图中构成的基本要素——图层关系。一张双面电路 PCB 图纸至少包括由以下几层电路图组成：顶层(Toplayer)、底层(Bootomlayer)、丝印层(Topoverlay)、保留层(Keepoutlayer)、复合层(Multilayer)。

1. 打印属性设置

选择【文件】|【页面设定】菜单命令，系统将弹出如图 6-159 所示的 Composite Properties 对话框。

设置各项参数。在这个对话框中需要设置打印机类型、选择目标图形文件类型、设置颜色等。

(1) 【尺寸】：选择打印纸的大小和方向，包括【纵向】和【横向】。

(2) 【缩放比例】：设置缩放比例模式，可以选择 Fit Document On Page(文档适应整个页面)和 Scaled Print (按比例打印)。当选择 Scaled Print 时，【刻度】和【修正】编辑框将有效，可以在此输入打印比例。

(3) 【余白】：设置页边距，分别可以设置水平和垂直方向的页边距，如果选中【中心】复选框，则不能设置页边距，默认中心模式。

(4) 【彩色组】：输出颜色的设置，可以分别输出单色、彩色和灰色。

图 6-159　Composite Properties 对话框

2. 打印机设置

单击 Composite Properties 对话框中的【打印设置】按钮或者直接执行【文件】|【打印】菜单命令，系统将弹出如图 6-160 所示的 Printer Configuration for...对话框。

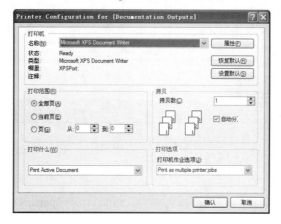

图 6-160　Printer Configuration for...对话框

此时可以设置打印机的配置，包括打印的页码、份数等，设置完毕后，单击【确认】按钮，即可实现图样的打印。

如果单击【属性】按钮，会出现如图 6-161 所示的【...文档 属性】对话框，可以设置打印纸张的方向。

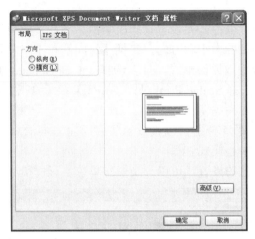

图 6-161　【...文档 属性】对话框

3．打印预览

如果单击 Composite Properties 对话框中的【预览】按钮，则可以对打印的图形进行预览，如图 6-162 所示即为 PCB 的打印预览图形。

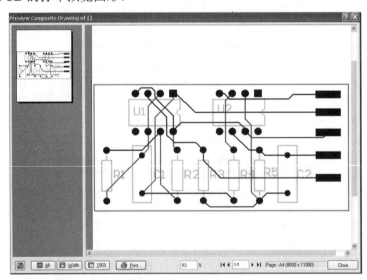

图 6-162　打印预览

4．打印

设置好页面和打印机的属性后，系统会返回到 Composite Properties 对话框，单击【打印】按钮，即可打印出 PCB 图。

5. 高级打印

Protel DXP 提供有高级打印方式，以实现各种不同的打印输出。在 Composite Properties 对话框中单击【高级】按钮，系统弹出【PCB 打印输出属性】对话框，如图 6-163 所示。从图中可以看到所要打印的板层文件，并可对某些选项进行设置。

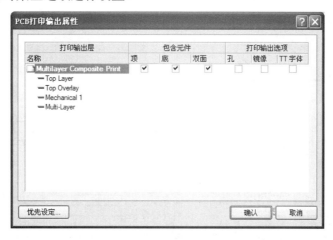

图 6-163　【PCB 打印输出属性】对话框

单击【PCB 打印输出属性】对话框中的【优先设定】按钮，系统弹出【PCB 打印优先设定】对话框，如图 6-164 所示，可以设置打印的色彩和字体等内容。

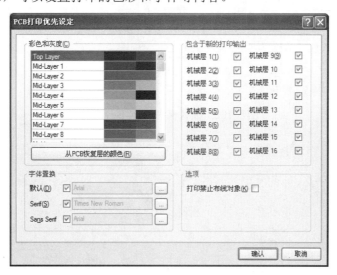

图 6-164　【PCB 打印优先设定】对话框

阶段进阶练习

Protel DXP 不仅可以通过原理图生成网络表，还可以生成其他很多报表，并且 Protel DXP 提供的网络表，可以作为原理图设计和印制电路板设计的桥梁。本教学日的内容一般是在原理图设计结束，进行 PCB 设计时的必要步骤。

如图 6-165 所示，综合运用本教学日学过的方法来创建控制模块的 PCB。

一般创建步骤和方法如下。

(1) 绘制电路原理图。

(2) 创建网络表。

(3) 创建 PCB 元件。

(4) PCB 布线。

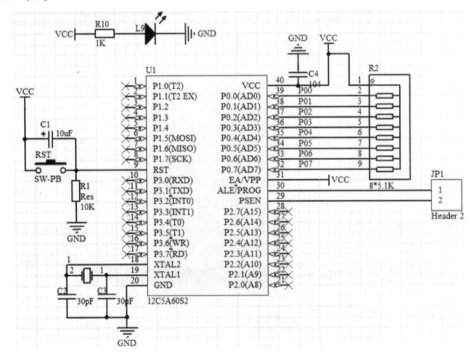

图 6-165   控制模块的 PCB 原理图